巫山县

林木种质资源

TREE GERMPLASM RESOURCES IN WUSHAN COUNTY

彭玉兰　徐　波◎著

中国林业出版社
China Forestry Publishing House

图书在版编目（CIP）数据

巫山县林木种质资源 / 彭玉兰，徐波著. -- 北京：
中国林业出版社，2024. 12. -- ISBN 978-7-5219-2850
-1

Ⅰ. S722-64

中国国家版本馆 CIP 数据核字第 2024ZC9146 号

责任编辑　于界芬　张　健

出版发行　中国林业出版社
　　　　　（100009，北京市西城区刘海胡同 7 号，电话 010-83143542）
电子邮箱　cfphzbs@163.com
网　　址　https://www.cfph.net
印　　刷　北京博海升彩色印刷有限公司
版　　次　2024 年 12 月第 1 版
印　　次　2024 年 12 月第 1 次印刷
开　　本　787mm×1092mm　1/16
印　　张　20.25
字　　数　470 千字
定　　价　280.00 元

前　言

　　巫山县位于重庆市东部边缘，地处长江三峡水利枢纽工程库区腹心地带，素有"渝东北门户"之称。长江自西向东横贯全境，将全县分为南北两片。举世闻名的长江瞿塘峡、巫峡就在其中。相对差高约 2541 米，形成了大宁河小三峡、马渡河小小三峡、神女溪等闻名中外的绚丽幽谷景观。巫山独特的地形地貌使得巫山生物多样性极其丰富，成为古老孑遗植物特别是古老的木本植物的保存中心和新物种的分化地。巫山位于川东-鄂西特有中心，是生物多样性重要保护地之一，县内有五里坡自然保护区和江南自然保护区 2 个自然保护区。

　　"曾经沧海难为水，除却巫山不是云。"由于独特的美学价值，巫山是历来最有吸引力的旅游目的地之一。"万山红遍，层林尽染"，是巫山"醉美"红叶景观的具体体现。巫山地域辽阔，山势陡峭，林地面积大，林木种类多样，林木种质资源极其丰富，加之独特的巫山文化、国家天然林资源保护工程等项目的实施，巫山保存了丰富多样的天然林和古树名木；并在实施退耕还林、乡村振兴等项目中增加了大量的人工种植林和新经济生态林，目前森林覆盖率约为 67.6%，为筑牢长江三峡地区生态屏障做出了突出的贡献。

　　由于历史原因，我国森林资源曾经遭到极大的破坏。巫山县地形地貌复杂，交通不便，许多山地难以到达，是林木种质资源调查研究的薄弱区。巫山县是三峡核心库区周围重要的林木种质资源保存地和长江上游重要的生态屏障，因此，开展巫山县林木种质资源的调查研究具有重要意义。著者在重庆市林业局和巫山县林业局的支持下，于2021—2022年在巫山地区开展了详细的木本植物调查研究。根据历史标本资料以及野外调查分析，巫山县木本植物共计96科293属1047种。本次调查发现了一些巫山县新记录种，并记录到银杏王、铁杉树王、皂荚树王等300年到上千年的众多古树名木。其中一些树木已经成为当地重要的地理标识，如黄楸树坪、油杉树坪等作为当地的小地名。本书对巫山县林木种质资源的区系特征、多样性及林木种质资源现状、用途等进行了描述，并对代表性的物种进行了详细的介绍，以供林业工作者及生物多样性研究和保护研究者参考。

非常感谢重庆市林业局、巫山县林业局、重庆市五里坡国家级自然保护区及当地群众对本项工作的支持！本书的图片主要由彭玉兰、熊先华、于奇等拍摄，五里坡自然管理局周厚林老师提供了部分植物图片，李诗琦博士提供了单瓣月季的图片，云南师范大学刘群先生提供了蓝桉果实的照片，程丽婕、蒲雪梅在文稿的排版、校对中做了大量的工作，在此表示衷心的感谢！由于撰写时间有限，恳请读者批评指正！

著　者

2024 年 10 月

目　录

前　言

第一章　巫山县自然地理和社会经济条件……………………………… 1

　　第一节　自然地理条件………………………………………………… 1

　　第二节　气候条件……………………………………………………… 1

　　第三节　土壤类型……………………………………………………… 2

　　第四节　社会经济条件………………………………………………… 2

第二章　巫山县林木种质资源的植物区系特征………………………… 3

　　第一节　植物种类丰富………………………………………………… 3

　　第二节　地理成分复杂………………………………………………… 4

　　第三节　特有植物种类多……………………………………………… 6

　　第四节　起源古老的植物和珍稀濒危植物丰富……………………… 6

　　第五节　树种生活型及常绿性………………………………………… 8

第三章　巫山县森林植被类型…………………………………………… 9

　　第一节　天然林………………………………………………………… 9

　　第二节　人工林…………………………………………………………13

第四章　巫山县树种资源现状……………………………………………16

　　第一节　树种数量………………………………………………………18

第二节　树种分布 ·· 18

第三节　古树名木 ·· 19

第五章　巫山县林木种质资源利用 ························· 21

第一节　野生种质资源 ·· 21

第二节　栽培种质资源 ·· 23

第三节　种质资源利用前景 ···································· 24

第六章　巫山县主要树种特征、地理分布及用途 ········· 26

参考文献 ··· 302

中文名索引 ·· 303

学名索引 ··· 311

第一章

巫山县自然地理和社会经济条件

第一节　自然地理条件

　　巫山县地理坐标介于 109°33′~110°11′ E、30°45′~31°28′ N。地处大巴山、川东褶带、川鄂湘黔隆起褶带三大构造单元结合部，地质构造复杂。地势南北高中间低。3 个中山区与 3 个条状低山区相间排列，丘陵平坝散布其间。山势陡峭，群峰竞秀，溪河密布，侵蚀强烈，形成峡谷幽深、岩溶发育、中低山多、丘陵平坝少的地貌。县境系大巴山、巫山、七曜山三大山脉交接部。大巴山屏于西北，七曜山亘于中部，巫山环于东南。境内地层，除三叠系、白垩系、泥盆系、石炭系缺失外，从寒武系到第四系均有出露。境内地势南北高中间低，中低山条带状相间排列，丘陵、平坝散布其间。境内地势陡峭，岩溶发育，溪河密布，峡谷幽深，举世闻名的长江瞿塘峡、巫峡就在此范围。相对差高约 2541 米，形成了大宁河小三峡、马渡河小小三峡、神女溪等闻名中外的绚丽幽谷景观。

　　境内河流属长江水系。长江自西向东横穿县境，过境长度 57 千米。较大的支流有大宁河、大溪河、抱龙河等 9 条，还有 54 条小溪。县内径流总量约 20 亿立方米。长江三峡工程大江截流后，县境内河道变宽，已形成约 100 平方千米的大湖泊。

第二节　气候条件

　　巫山县属亚热带季风性湿润气候区，气候温和，雨量丰沛，日照尚足，四季分明，雨热同季。春季回暖早，但多低温阴雨和寒潮；夏季长，气温高，常有暴雨洪涝，盛夏低山多伏旱；秋季降温快，常阴雨连绵；冬季短，温和少雨。年均气温 18.4 ℃，年极端最高气温

42.8 ℃，年极端最低气温 –6.9 ℃。全年无霜期 305 天，常年平均降水量 1049 毫米。由于县境内高差悬殊，构成了显著的立体气候特征。

第三节　土壤类型

巫山县土壤由于受母质和地形引起的气候和植被垂直分布的影响，因而土壤具有过渡性和复杂性分布的特点。发育在成土母岩上的土壤有黄壤、石灰岩土、黄棕壤、紫色土、棕壤、水稻土、冲积土等七个土类，共十一个亚类，二十七个土属。山地黄壤多分布在海拔1200 米以下，呈酸性反应，黏重贫瘠，约占全县总面积的 80%。紫色土分布在海拔 800 米以下，发育在不含钙质或钙质很少的紫色砂页岩上的紫色土，呈酸性，肥力低；而发育在含盐性基质多的紫色页岩上的紫色土，则呈微酸性至碱性，肥力较高。由于冲刷较重，紫色土土层较薄，夏季易受干旱。水稻土、冲积土较少，多分布在丘陵和平坝，一般分布在海拔1000 米以下。黄棕壤、棕壤则分布在海拔 1200 米以上。

第四节　社会经济条件

巫山县位于重庆市东部，处三峡库区腹心，东邻湖北巴东，南连湖北建始，西抵奉节，北依巫溪。截至 2021 年，巫山县面积 2958 平方千米，辖 26 个乡镇（街道）、340 个村（居）。根据全国第七次人口普查数据，截至 2020 年 11 月 1 日零时，巫山县常住人口为462462 人。据 2021 年统计，第一产业增加值占地区生产总值比重为 17.0%，第二产业增加值比重为 30.7%，第三产业增加值比重为 52.3%。

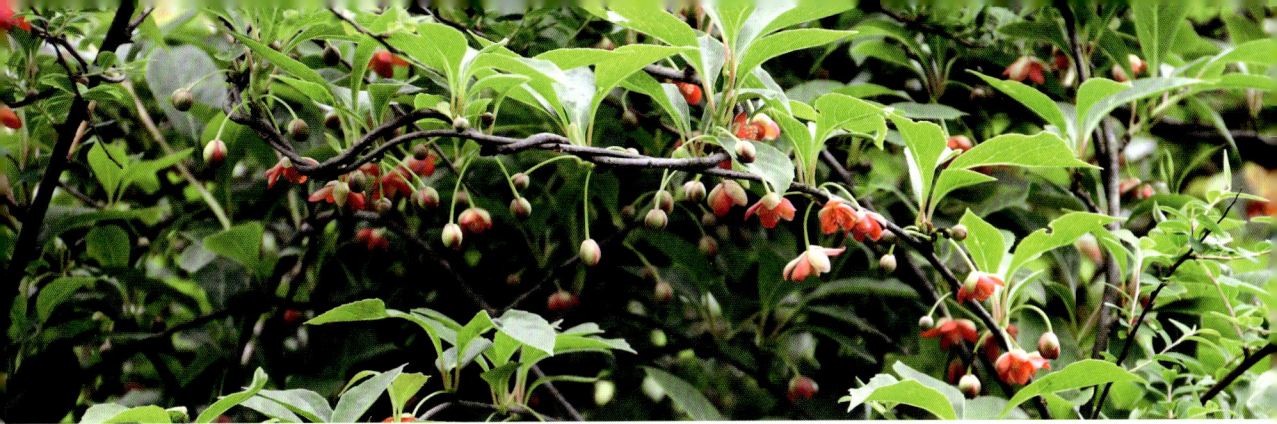

第二章
巫山县林木种质资源的植物区系特征

第一节　植物种类丰富

  巫山县因其独特的高山峡谷的自然地理环境，蕴藏着丰富的自然资源，其中植物资源尤其丰富。

  巫山县幅员辽阔，地形地貌复杂，气候温暖湿润，林木种质资源的种类十分丰富，根据我们的野外调查及历史标本记录等资料分析，巫山县共计 96 科 293 属 1047 种，其中野生植物种类 94 科 232 属 929 种，栽培植物 40 科 81 属 118 种。其中裸子植物 5 科 21 属 34 种，被子植物 91 科 272 属 1013 种。巫山县原来的行政区划为四川省，其中野生植物的科、属、种分别为四川省总科数的 97.9%，属数的 74.6%，种的 66.2%（四川 96 科 311 属 1404 种）（曾进等，1995）。可见，巫山林木种质资源的丰富度较高，物种多样性远比邻近的巫溪县丰富（巫溪县 78 科 196 属 369 种），亦比朱万泽等（1992）统计的大巴山木本植物多样性高（大巴山区 96 科 276 属 765 种）。巫山县野生植物以蔷薇科（Rosaceae）植物最为丰富，17 属 176 种，其中蔷薇属（*Rosa*）、李属（*Prunus*）、悬钩子属（*Rubus*）、栒子属（*Cotoneaster*）、绣线菊属（*Spiraea*）植物为主要成分；其次为樟科（Lauraceae）9 属 46 种，以山胡椒属（*Lindera*）、木姜子属（*Litsea*）、樟属（*Camphora*）植物为主；豆科（Fabaceae）16 属 40 种，以黄檀属（*Dalbergia*）、木蓝属（*Indigofera*）、胡枝子属（*Lespedeza*）、紫荆属（*Cercis*）植物为主；卫矛科（Celastraceae）3 属 33 种，以卫矛属（*Euonymus*）植物为主；杜鹃花科（Ericaceae）5 属 33 种，以杜鹃花属（*Rhododendron*）植物为主；杨柳科（Salicaceae）6 属 32 种，以杨属（*Populus*）、柳属（*Salix*）植物为主；壳斗科（Fagaceae）5 属 31 种，以栎属（*Quercus*）、栗属（*Castanea*）、柯属（*Lithocarpus*）、青冈属（*Cyclobalanopsis*）植物为主；鼠李科（Rhamnaceae）7 属 30 种，以鼠李属（*Rhamnus*）、勾儿茶属（*Berchemia*）植物为主；忍冬科（Caprifoliaceae）4 属 28 种，以忍冬属（*Lonicera*）植物为主；木樨科（Oleaceae）7 属 22 种，以女贞属（*Ligustrum*）、木樨属（*Osmanthus*）、梣属（*Fraxinus*）植物为主；桦木科（Betulaceae）4 属 26 种，以桦木属（*Betula*）、榛属（*Corylus*）植物为主；小檗科（Berberidaceae）2 属 19 种，为小檗属（*Berberis*）植物；五福花科（Adoxaceae）1 属 21 种，为荚蒾属（*Viburnum*）植物；芸香科（Rutaceae）7 属 22 种，以柑橘属（*Citrus*）、花椒属（*Zanthoxylum*）植物为主；绣球花科（Hydrangeaceae）6 属 18 种，以绣球属（*Hydrangea*）、山梅花属（*Philadelphus*）、溲疏属（*Deutzia*）植物为主；菝葜科（Smilacaceae）1 属 20 种，为菝葜属（*Smilax*）植物。

第二节　地理成分复杂

一、科的分布区类型

巫山县野生木本植物科的分布区类型按照吴征镒等（2003）的划分标准，包括 11 个分布区类型，8 个分布区亚型。巫山县以泛热带分布、世界广布和北温带分布的科为主（表 2-1）。以泛热带分布的科最多，为 20 个科占 21.27%；其次是世界广布的科，共有 19 科（20.21%）；温带分布的科共 21 科，包括北温带广布 10 科（10.64%）；北温带和南温带间断分布 10 科（10.64%）、欧亚和南美洲温带间断分布 1 科（1.06%）、旧世界温带分布 1 科（1.06%）。

表 2-1　野生植物科的分布区类型

科的分布区类型	科数	占总科数量（%）
1. 世界广布	19	20.21
2. 泛热带分布	20	21.27
2-1. 热带亚洲-大洋洲和热带美洲（南美洲或/和墨西哥）分布	1	1.06
2-2. 热带亚洲-热带非洲-热带美洲（南美洲）分布	3	3.19
2s. 以南半球为主的泛热带分布	2	2.13
4. 旧世界热带分布	6	6.38
4-1. 热带亚洲、非洲和大洋洲间断分布	1	1.06
5. 热带亚洲至热带大洋洲分布	2	2.12
6. 热带亚洲至热带非洲连续或间断分布	1	1.06
7. 热带亚洲分布	1	1.06
7d. 热带亚洲全分布区东达新几内亚	1	1.06
8. 北温带广布	10	10.64

（续）

科的分布区类型	科数	占总科数量（%）
8-4.北温带和南温带间断分布	10	10.64
8-5.欧亚和南美洲温带间断分布	1	10.64
8-6.地中海、东亚、新西兰和墨西哥－智利间断分布	1	10.64
9.东亚和北美间断分布	7	7.45
10.旧世界温带分布	1	1.06
14.东亚分布	5	5.32
14-1.中国－喜马拉雅分布	1	1.06
14-2.中国－日本分布	1	1.06
合计	94	100

二、属的分布区类型

按照吴征镒等（1991）属的分布区类型进行属的分布区类型分析，发现巫山县木本植物以北温带分布类型最多，有48属，占总属数量的20.67%；其次是东亚分布类型，总共有38属，包含东亚全区分布（11属）、中国－喜马拉雅（8属）、中国－日本（19属）等几种分布区亚型；再次是泛热带分布、东亚和北美间断分布，均有31个属，占总属数的13.37%；热带亚洲分布次之，有20个属，占总属数的4.74%；热带亚洲、热带美洲间断分布和中国特有分别有10属（表2-2）。热带性质分布的属，包含泛热带分布，热带亚洲、热带美洲间断分布，旧世界热带分布，热带亚洲至热带大洋洲分布，热带亚洲至热带非洲，热带亚洲分布区类型共有82属，占总属数的35.34%；温带分布性质的属包含北温带分布、旧世界温带分布、温带亚洲分布类型总共61属，占总属数的26.29%，两大类占总属数的61.64%。以上充分反映了巫山县木本植物区系热带及温带分布的分布性质。

表2-2　野生植物属的分布区类型

属的分布区类型	属数	占总科数量（%）
1.世界广布	8	3.45
2.泛热带分布	31	13.37
3.热带亚洲、热带美洲间断分布	10	4.31
4.旧世界热带分布	8	3.45
5.热带亚洲至热带大洋洲分布	8	3.45

属的分布区类型	属数	占总科数量（%）
6. 热带亚洲至热带非洲	5	2.16
7. 热带亚洲分布	20	8.62
8. 北温带分布	48	20.67
9. 东亚和北美间断分布	31	13.36
10. 旧世界温带分布	10	4.31
11. 温带亚洲分布	3	1.29
12. 地中海区、西亚至中亚分布	2	0.86
14. 东亚分布	11	4.74
14-1. 中国－喜马拉雅分布	8	3.45
14-2. 中国－日本分布	19	8.19
15. 中国特有分布	10	4.31
合计	232	100

第三节　特有植物种类多

巫山县野生木本植物共有 787 种我国特有植物，即 84.71% 的种类为我国特有植物，隶属于 87 科 218 属，包括领春木（*Euptelea pleiosperma* J. D. Hooker & Thomson）、水青树（*Tetracentron sinense* Oliv.）、连香树（*Cercidiphyllum japonicum* Sieb. et Zucc.）、光叶珙桐 [*Davidia involucrata* Baill. var. *vilmoriniana*（Dode）Wanger.]、珙桐（*D. involucrata* Baill）、金钱槭（*Dipteronia sinensis* Oliv.）、城口猕猴桃（*Actinidia chengkouensis* C. Y. Chan）、巫山新木姜子 [*Neolitsea wushanica*（Chun）Merr.]，还包括重庆特有植物城口蔷薇（*Rosa chengkouensis* Yu et Ku），巫山特有植物 3 种：巫山帚菊（*Pertya tsoongiana* Ling）、巫山悬钩子（*Rubus wushanensis* Yü et Lu）和巫山杜鹃（*Rhododendron roxieoides* Chamb.）。巫山县木本植物充分体现出该区域植物种类的特有性质，值得重点关注和保护。我们调查还发现了巫山县新的分布记录植物白皮松（*Pinus bungeana* Zucc. ex Endl.）、刺壳花椒（*Zanthoxylum echinocarpum* Hemsl）、浪叶花椒（*Zanthoxylum undulatifolium* Hemsl.）等。

第四节　起源古老的植物和珍稀濒危植物丰富

巫山县有水青树、连香树、瘿椒树（*Tapiscia sinensis* Oliv.）、白辛树（*Pterostyrax psilo-*

phyllus Diels ex Perk.）、珙桐、金钱槭、黄檗（*Phellodendron amurense* Rupr.）、红豆杉［*Taxus wallichiana* var. *chinensis*（Pilger）Florin］等珍稀孑遗植物，玉兰［*Yulania denudata*（Desr.）D. L. Fu］、兴山五味子（*Schisandra incarnata* Stapf）、京梨猕猴桃（*Actinidia callosa* var. *henryi* Maxim.）、灰叶南蛇藤（*Celastrus glaucophyllus* Rehd. et Wils.）、刺葡萄［*Vitis davidii*（Roman. Du Caill.）Foex.］、湖北鹅耳枥（*Carpinus hupeana* Hu）等起源古老的植物。

巫山县珍稀濒危树种包括属于珍稀濒危、国家和地方重点保护、重庆市特有等类型的树种。主要有银杏（*Ginkgo biloba* L.）、水杉（*Metasequoia glyptostroboides* Hu & W. C. Cheng）、巴山榧（*Torreya fargesii* Franch.）、红豆杉［*Taxus wallichiana* var. *chinensis*（Pilger）Florin］、巫山杜鹃（*Rhododendron roxieoides* Chamb.）、单瓣月季［*Rosa chinensis* var. *spontanea*（Rehd. et Wils.）Yü et Ku］、巫山帚菊（*Pertya tsoongiana* Ling）等。

根据国务院 2021 年 9 月 9 日批准发布的《国家重点保护野生植物名录》，巫山县有国家重点保护野生植物有 24 种，分属 15 科 20 属，其中保护级别为一级的 7 种，二级的 17 种。具体如下：

一级：光叶珙桐［*Davidia involucrata* var. *vilmoriniana*（Dode）Wanger.］、珙桐（*D. involucrata* Baill）、银杏（*Ginkgo biloba* L.）、红豆杉［*Taxus wallichiana* var. *chinensis*（Pilger）Florin］、南方红豆杉［*T. wallichinana* var. *mairei*（Lemée & H. Lév.）L. K. Fu & Nan Li］、苏铁（*Cycas revoluta* Thunb.）、水杉［*Metasequoia glyptostroboides* Hu & W. C. Cheng］。

二级：巴山榧（*Torreya fargesii* Franch.）、穗花杉［*Ametotaxus argotaenia*（Hance）Pilger］、篦子三尖杉（*Cephalotaxus oliveri* Mast.）、厚朴［*Houpoea officinalis*（Rehder & E. H. Wilson）N. H. Xia & C. Y. Wu］、台湾杉（*Taiwania cryptomerioides* Hayata）、黄檗（*Phellodendron amurense* Rupr.）、鹅掌楸［*Liriodendron chinense*（Hemsl.）Sarg.］、水青树（*Tetracentron sinense* Oliv.）、连香树（*Cercidiphyllum japonicum* Sieb. et Zucc.）、单瓣月季［*Rosa chinensis* var. *spontanea*（Rehd. et Wils.）Yü et Ku］、海南黄檀（*Dalbergia hainanensis* Merr. et Chun）、楠木（*Phoebe zhennan* S. Lee et F. N. Wei）、闽楠［*Phoebe bournei*（Hemsl.）Yen C. Yang］、软枣猕猴桃［*Actinidia arguta*（Sieb. et Zucc.）Planch. ex Miq.］、中华猕猴桃（*Actinidia chinensis* Planch）、宜昌橙（*Citrus cavaleriei* H. Lév. ex Cavalier）、疏花水柏枝［*Myricaria laxiflora*（L.）Desv.］。

其中，属栽培引种的为水杉、银杏、苏铁、厚朴、台湾杉、海南黄檀、鹅掌楸、楠木、闽楠。

根据 1991 年傅立国主编的《中国植物红皮书——稀有濒危植物》（第一册），记载和查明巫山县天然生长的稀有濒危树种有 24 种，分属 19 科 23 属，其中 I 级 2 种，II 级 10 种，III 级 12 种。具体如下：

I 级：红豆杉、南方红豆杉。

II 级：光叶珙桐、杜仲、银杏、篦子三尖杉、水青树、山白树（*Sinowilsonia henryi* Hemsl.）、连香树。

III 级：穗花杉、厚朴、金钱槭、领春木、白辛树。

另外，巫山县较稀少的树种还有重阳木［*Bischofia polycarpa*（Levl.）Airy Shaw］、巴山

松（*Pinus henryi* Mast.）、铁坚油杉［*Keteleeria davidiana*（C. E. Bertrand）Beissn.］、黄连木（*Pistacia chinensis* Bunge）、皂荚（*Gleditsia sinensis* Lam.）、玉兰［*Yulania denudata*（Desr.）D. L. Fu］、米心水青冈（*Fagus engleriana* Seemen ex Diels）、巫山帚菊、巫山杜鹃等。

上述珍稀濒危树种，主要分布在五里坡自然保护区、江南自然保护区的核心区。除红豆杉数量约 10 万株外，其余均很少，甚至仅发现几株或单株，急待采取特殊措施予以保护。此外，五里坡自然保护区还有国家一级保护野生植物南方红豆杉分布，个体数量较少。

第五节　树种生活型及常绿性

巫山县树种的生活型以灌木最为丰富，多达 671 种，隶属于 84 科 191 属；其次为乔木种类 273 种，隶属于 63 科 128 属；木质藤本 98 种，隶属于 23 科 39 属；竹类 4 属 5 种（图 2-1）。

树种以落叶树种居多，有 84 科 231 属 768 种；常绿树种亦较为丰富，有 57 科 109 属 263 种，主要包括樟科、木樨科、壳斗科属植物；半常绿树种 6 科 9 属 16 种（图 2-2）。

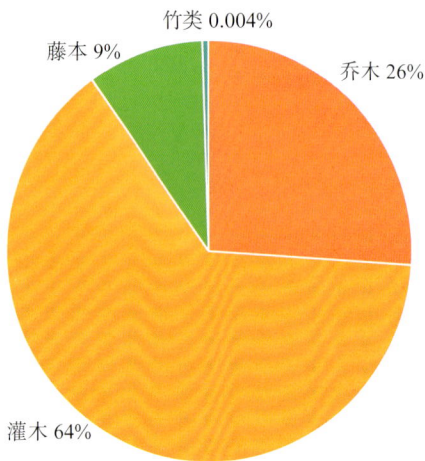

竹类 0.004%
藤本 9%
乔木 26%
灌木 64%

半常绿 2%
常绿 25%
落叶 73%

图 2-1　巫山木本植物生活型　　　　图 2-2　巫山木本植物常绿性

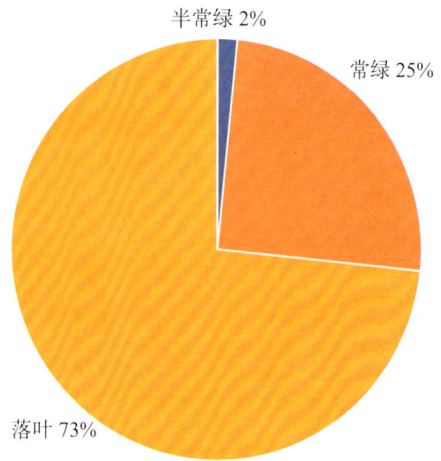

第三章

巫山县森林植被类型

　　随着全球气候和地理的分化，我国的植被类型也逐渐发生变化。与中生代相比，新生代以来我国的裸子植物和蕨类植物变得贫乏。在老第三纪，我国的被子植物的原始类型占有较大的比例，大部分为乔木和灌木种类，草本植物较少；在新三纪，原始的乔木灌木种类逐渐减少，草本植物日益繁盛；到第四纪，原始木本植被的分布区较前期大为收缩，数量继续减少，草本植物更加繁盛；第四纪冰期以后，我国的植被类型大致与现代植被相似。随着现代人类活动和经济的发展，我国许多地区的原始植被类型遭到破坏，原生植物逐渐减少，栽培植物增加。

　　巫山县孕育有长江中游地区新石器时代文化的代表——大溪文化，表明巫山县自古代以来，山地一直有较多的人类活动。巫山县的原始植被类型受历史原因影响，曾遭到一定程度的破坏。通过国土绿化生态修复、国家天然林资源保护工程等措施，以及重庆五里坡国家级自然保护区和重庆市巫山县江南市级自然保护区等自然保护区的建设，巫山森林资源得以恢复和发展。目前巫山森林覆盖率已经达到 67.6%。

　　历经演替，巫山县目前的森林植被类型主要为天然次生林和栽培植被（人工林），在《中国植被》中被划分为亚热带常绿阔叶林、中亚热带常绿阔叶林区，在《四川植被》中被划分为亚热带川东盆地偏湿性常绿阔叶林亚区。

第一节　天然林

一、天然次生林

　　天然次生林在巫山分布较广，包括针叶林、针阔混交林、落叶阔叶林、常绿落叶阔叶混交林等森林类型，其中落叶阔叶林在巫山县境内分布较广，由于海拔高差悬殊较大，因而生境条件、群落结构、外貌景观都有不同。本次共调查到 18 个天然林分类型和 6 个灌丛群落，天然林保护完好，尤其是栎类森林种类丰富，呈现出明显的垂直地带性分布。

1. 巴山冷杉林

巴山冷杉（*Abies fargesii* Franch.）林主要分布在五里坡自然保护区海拔 2000~2300 米的高山地带，常与其他物种形成针阔混交林，伴生物种有巴山榧（*Torreya fargesii* Franch.）、高山木姜子（*Utsea chunii* Cheng）、麻花杜鹃（*Rhododendron maculiferum* Franch.）、四川杜鹃（*Rhododendron sutchuenense* Franch.）等物种。

2. 巴山松林

巴山松（*Pinus henryi* Mast.）林是巫山县的天然针叶林，主要分布在红椿乡，海拔 1800~2000 米。

3. 栓皮栎林

栓皮栎（*Quercus variabilis* Bl.）林在巫山县 22 个乡镇都有分布，主要分布在竹贤、官阳、当阳、邓家、建平、大溪等，以海拔 900~140 米的山区为主。群落以幼龄林、中龄林为主。伴生植物有枹栎（*Q. serrata* Thunb.）、胡枝子（*Lespedeza bicolor* Turcz.）、圆叶枸子（*Cotoneaster rotundifolius* Wall. ex Lindl.）、波叶海桐（*Pittosporum undulatifolium* Chang et Yan）等。

4. 枹栎林

枹栎（*Quercus serrata* Thunb.）林在五里坡林场、平河乡庙堂村、竹贤乡形成优势群落，尤其以庙堂村的枹栎林群落面积大，是主要的天然林种类，群落结构稳定，多为中龄林，伴生物种有锥栗［*Castanea henryi*（Skan）Rehd. et Wils.］、头状四照花（*C. capitata* Wallich）、栓皮栎（*Q. variabilis* Bl.）、锐齿槲栎（*Q. aliena* var. *acuteserrata* Maxim.）、杜鹃（*Rhododendron simsii* Planch.）等，主要分布海拔在 1000~1400 米。

5. 锥栗林

锥栗［*Castanea henryi*（Skan）Rehd. et Wils.］林在骡坪镇、龙溪镇、福田镇、铜鼓镇、平河乡庙堂村、当阳乡等都有分布，但仅在骡坪镇茨竹村、邓家乡、当阳乡阔叶林边缘形成小片纯林，在其他地方均混生在落叶阔叶林内。

6. 小叶青冈林

小叶青冈（*Quercus myrsinifolia* Blume）林以文峰观风景名胜区的天然林保存最为完好，在两坪乡、平河乡海拔 600~1100 米都有分布，但在这些地区没有形成纯林。

7. 橿子栎林

橿子栎（*Quercus baronii* Skan）林主要在文峰观风景名胜区保存较为完好，伴生物种有黄栌（*Cotiuns coggygria* Scop.）、短尖忍冬（*Lonicera mucronata* Rehd.）、波叶海桐（*Pittosporum undulatifolium* Chang et Yan）等。在文峰观景区形成优势群落。

8. 其他栎类森林

除上述栎类森林外，以刺叶高山栎（*Quercus spinosa* David ex Franch.）、多脉青冈（*Q. multinervis* J. Q. Li）、巴东栎（*Q. engleriana* Seemen）、柯［*Lithocarpus glaber*（Thunb.）Nakai］、

曼青冈（*Q. oxyodon* Miq.）、锐齿槲栎（*Q. aliena* var. *acutiserrata* Maximowicz ex Wenzig）、米心水青冈（*Fagus engleriana* Seem.）等栎类树种为主，海拔700~2000米的山地均有分布。主要分布在官阳镇、笃坪乡、邓家乡、竹贤乡、当阳乡，是中山带主要树种之一，伴生物种有化香树（*Platycarya strobilacea* Siebold & Zucc.）、四川黄栌（*Cotinus szechuanensis* Pénzes）、川鄂鹅耳枥［*Carpinus henryana*（H. J. P. Winkl.）H. J. P. Winkl.］等。

9. 桦木林

主要分布在国有五里坡林场、当阳乡、梨子坪林场朝阳坪管护站等海拔1600~2200米的山地，以红桦（*Betula albosinensis* Burkill）为主，伴生物种大叶杨（*Populus lasiocarpa* Oliv.）、华椴（*Tilia chinensis* Maxim.）、鹅耳枥（*Carpinus turczaninowii* Hance）、五尖槭（*Acer maximowiczii* Pax）等。其中，红桦天然更新力强，生长快、干形直、材质好，是主要用材树种之一。

在邓家乡、梨子坪林场梨子坪管护站、笃坪乡、曲尺乡等地分布有亮叶桦（*Betula luminifera* H. J. P. Winkl.）、糙皮桦（*B. utilis* D. Don）等，但这些分布区域通常与鹅耳枥（*Carpinus turczaninovii* Hance）、灯台树（*Cornus controversa* Hemsl.）、毛梾（*C. walteri* Wangerin）等形成混交林，很难形成纯林。

10. 大叶杨林

大叶杨（*Populus lasiocarpa* Oliv.）在邓家乡、官阳镇、五里坡林场、五里坡自然保护区、当阳乡、笃坪乡等地都有分布，主要分布在海拔1600~2000米的高山地区，是难得的高山天然林优势树种，常与高山木姜子、头状四照花等形成混交林。其中，大叶杨是巫山高山生态保护和荒山绿化的优选树种。

11. 杜鹃林

杜鹃（*Rhododendon* spp.）林主要分布在海拔1500~2000米的高海拔区域，在梨子坪林场朝阳坪管护站、竹贤乡、当阳乡、邓家乡等地均有分布，梨子坪林场朝阳坪管护站以四川杜鹃（*Rhododendron sutchuenense* Franch.）、麻花杜鹃（*R. maculiferum* Franch.）、喇叭杜鹃（*R. discolor* Franch.）、巫山杜鹃（*R. roxieoides* D. F. Chamb.）等种类为主，邓家乡、里河乡则以长蕊杜鹃（*R. stamineum* Franch.）为主，伴生物种有高山木姜子（*Litsea chunii* W. C. Cheng）、毛梾（*Cornus walteri* Wangerin）、巴山冷杉（*Abies fargesii* Franch.）、巴山榧（*Torreya fargesii* Franch.）等，常形成针阔混交林。

12. 雷文竹林

雷文竹［*Ravenochloa wilsonii*（Rendle）D. Z. Li & Y. X. Zhang］林在巫山县高海拔地区（1600~2800米）广泛分布，以梨子坪林场朝阳坪管护站、五里坡林场坪前管护站、官阳镇、当阳乡、邓家乡等地分布面积最为广泛，常形成单优势物种群落。

13. 头状四照花、灯台树混交林

在官阳镇、当阳乡、竹贤乡，头状四照花（*Cornus capitata* Wall.）与灯台树（*C. controversa* Hemsl.）、毛梾（*C. walteri* Wangerin）、红叶木姜子（*Litsea rubescens* Lecomte）、灯笼树（*Enkianthus chinensis* Franch.）形成落叶阔叶混交林，主要分布在海拔1000~2000米的中高山地带，伴生物种有猫儿屎［*Decaisnea insignis*（Griff.）Hook. f. & Thomson］、半边月［*Weigela japonica* var. *sinica*（Rehder）L. H. Bailey〕、五尖槭（*Acer maximowiczii* Pax）等。

14. 湖北海棠林

湖北海棠〔*Malus hupehensis*（Pamp.）Rehder〕林主要分布在高山湿地旁，在五里坡自然保护区形成优势群落，主要伴生物种有四川樱桃（*Prunus szechuanica* Batalin）、尾叶樱桃（*P. dielsiana* C. K. Schneid.）、华中山楂（*Crataegus wilsonii* Sarg.）等。

15. 化香树林

化香树（*Platycarya strobilacea* Siebold & Zucc.）林主要分布在骡坪镇、巫峡镇等600~1200米的地区，伴生物种有黄栌（*Cotiuns coggygria* Engl.）、马桑（*Coriaria nepalensis* Wall.）、小果蔷薇（*Rosa cymosa* Tratt.）、枹栎（*Quercus serrata* Thunb.）等，在骡坪仙峰村形成纯林，其余调查地均为混交林。

16. 枫杨林

枫杨（*Pterocarya hupehensis* C. DC.）林主要分布在低海拔湿润沟谷，在巫峡镇、骡坪镇、龙溪镇均有分布，形成单优物种纯林。

17. 羽脉山黄麻林

羽脉山黄麻（*Trema levigata* Hand.–Mazz.）主要分布在大溪乡、曲尺乡等地低海拔河谷地区，比较耐贫瘠，长势良好。

18. 枫香树林

枫香树（*Liquidambar formosana* Hance）林在铜鼓镇、笃坪乡、龙溪镇等地有零星分布，以铜鼓镇的长势最好。

二、灌丛群落

1 黄栌、马桑群落

黄栌（*Cotiuns coggygria* Engl.）、四川黄栌（*C. szechuanensis* Pénzes）、马桑（*Coriaria nepalensis* Wall.）面积大，分布广，在海拔600~1500米地带均有分布，尤以长江、大宁河两岸较多。黄栌耐干旱瘠薄，马桑则喜深厚肥沃之地，多丛生。黄栌、四川黄栌、马桑根系发达，是水土保持的良好树种，黄栌还是我国重要的观赏红叶树种。

2. 黄栌群落

黄栌（*Cotiuns coggygria* Engl.）成片分布于长江两岸海拔1000米以下的岩石裸露地，满山红叶与峡江绿水构成旋丽的长江秋色图画，美不胜收。巫山黄栌有四川黄栌（*C. szechuanensis* Pénzes）、黄栌、灰毛黄栌（*C. coggygria* var. *cinereus* Engl.）等几种。

3. 火棘、小果蔷薇群落

火棘〔*Pyracantha fortuneana*（Maxim.）H. L. Li〕、小果蔷薇（*Rosa cymosa* Tratt.）群落分布于海拔600~1200米。生长较为旺盛，常与插田藨（*Rubus coreanus* Miq.）、马桑（*Coriaria nepalensis* Mall.）、黄荆（*Vitex negundo* L.）、胡枝子（*Lespedeza bicolor* Turcz.）等混生。

4. 岩栎、黄栌群落

岩栎（*Quercus acrodonta* Seemen）、黄栌（*Cotiuns coggygria* Engl.）群落常分布于海拔

600~1200 米，伴生物种有冬青叶鼠刺（*Itea ilicifolia* Oliver）、华中枸骨（*Ilex centrochinensis* S. Y. Hu）、铁仔（*Myrsine africana* L.）、土庄绣线菊（*Spiraea pubescens* Turcz.）、刺叶高山栎（*Quercus spinosa* David ex Franch.）等物种，在较为陡峭干燥的悬崖上分布较多，在当阳乡、两坪乡、平河乡均发现有分布。

5. 悬钩子灌丛

悬钩子（*Rubus* spp.）灌丛主要分布在沟谷、林缘、路边，常见的悬钩子灌丛有宜昌悬钩子（*R. ichangensis* Hemsl. & Kuntze）、毛叶插田藨（*R. coreanus* var. *tomentosus* Cardot）、光滑高粱藨（*R. lambertianus* var. *glaber* Hemsl.）、川莓（*R. setchuenensis* Bureau & Franch.）等群落类型，伴生物种有马桑（*Coriaria nepalensis* Wall.）、粉团蔷薇（*Rosa multiflora* var. *cathayensis* Rehder & E. H. Wilson）等，在巫山县分布较广。

6. 小檗灌丛

小檗（*Berberis* spp.）灌丛在天然次生林下广泛分布，在不同的海拔往往由不同的小檗物种形成小群落，其中豪猪刺（*Berberis julianae* C. K. Schneid.）、巴东小檗（*Berberis veitchii* C. K. Schneid.）、湖北小檗（*Berberis gagnepainii* C. K. Schneid.）等树种较为常见。

第二节　人工林

巫山县主要栽培的林木种质资源有马尾松林、柏木、日本落叶松、华山松，以及其他经济林和四旁树种。

一、乔木林

1. 马尾松林

马尾松（*Pinus massoniana* Lamb.）林主要是在海拔 1400 米以下的低、中山山区，通过采取飞机播种造林、速生丰产林造林、长江防护林工程、天保工程造林而形成的人工纯林。由于立地条件差异，生长状况亦有好有差。耐干旱瘠薄，是巫山主要造林树种。

2. 柏木林

柏木（*Cupressus funebris* Endl.）在县境内长江、大宁河两岸海拔 1000 米以下地带广为分布，其面积占全县森林面积的 10.2%。主要营造在低山河谷、丘陵区，一般在海拔 1000 米以下，多因立地条件差而生长缓慢，但能抗干旱瘠薄，能成活，是该区域的主要造林树种。柏木林以大昌镇、平河乡、双龙镇的面积大、长势良好。

3. 侧柏林

侧柏［*Platycladus orientalis*（L.）Franco］林在大溪乡、巫峡镇、龙溪镇造林面积较大，主要分布在 800 米以下的山地，抗干旱瘠薄，能成活，是近年来这些区域的主要造林树种之一。

4. 华山松林

20 世纪 60~70 年代，三个国有林场在海拔 1600~2000 米的中山带营造，前期生长快，树干通直，前景看好。但是 70 年代中期以后，华山松（*Pinus armandii* Franch.）人工林大量落叶枯死，目前在飞播林场、骡坪镇、官阳镇等地保留有一些优良林分。

5. 日本落叶松林

20 世纪 70 年代后期引进的日本落叶松［*Larix kaempferi*（Lamb.）Carrière］，是为替代华山松而引进的造林树种。造林后因其生长迅速，树干通直，无明显病虫害而在海拔1300~2100 米中山带大面积推广造林，是高海拔地区造林的优良速生树种。

6. 油松林

油松（*Pinus tabuliformis* Carrière）林主要分布在曲尺乡、两坪乡、当阳乡、邓家乡、笃坪乡等乡镇，海拔 1300~2600 米地带。

7. 杉木林

杉木［*Cunninghamia lanceolata*（Lamb.）Hook.］在巫山县各个乡镇都有分布，树干通直，长势良好，是优良的用材树种和四旁树种。

8. 云南松林

云南松（*Pinus yunnanensis* Franch.）常零星混生在马尾松林内，在巫峡镇、大昌镇、大溪乡、建平乡、两坪乡均有分布，仅有零星群落，大溪乡、建平乡的群落稍大。

9. 青杨林

青杨（*Populus cathayana* Rehder）林主要在梨子坪林场引种栽培，树干通直，长势良好，是高海拔地区造林的优选树种。

10. 慈竹林

慈竹（*Bambusa emeiensis* L. C. Chia & H. L. Fung）林主要栽种在村子房前屋后，多为零星分布，是优良的编制用材。

11. 红花槭林

红花槭（*Acer rubrum* L.）在庙宇镇、骡坪镇等苗木基地种植的苗木较多，在巫山绿化工程应用较多。

12. 三角槭、鸡爪槭林

三角槭（*Acer buergerianum* Miq.）、鸡爪槭（*Acer palmatum* Thunb.）在巫山神女景区北环线和平河乡景观造林应用较多。

二、经济林

1. 栗林

栗（*Castanea mollissima* Blume）林，又名板栗，2002 年开始在退耕还林中栽植，主要分布在双龙镇、骡坪镇、官阳镇、当阳乡等地，是优良的经济林。

2. 胡桃林

胡桃（*Juglans regia* L.）林多为退耕还林栽植，主要分布在庙宇镇、骡坪镇、官渡镇等地，在官渡镇、骡坪镇均形成高产优良林分。

3. 桑林

桑（*Morus alba* L.）林多为退耕还林栽植，原来栽种面积较大，但现在大部分地区被柑橘（*Citrus reticulata* Blanco）、桃［*Prunus persica*（L.）Batsch］、巫山脆李（*Prunus salicina* Lindl.）等经济林所取代，仅在龙溪镇发现一小片优良桑林。

4. 杜仲林

杜仲（*Eucommia ulmoides* Oliv.）林主要零星种植在中山区村子附近，是优良的三木药材。

5. 厚朴林

厚朴［*Houpoea officinalis*（Rehder & E. H. Wilson）N. H. Xia & C. Y. Wu］林主要零星种植在中山区村子周围，是优良的三木药材。

6. 李林

李（*Prunus salicina* Lindl.）是巫山县主要推广的经济林品种，是巫山的地方标识产品。

7. 柑橘林

柑橘林包括不同的品种，主要推广的有脐橙［*Citrus sinensis*（L.）Osbeck］、红橘（*Citrus reticulata* Blanco）、柚［*Citrus maxima*（Burm.）Merr.］。主要在大昌镇、曲尺乡、大溪乡、培石乡等乡镇种植较多。

8. 沙梨林

沙梨［*Pyrus pyrifolia*（Burm. F.）Nakai］林中各个乡镇均有分布，主要在官渡镇发展较多，本次主要对官渡的沙梨基地进行了调查，其余地区有零星分布。

9. 苹果林

苹果（*Malus pumila* Mill.）在曲尺乡、骡坪镇、红椿乡等地有少量的试种，仅有零星分布。

10. 枇杷林

曲尺乡、大溪乡、巫峡镇、大昌镇等乡镇有枇杷［*Eriobotrya japonica*（Thunb.）Lindl.］种植。

11. 茶林

茶［*Camellia sinensis*（L.）Kuntze］林在福田镇种植较多，其余地方有零星分布。

12. 毛豹皮樟林

毛豹皮樟［*Litsea coreana* var. *lanuginosa*（Migo）Yen C. Yang & P. H. Huang］林仅在龙溪镇有规模化栽培，是一个大规模的古树群，约有 120 株，另外还有几个幼龄林林分，该林分具有重要的保护价值和开发利用价值，目前当地已开发了优良的'老鹰茶'品种。

13. 杨梅林

杨梅（*Myrica rubra* Lour.）林主要在培石乡、双龙镇发展校多，有一大片种植基地。

14. 三叶木通林

在抱龙镇调查发现有三叶木通［*Akebia trifoliata*（Thunb.）Koidz.］（俗名八月瓜）种植基地，已培育出新品种'山凤'，获得国家新品种授权。

15. 其他经济林

包括杏（*Prunus armeniaca* L.）、桃［*P. persica*（L.）Batsch］、无花果（*Ficus carica* L.）、柿（*Diospyros kaki* Thunb.）等小规模种植经济林，在大昌、培石等地有零星种植，也是优良的四旁水果树。

第四章 ▷

巫山县树种资源现状

　　根据巫山县的地形、地貌及行政区域，设置了 42 条样线，对巫山进行树种资源数量和树种多样性的现状评估，并对古树名木进行了调查。

　　样线上出现的树种种类共计 92 科 257 属 601 物种。从科属种的物种组成来看，以蔷薇科的种类最多，为 21 属 86 种，其中蔷薇属、李属、悬钩子属、枸子属、绣线菊属植物为主要成分；其次为豆科 18 属 30 种，以黄檀属、木蓝属、胡枝子属、紫荆属植物为主；樟科 8 属 25 种，以山胡椒属、木姜子属、樟属植物为主；壳斗科 5 属 21 种，以栎属、栗属、柯属、青冈属植物为主；无患子科（Sapindaceae）4 属 18 种，以槭属（Acer）植物为主；杜鹃花科 5 属 17 种，以杜鹃花属植物为主；忍冬科 3 属 16 种，以忍冬属植物为主；木樨科 6 属 15 种，以女贞属、木樨属、梣属植物为主；芸香科 5 属 15 种，以柑橘属、花椒属植物为主；桑科（Moraceae）4 属 14 种，以榕属（Ficus）、构属（Broussonetia）植物为主；卫矛科 8 属 14 种，以卫矛属、南蛇藤属（Celastrus）植物为主；五福花科 1 属 13 种，为荚蒾属植物；鼠李科 7 属 12 种，以鼠李属、勾儿茶属植物为主；五加科（Araliaceae）8 属 12 种，以五加属（Eleutherococcus）、楤木属（Aralia）、刺楸属（Kalopanax）植物为主；绣球花科 4 属 12 种，以绣球属、山梅花属、溲疏属植物为主；杨柳科 3 属 12 种，以杨属、柳属植物为主；菝葜科 1 属 10 种，为菝葜属植物；柏科（Cupressaceae）3 属 10 种，主要有柏木、杉木、刺柏（Juniperus formosana Hayata）、侧柏、圆柏（Juniperus chinensis L.）等物种；桦木科 3 属 10 种，以桦木属、鹅耳枥属（Carpinus）、榛属植物为主；山茱萸科（Cornaceae）2 属 10 种，以山茱萸属（Cornus）和八角枫属（Alangium）植物为主；松科（Pinaceae）7 属 10 种，以松属（Pinus）植物为主；小檗科 2 属 10 种，以小檗属植物为主；猕猴桃科（Actinidiaceae）1 属 8 种，为猕猴桃属（Actinidia）植物；葡萄科（Vitaceae）3 属 8 种，以葡萄属（Vitis）植物为主；大戟科（Euphorbiaceae）7 属 7 种，以野桐属（Mallotus）、乌桕属（Triadica）植物为主。其中科内 10 种以上的有 22 个科（图 4–1）。

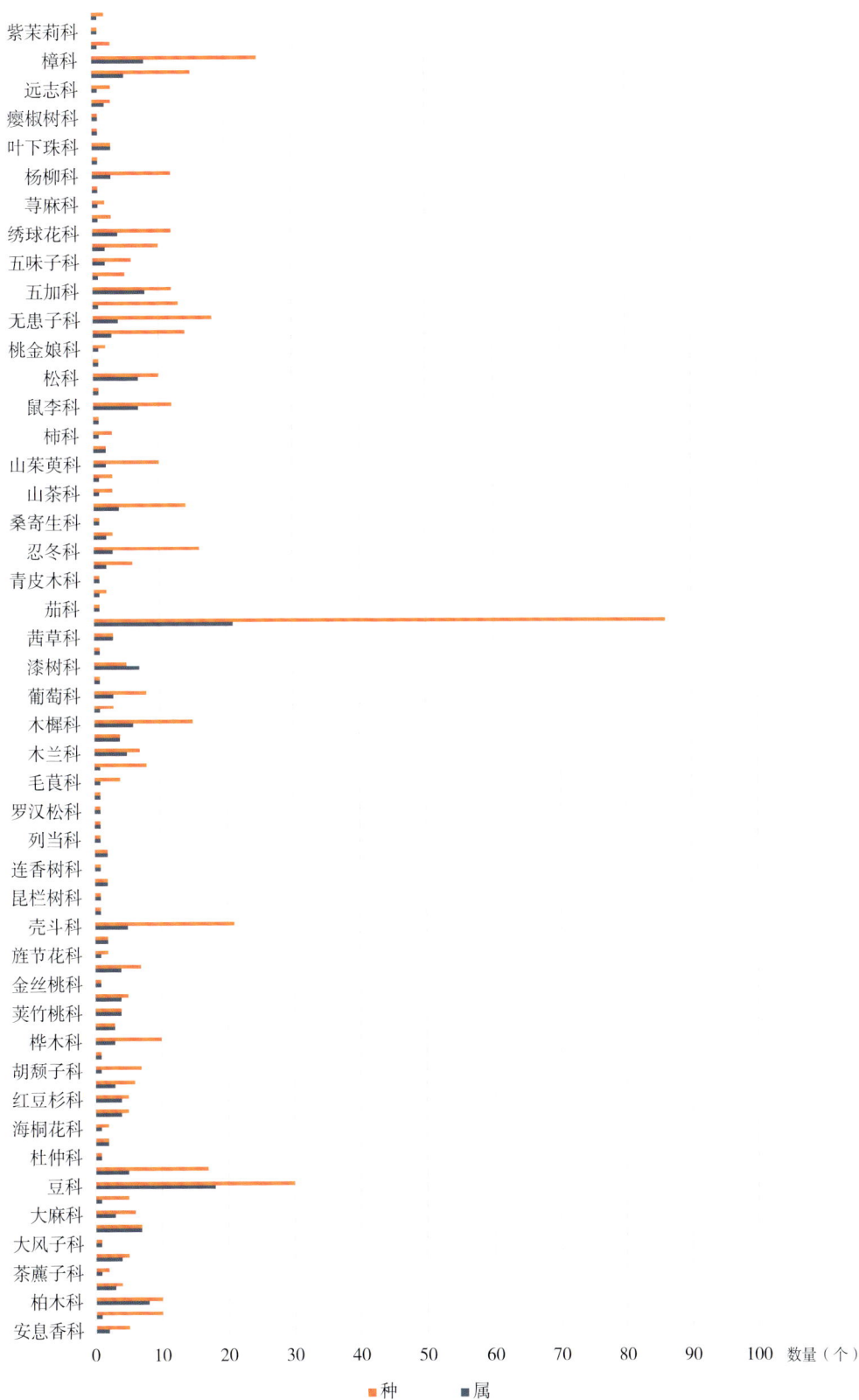

图 4-1　巫山县树种科属种组成

第一节 树种数量

在调查的 42 条样线中，出现样线频率只有一次的物种有 174 个种，主要为我国特有或珍稀濒危植物如巴山冷杉、巴山松、篦子三尖杉、薄叶槭（*Acer tenellum* Pax）等，还有少量国外引进物种如桉（*Eucalyptus robusta* Smith）等；出现 2~5 次的物种有 258 种，大部分为我国特有树种和保护物种如单瓣月季、连香树、巴山榧、水青树、山白树等；出现频次 6~10 次的物种有红桦、枫杨、女贞（*Ligustrum lucidum* W. T. Aiton）、侧柏、杜仲、沙梨、君迁子（*Diospyros lotus* L.）、刺叶高山栎、油桐［*Vernicia fordii*（Hemsl.）Airy Shaw］等；出现频次 11~20 次的多见物种为大叶杨、日本落叶松、中华猕猴桃、头状四照花、粉团蔷薇、枇杷等共计 52 种；出现频度 20 次以上的广泛分布物种有 18 种，主要有柏木、马尾松、盐麸木（*Rhus chinensis* Mill.）、四川黄栌、马桑、香椿［*Toona sinensis*（Juss.）Roem.］、火棘、化香树、杉木、李、枹栎、川泡桐、华山松、毛叶插田藨、栓皮栎、胡桃、构［*Broussonetia papyrifera*（L.）L'Hér. ex Vent.］等树种（图 4-2）。

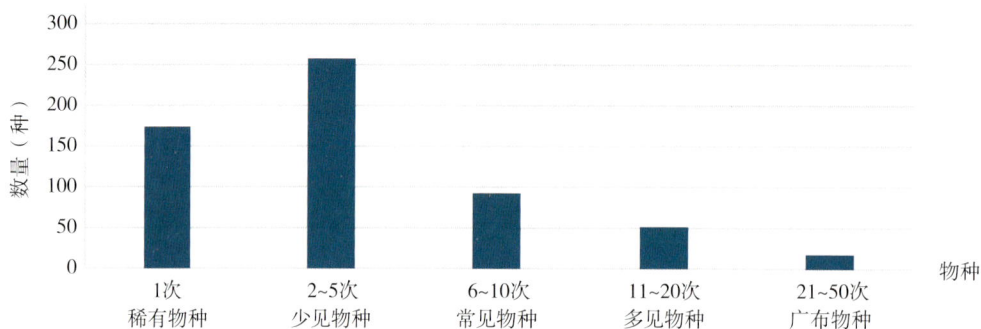

图 4-2 巫山县树种数量组成情况

第二节 树种分布

以镇或乡、林场为单位进行统计，巫山县树种分布种类最多的是当阳乡，有 67 科 124 属 191 种；其次为平河乡 68 科 124 属 188 种、竹贤乡 51 科 107 属 156 种、巫峡镇 48 科 88 属 145 种、官阳镇 5 科 90 属 130 种、邓家乡 46 科 79 属 115 种、五里坡林场 40 科 69 属 115 种、两坪乡 40 科 73 属 105 种、梨子坪林场 36 科 64 属 93 种（图 4-3）。这些区域物种丰富度高可能与五里坡自然保护区、江南自然保护区、梨子坪森林公园、文峰观风景名胜区的良好保护有关。

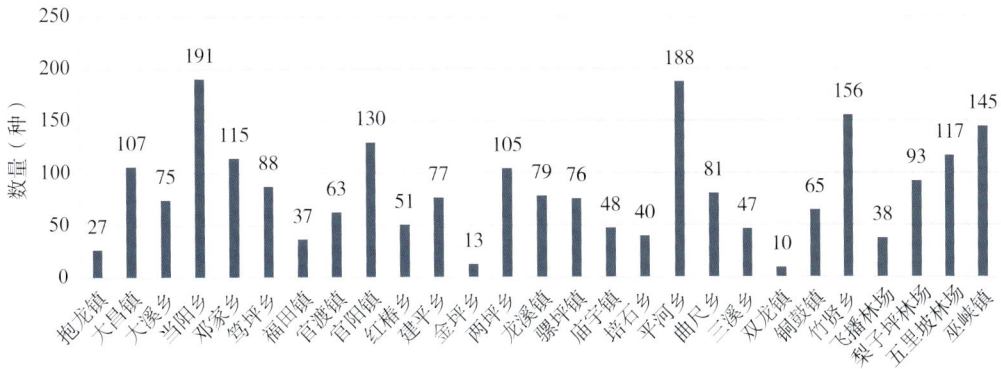

图 4-3　巫山县树种分布情况

第三节　古树名木

古树的年龄，依照《全国古树名木普查建档技术规定》，国家一级古树年龄在 500 年以上，二级古树年龄在 300~499 年，三级古树年龄 100~299 年。巫山县有一级古树 33 株（其中 1000 年以上 7 株），二级古树 49 株，三级古树 444 株。以官阳镇、大昌镇的古树最多。

古树以柏木、黄连木、重阳木、胡桃楸（*Juglans mandshurica* Maxim.）、樟（*Camphora officinarum* Nees）、银杏、栓皮栎、枪栎、细叶青冈（*Quercus shennongii* C. C. Huang & S. H. Fu）、胡桃、皂荚等种类较为常见。

号称"树王"的古树如下。

银杏（*Ginkgo biloba* L），树高 40 米，胸径 235 厘米，冠幅 700 平方米，树龄 1200 年，生长健壮，生长在巫山县当阳乡高坪村 4 社。

铁坚油杉［*Keteleeria davidiana*（C. E. Bertrand）Beissn.］，树高 33 米，胸径 230 厘米，冠幅 400 平方米，树龄 1200 年，生长健壮，生长在巫山县平河乡庙堂村，当地因此得名油杉树坪。

重阳木［*Bischofia polycarpa*（H. Lév.）Airy Shaw］，树高 28 米，胸径 180 厘米，冠幅 500 平方米，树龄 500 年，生长健壮，生长在巫山县福田镇天宫村。

樟（*Camphora officinarum* Nees），树高 19 米，胸径 164 厘米，冠幅 600 平方米，树龄 1000 年，生长健壮，生长在巫山县当阳乡里河村。

黄葛树（*Ficus virens* Aiton），树高 27 米，胸径 230 厘米，冠幅 700 平方米，树龄 800 年，生长健壮，生长在巫山县龙溪镇原小学内。

杉木［*Cunninghamia lanceolata*（Lamb.）Hook.］，树高 40 米，胸径 150 厘米，冠幅 300 平方米，树龄 250 年，生长在巫山县骡坪镇沙坪村。

柏木（*Cupressus funebris* Endl.），树高 32 米，胸径 170 厘米，冠幅 350 平方米，树龄 200 年，生长在巫山县当阳乡高坪村社。

湖北枫杨（*Pterocarya hupehensis* Skan），树高 20 米，胸径 150 厘米，冠幅 400 平方米，树龄 800 年，生长在福田镇。

檫木〔*Sassafras tzumu*（Hemsl.）Hemsl.〕（俗称黄楸树），树高 25 米，胸径 120 厘米，冠幅 170 平方米，树龄 400 年，生长在笃坪乡。

皂荚（*Gleditsia sinensis* Lam.），树高 17 米，冠幅 350 平方米，树龄 250 年，生长于大溪乡开峡村。

飞蛾槭（*Acer oblongum* Wall. ex DC.），树龄 400 年，胸径 135 厘米，冠幅 400 平方米，生长于巫峡镇桂花村。

古树群主要以官阳镇鸦雀村的柏树群和龙溪镇铁厂村的毛豹皮樟数量最多。官阳古柏树群有 72 棵古柏树，平均树高 21 厘米，平均胸径 46 厘米，平均树龄 280 年；毛豹皮樟古树群约有 120 株，平均树高 9 米，平均胸径约 60 厘米，占地约 3.2 公顷，平均树龄约 150 年。年龄最大的古树群是官阳镇后乡村的青冈林，有 3 株大古树，平均树高 17.8 米，平均胸径 133 厘米，平均树龄约 740 年。

巫山县的古树种类组成丰富，古树名木保存比较完好，除了个别古树应为年老衰亡外，大部分古树生长正常并被挂牌保护，还发现了稀有古树白皮松（*Pinus bungeana* Zucc. ex Endl.）。

第五章
巫山县林木种质资源利用

第一节　野生种质资源

巫山县林木种质资源丰富，具有多种用途。蔷薇科的野生种质以蔷薇属、李属、悬钩子属、栒子属、绣线菊属、火棘属（*Pyracantha*）植物为主。其中，李属野樱桃、梨属（*Pyrus*）植物等可作近缘果树的育种材料，具有重要的经济价值。蔷薇属国家二级保护野生植物单瓣月季，可作观赏园林绿化植物。蔷薇属植物种类丰富，包括伞房蔷薇（*Rosa corymbulosa* Rolfe）、粉团蔷薇、悬钩子蔷薇（*R. rubus* Lévl. et Vant.）、单瓣月季、单瓣木香花（*R. banksiae* var. *normalis* Regel）、小果蔷薇等物种，花美丽，是园林绿化的好物种。同时，一些物种还可食用和药用如伞房蔷薇，已经有当地企业开发成食用产品；金樱子（*R. laevigata* Michx.）是药食兼用植物，但在巫山只有零星分布，后期可作开发进行大规模引种。绣线菊属和火棘属、栒子属植物可作园林绿化，具有较高的观赏价值。湖北海棠是巫山民间的"神茶"，口感佳，能防细菌感染。野山楂（*Crataegus cuneata* Siebold & Zucc.）等是可食用的植物资源。

壳斗科种质资源主要有栎属、栗属、柯属、青冈属植物。壳斗科植物是巫山县天然落叶阔叶林和常绿落叶阔叶混交林的主要建群种和优势成分，是巫山天然林中生态价值最高的一类种质资源，包括栓皮栎林、枹栎林、小叶青冈林、橿子栎林、锥栗林、多脉青冈林、曼青冈林等林分类型，在不同的海拔段形成垂直分布。栓皮栎树干通直，材质好，树皮木栓层可作软木，经济价值高。小叶青冈林在巫山 800~1200 米都有分布，以文峰观的小叶青冈林最为优质，树冠幅大，属中龄林，已确定为优良的采种母树林，小叶青冈还可作地势陡峭的山坡荒地的绿化树种。

漆树科（Anacardiaceae）有黄栌、四川黄栌、黄连木、盐麸木、红麸杨［*Rhus punjabensis* var. *sinica* (Diels) Rehder & E. H. Wilson］、漆［*Toxicodendron vernicifluum* (Stokes) F. A. Barkley］、毛脉南酸枣［*Choerospondias axillaris* var. *pubinervis* (Rehder & E. H. Wilson) B. L. Burtt & A. W. Hill］等物种是巫山红叶的主要树种。黄连木可作优良的速生彩叶树种；盐麸木、红麸杨可作荒山绿化优良树种，可寄养五倍子等；漆具有较高的经济价值；毛脉南酸枣具有较高的经济价值，在巫山仅在邓家乡见到零星分布。

五福花科植物主要为荚蒾属植物，其中桦叶荚蒾是优良的观赏植物，果成熟时红色，非常美观，亦可作纤维植物；蝴蝶戏珠花［*Viburnum plicatum* f. *tomentosum*（Miq.）Rehder］的花观赏价值非常高，宛如蝴蝶一般。

豆科野生种质资源，主要为藤黄檀（*Dalbergia hancei* Benth.）、多花木蓝（*Indigofera amblyantha* Craib）、胡枝子、湖北紫荆（*Cercis glabra* Pamp.）、小花香槐［*Cladrastis delavayi*（Franchet）Prain］等物种，是优良的观赏植物、园林绿化植物。

桑科植物主要有桑、构树、蒙桑［*Morus mongolica*（Bur.）Schneid.］、异叶榕（*Ficus heteromorpha* Hemsl.）等物种，是优良的饲用植物和纤维植物。

樟科种质资源以山胡椒属、木姜子属植物为主，其中珍稀濒危植物隐脉黄肉楠（*Actinodaphne obscurinervia* Yen C. Yang & P. H. Huang）、香叶树（*Lindera communis* Hemsl）、木姜子（*Litsea pungens* Hemsl.）可作香料植物，具有较高的经济价值；毛豹皮樟做成的老鹰茶口感好，且不易腐败变质。

山茱萸科包括山茱萸属（*Cornus*）、八角枫属 2 属 10 种，其中头状四照花分布较为广泛，具有较高的观赏价值，果可食用。

忍冬科植物以忍冬属植物为主，其中大花忍冬［*Lonicera macrantha*（D. Don）Spreng.］、细毡毛忍冬（*L. similis* Hemsl.）、金银忍冬［*L. maackii*（Rupr.）Maxim.］、盘叶忍冬（*L. tragophylla* Hemsl.）等是优良的药用植物和观赏植物；半边月是优良的观赏植物，花美丽，花期长。

杜鹃花科的杜鹃、丁香杜鹃（*Rhododendron mariesii* Hemsl. et Wils.）、长蕊杜鹃、喇叭杜鹃、四川杜鹃、麻花杜鹃等观赏价值极高；巫山杜鹃是巫山特有的珍稀濒危植物，种群极小，具有重要的保护价值和科研价值。

胡桃科（Juglandaceae）主要有胡桃属（*Juglans*）、枫杨属（*Pterocarya*）、化香树属（*Platycarya*）3 属 6 种，枫杨、化香树是巫山天然水土保持林；乌桕、油桐是重要的工业油料植物，其中，乌桕秋天叶变黄、变红后十分美丽，是优良的红叶树种。

无患子科主要为槭属、七叶树属（*Aesculus*）、金钱槭属（*Dipteronia*）植物，金钱槭、扇叶槭（*Acer flabellatum* Rehd.）、五裂槭（*Acer oliverianum* Pax）、五尖槭、中华槭（*Acer sinense* Pax.）等，是优良的彩叶树种。

其余较多的野生种质资源包括桦木科桦木属、鹅耳枥属等 2 属植物，是巫山天然林的重要物种，其中亮叶桦、红桦、糙皮桦，是中高山的优良用材树种。

木樨科植物以女贞属、木樨属、梣属植物为主，女贞属、素馨属（*Jasminum*）植物具有较高的观赏价值，连翘 [*Forsythia suspensa* (Thunb.) Vahl] 是重要的中药。

杨柳科主要为杨属、柳属植物，其中大叶杨是巫山高山落叶阔叶林的重要成分，能抗寒，生长良好，是优良的绿化树种，同时其材质独特，可作特殊用途。

猕猴桃科植物资源丰富，主要有中华猕猴桃、城口猕猴桃等物种，在巫山分布较多，是重要的水果类经济植物野生资源。

此外，野生可食用植物资源包括葡萄科葡萄属、胡颓子科（Elaeagnaceae）胡颓子属（ *Elaeagnus* ）、拔葜科拔葜属植物、芸香科花椒属植物等，是重要的可食用资源食物。

绣球花科主要有绣球属、山梅花属、溲疏属等植物，具有重要的观赏价值。

小檗科主要为小檗属植物，是重要的药用植物资源。

珍稀濒危植物种质资源包括红豆杉科（Taxaceae）红豆杉、篦子三尖杉、穗花杉、巴山榧，蓝果树科（Nyssaceae）光叶珙桐，芸香科宜昌橙，连香树科（Cercidiphyllaceae）连香树、昆栏树科（Trochodendraceae）水青树，以及我国特有物种三尖杉（ *Cephalotaxus fortunei* Hooker ）、巫山帚菊、巫山杜鹃等物种。

第二节　栽培种质资源

巫山县针叶纯林广布全县，是县内森林的主要部分，占全县森林面积的 65.6%。其中，马尾松占全县森林面积的 47%；柏木占 10.2%；华山松 7.5%；油松占 2.7%；日本落叶松占 1.8%；另外还有巴山冷杉、杉木、巴山松等针叶树种。马尾松、柏木主要分布在海拔 180~1300 米地带，华山松、油松、日本落叶松主要分布在海拔 1300~2200 米地带。松科、柏科树种是主要部分，从造林的种质资源利用上看，这两科树种占生产量的 90% 以上。

用于四旁零星植树的用材树种还有川泡桐、香椿、桉、蓝桉（ *Eucalyptus globulus* Labill. ）、杉木、日本柳杉 [*Cryptomeria japonica* (L. f.) D. Don]、台湾杉、鹅掌楸等树种。

引进的观赏栽培树种主要有红花檵、三角檵、复羽叶栾（ *Koelreuteria bipinnata* Franch. ）等树种。

造林树种中，巫山县栽培最多的树种是马尾松，其次是柏木、日本落叶松、华山松、侧柏林、青杨、加杨（ *Populus × canadensis* Moench ）等树种。马尾松、柏木基本上在各个乡镇都有分布，柏木以文峰观景区、大昌的林分较为优良。日本落叶松在梨子坪丛林场、邓家乡、竹贤乡生长良好。油松林仅在当阳发现一个优良林分，在曲尺、两坪、笃坪、邓家等地调查到的林分长势都不佳。

成林树种随着立地条件，特别海拔高度不同而呈明显差异。在海拔 1300 米以下，成林树种主要是马尾松、柏木等，在海拔 1300 米以上，则主要是日本落叶松、华山松、漆等。

用材林木种质资源中，松科、柏科树种是主要部分，从造林的种质资源利用上看，这两科树种占生产量的 90% 以上。

观赏树种包括川泡桐、复羽叶栾、荷花木兰（ *Magnolia grandiflora* L. ）、喜树（ *Camptothe-*

ca acuminata Decne.）、香椿、刺槐（*Robinia pseudoacacia* L.）、桉、蓝桉、云南松、三角槭、鸡爪槭、重阳木、雅榕（*Ficus concinna* Miq.）、紫叶李（*Prunus cerasifera* 'Atropurpurea'）、紫叶小檗（*Berberis thunbergii* 'Atropurpurea'）、冬青卫矛（*Euonymus japonicus* Thunb.）、红叶石楠（*Photinia* × *fraseri* Dress）、石榴（*Punica granatum* Linn. var. *nana* Pers.）等物种。

巫山县人工栽培的经济树种种类丰富，调查到19科31属47种。主要为'巫山脆李'、核桃、柑橘、柚、枇杷等经济水果树种。发现樟科毛豹皮樟（老鹰茶）古树群落和幼龄林分，是很有发展前途的经济林。

巫山县经济林树种分布的最大特点是栽培树种的种类随海拔高度变化而变化。海拔800米以下低山，主要分布经济林树种是柑橘、李、桃、梨、枇杷、杨梅、柚等，海拔800米以上则以核桃、板栗、漆树、柿等为主。根据生态条件和经济树种的分布，可将全县划分为两个经济树种种质资源分布区。

（1）低山经济林区。本区包括长江、大宁河、官渡河、抱龙河两岸海拔800米以下地区。本区栽培经济林木有柑橘、桑、杨梅、桃、李等树种。野生经济树种有李属、蔷薇属等植物。

（2）中山经济林区。本区包括骡坪、官阳、庙宇、笃坪、竹贤、庙堂等地海拔800米以上的中山带。本区栽培经济林木有板栗、核桃、柿、茶叶、猕猴桃、厚朴、杜仲、毛豹皮樟、漆等。

目前巫山栽培的经济树种丰富，主要推广板栗、核桃、脐橙、椪柑、黄金梨、李等优良品种。栽培的药用植物主要有杜仲、黄檗、厚朴、吴茱萸〔*Tetradium ruticarpum* (A. Juss.) T. G. Hartley〕等。

第三节　种质资源利用前景

巫山县是大山区县，海拔高差悬殊，立体气候明显，气候温和，雨量丰沛，日照充足，适宜多种水果生长。主要有脐橙、红橘、椪柑、梨、李、桃、杏、樱桃、杨梅、无花果等。

巫山县海拔高差大，立体气候明显，适宜多种树木生长，经济树种种类繁多，分布面广。经清查，全县经济树种（包括栽培的、野生的）共29科52属136种。

巫山县是重庆市长江柑橘带建设项目的重点县之一。因此，在低山经济林区，充分利用当地充足的热量和日照，选育柑橘、柚、杨梅、李等优良品种，形成地方特色名优产品，具有广阔的市场前景。

在中山经济林区，巫山县的野生林木种质资源丰富，尤其是野生猕猴桃、野葡萄属的物种多，因此有得天独厚的资源条件，可加强这些水果资源植物的利用，培育适合当地发展的绿色健康新品种，具有较好的市场前景。

中山经济林区大多为陡峭的高山，远离现代工业污染和人为干扰，气候温和湿润，因此，可发展绿色生态种植技术，发展高品质绿色核桃林、板栗林、猕猴桃林、茶林、柿林、老鹰茶林。目前'渝城一号'核桃在巫山的产量和品质都较好，能为当地百姓实现致富增收。

巫山是传统药材种植县之一，可继续培育杜仲、黄檗、厚朴等优良品种；加大野生林木资源的驯化和利用，如药食兼用植物金樱子、伞房蔷薇、湖北海棠、浪叶花椒、香椿等植物资源的利用。野生林产品由于其稀有性、独特性和绿色产品的特点，必将受消费者的青睐。

巫山县地形地貌复杂，垂直高差大，野生物种资源丰富。我国地域广阔、国土绿化、荒山治理、城市园林绿化的多样化和个性化需求较多，尤其是国家提出的公园城市建设理念，对园林绿化植物的新品种需求十分强烈，对乡土优良品种特别青睐，可以充分利用巫山丰富的野生资源，建立野生林木资源引种驯化基地，培育新的品种和苗圃生产基地，提升巫山作为林业大县的林产品出口。

巫山县森林以马尾松林分最多，其面积、蓄积量分别占全县的47%、42.5%；其次为栎类，其面积、蓄积量分别占全县的23.2%、24.8%；以后的排序是柏木、桦木、华山松、油松、日本落叶松。巫山县用材林主要造林树种有马尾松、柏木、日本落叶松等十余多种，其余为野生乡土树种资源。

巫山的主要用材树种日本落叶松、马尾松、华山松、油松、柏木、刺柏、侧柏等的优良单株和优良林分都较多，可利用现有的资源建立母树林，向全市、全国推广优良品种和种苗。

第六章 »

巫山县主要树种特征、地理分布及用途

　　巫山县森林资源极其丰富，种类繁多，尤其是天然林中，常常多个物种混生在一起，野外识别较为困难。此外，许多物种存在同物异名，在实际工作中，人们容易将物种的学名与俗名等名称混淆。巫山县主要树种分布的垂直地带性明显，不同的物种有自己独特的分布区，在林木种植资源开发利用时需要充分考虑其原产地及其生物学特性等，才能更好地进行林木种质资源的开发利用。目前巫山县的多数林木种质资源尚未进行开发利用，许多树种资源有广泛的开发利用前景。例如，湖北花楸可作饮料。扇叶槭、中华槭等树种在秋季叶变黄，具有良好的美学价值，可作为彩叶林乡土树种资源进行开发利用，亦可用于荒山绿化造林。檫木在巫山县亦有较多分布，是常绿落叶阔叶混交林的成分物种之一，秋季树叶变黄，树形十分美观，甚至在巫山县笃坪乡有一个地方名为"黄楸树坪"，就是因为这里的一棵檫木古树在秋天十分美丽，成为当地的一道亮丽的风景和明显的地理标识。檫木木材浅黄色，材质优良，细致，耐久，可作船、水车及上等家具用材；根和树皮入药，能活血散瘀，祛风去湿，治扭挫伤和腰肌劳伤；果、叶和根含芳香油，根含油 1% 以上，油主要成分为黄樟油素；国外还开发了相关的饮料产品，但目前国内还没有对该物种进行良好的开发利用。因此，有必要对巫山县主要物种的科学名称、主要鉴别特征、地理分布和用途等进行详细的研究，以便为科研工作者和相关管理部门提供基础资料，服务于当地和国家林木种质开发利用。

柏科	Cupressaceae	扁柏属 *Chamaecyparis*

日本花柏

Chamaecyparis pisifera (Siebold t& Zucc.) Endl.

形态特征　常绿乔木。树皮红褐色，裂成薄皮脱落。生鳞叶小枝条扁平，排成一平面。鳞叶先端锐尖，侧面叶较中间之叶稍长，小枝上面中央叶深绿色，下面叶有明显的白粉。球果圆球形，熟时暗褐色。种鳞5~6对，顶部中央稍凹，有凸起的小尖头，发育的种鳞各有1~2粒种子。种子三角状卵圆形，有棱脊，两侧有宽翅。

地理分布　原产日本。我国青岛、庐山、南京、上海、杭州等多地地引种栽培。巫山县梨子坪林场有引种栽培。

主要用途　作庭园树；观赏。

柏科	Cupressaceae	柏木属 *Cupressus*

柏木

Cupressus funebris Endl.

形态特征　常绿乔木。树皮淡褐灰色，裂成窄长条片。小枝细长下垂，排成一平面，两面同形，绿色。鳞叶二型，先端锐尖，中央叶的背部有条状腺点，两侧的叶对折，背部有棱脊。雄球花椭圆形或卵圆形，淡绿色，边缘带褐色；雌球花近球形。球果圆球形，熟时暗褐色。种子宽倒卵状菱形或近圆形，扁，熟时淡褐色，有光泽，边缘具窄翅。

地理分布　我国特有树种，分布广，浙江、福建、江西、湖南、湖北西部、四川北部及西部大相岭以东、贵州东部及中部、广东北部、广西北部、云南东南部及中部等；以四川、湖北西部、贵州栽培最多，生长旺盛，江苏南京等地有栽培。巫山主要造林树种，古树名木较多，分布于官阳镇、大昌镇、平河乡、当阳乡等地。

主要用途　材用；观赏。

侧柏

Platycladus orientalis (L.) Franco

形态特征 常绿乔木。树皮薄，浅灰褐色，纵裂成条片。枝条向上伸展或斜展。生鳞叶的小枝细，向上直展或斜展，扁平，排成一平面。叶鳞形，先端微钝，小枝中央叶的露出部分呈倒卵状菱形或斜方形，背面中间有条状腺槽，两侧的叶船形，先端微内曲，背部有钝脊，尖头的下方有腺点。雄球花黄色，卵圆形；雌球花近球形，蓝绿色，被白粉。球果近卵圆形，成熟前近肉质，蓝绿色，被白粉，成熟后木质，开裂，红褐色。种子卵圆形或近椭圆形，顶端微尖，灰褐色或紫褐色，稍有棱脊，无翅或有极窄翅。

地理分布 内蒙古南部、吉林、辽宁、河北、山西、山东、江苏、浙江、福建、安徽、江西、河南、陕西、甘肃、四川、云南、贵州、湖北、湖南、广东北部及广西北部地区。西藏德庆、达孜等地有栽培。巫山县阳坡及低山主要造林树种之一，大溪乡、两坪乡、龙溪镇、平河乡、曲尺乡、巫峡镇有分布。

主要用途 生态保护；材用；药用；观赏。

日本柳杉

Cryptomeria japonica (Thunb. ex L.f.) D. Don

形态特征 常绿乔木。树皮红褐色，纤维状。叶钻形，直伸，先端通常不内曲，锐尖或尖。雄球花长椭圆形或圆柱形，雌球花圆球形。球果近球形，稀微扁。种子棕褐色，椭圆形或不规则多角形，边缘有窄翅。

地理分布 原产日本，在我国作为造林树种引种栽培。巫山梨子坪林场有少量引种栽培，在笃坪乡、邓家乡、官渡镇、红椿乡、骡坪镇、平河乡、庙宇镇、铜鼓镇等地有引种。

主要用途 材用；观赏。

| 柏科 | Cupressaceae | 水杉属 | *Metasequoia* |

水杉

Metasequoia glyptostroboides Hu & W. C. Cheng

主要用途　材用；观赏。

形态特征　落叶乔木。树干基部常膨大。树皮灰色、灰褐色或暗灰色。叶条形，上面淡绿色，下面色较淡。球果下垂，近四棱状球形或矩圆状球形，成熟前绿色，熟时深褐色。种子扁平，倒卵形或圆形、矩圆形，周围有翅，先端有凹缺。

地理分布　我国特有珍稀濒危树种，原产地仅分布于重庆石柱县、湖北利川市磨刀溪、水杉坝一带，目前全国多地有引种栽培。巫山有少量引种栽培。

| 柏科 | Cupressaceae | 杉木属 | *Cunninghamia* |

杉木

Cunninghamia lanceolata (Lamb.) Hook.

形态特征　常绿乔木。树皮灰色至暗灰褐色。叶倒披针状窄条形，先端尖或钝，两面中脉隆起。雄球花卵圆形，有梗，常下垂，雄蕊黄色；雌球花和幼果淡紫色，卵状矩圆形，苞鳞直伸，先端急尖。球果卵状矩圆形。种子斜三角状卵圆形，种翅淡褐色，先端钝圆。

地理分布　我国特有树种，分布于陕西秦岭太白山、玉皇山、佛坪、鄂邑区等地。巫山县村落常见四旁树及荒山造林主要树种，各乡镇均有分布。

主要用途　材用；观赏。

台湾杉
Taiwania cryptomerioides Hayata

形态特征　常绿乔木。枝平展，树冠广圆形。雄球花 2~5 个簇生枝顶，雌球花球形。球果卵圆形或短圆柱形。种子长椭圆形或长椭圆状倒卵形。

地理分布　我国特有树种，分布于台湾中央山脉。巫山县有少量引种栽培。

主要用途　材用；观赏。

刺柏
Juniperus formosana Hayata

主要用途　材用。

形态特征　常绿乔木。树皮褐色，纵裂成长条薄片脱落。叶三叶轮生，条状披针形或条状刺形，先端渐尖具锐尖头，上面稍凹，中脉微隆起，绿色。雄球花圆球形或椭圆形。球果近球形或宽卵圆形，熟时淡红褐色，被白粉或白粉脱落，间或顶部微张开。种子半月圆形。

地理分布　我国特有树种，分布于台湾中央山脉、江苏南部、青海东北部、西藏南部、四川、贵州等地。巫山县引种栽培历史悠久，亦有较多古树名木，分布于建平乡、三溪乡、笃坪乡、大溪乡、两坪乡、平河乡等地。

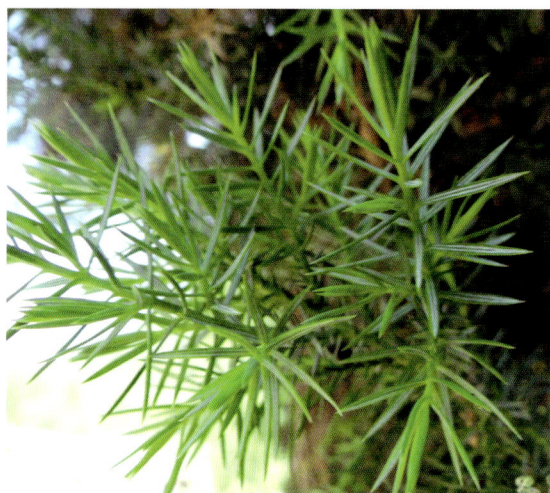

圆柏

Juniperus chinensis L.

形态特征　常绿乔木。树皮深灰色，纵裂，成条片开裂。叶二型，即刺叶及鳞叶；刺叶生于幼树之上，老龄树则全为鳞叶。雌雄异株，稀同株，雄球花黄色，椭圆形。球果近圆球形，两年成熟，熟时暗褐色，被白粉或白粉脱落。种子卵圆形，扁，顶端钝，有棱脊及少数树脂槽。

地理分布　分布于内蒙古乌拉山、河北、四川、湖北西部、湖南、贵州、广东、广西北部及云南等地。全国各地亦多栽培。朝鲜、日本也有分布。巫山县巫峡镇、渝东珍稀植物园地有少量引种栽培。

主要用途　材用；观赏。

巴山榧

Torreya fargesii Franch.

形态特征　常绿乔木。树皮深灰色，不规则纵裂。叶条形，通常直，稀微弯，先端微凸尖或微渐尖，具刺状短尖头，基部微偏斜，宽楔形，上面亮绿色。雄球花卵圆形。种子卵圆形、圆球形或宽椭圆形，肉质假种皮微被白粉，顶端具小凸尖，基部有宿存的苞片。

地理分布　我国特有树种，分布于陕西南部、湖北西部、重庆、四川东部和东北部及西部峨眉山。巫山县五里坡自然保护区、梨子坪林场、当阳乡、竹贤乡有少量分布。

主要用途　可作家具、农具等用材；种子可榨油。

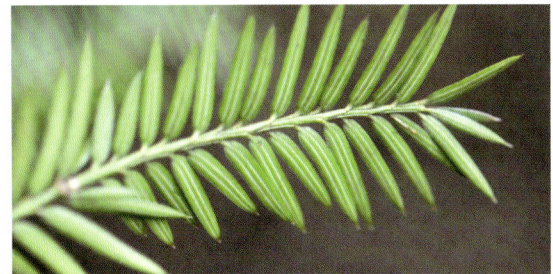

红豆杉

Taxus wallichiana var. *chinensis* (Pilger) Florin

形态特征　常绿乔木。树皮灰褐色、红褐色或暗褐色，裂成条片脱落。叶排列成两列，条形，微弯或较直，上部微渐窄，先端常微急尖，稀急尖或渐尖，上面深绿色，有光泽，下面淡黄绿色，有两条气孔带。雄球花淡黄色。种子生于杯状红色肉质的假种皮中，常呈卵圆形，上部渐窄。

地理分布　我国特有树种，分布于甘肃南部、陕西南部、四川、云南东北部及东南部、贵州西部及东南部、湖北西部、湖南东北部、广西北部和安徽南部（黄山）。巫山县有野生，也有人工引种栽培，分布于邓家乡、当阳乡、梨子坪林场、平河乡、竹贤乡、渝东珍稀植物园等地。

主要用途　木材坚实耐用，可作建筑、车辆、家具、器具、农具及文具等用材；种子、树皮等也可入药。

篦子三尖杉

Cephalotaxus oliveri Mast.

形态特征　常绿灌木。树皮灰褐色。叶条形，质硬，平展成两列，排列紧密，通常中部以上向上方微弯，基部截形或微呈心形，几无柄，先端凸尖或微凸尖，上面深绿色，微拱圆，中脉微明显或中下部明显，下面气孔带白色，较绿色边带宽 1~2 倍。雄球花 6~7 聚生成头状花序。种子倒卵圆形、卵圆形或近球形，顶端中央有小凸尖，有长梗。

地理分布　分布于广东北部、江西东部、湖南、湖北西北部、重庆、四川南部及西部、贵州、云南东南部及东北部。越南也有分布。巫山县五里坡自然保护区、当阳乡有分布，坪镇、平河乡、庙宇镇、铜鼓镇等地有引种。

主要用途　材用；观赏。

三尖杉

Cephalotaxus fortunei Hooker

形态特征　常绿乔木。树皮褐色或红褐色，裂成片状脱落。树冠广圆形。叶排成两列，披针状条形，通常微弯，上部渐窄，先端有渐尖的长尖头，基部楔形或宽楔形，上面深绿色，中脉隆起。雄球花 8~10 聚生成头状。种子椭圆状卵形或近圆球形，假种皮成熟时紫色或红紫色，顶端有小尖头。

地理分布　我国特有树种，分布于浙江、安徽南部、福建、江西、湖南、湖北、河南南部、陕西南部、甘肃南部、四川、重庆、云南、贵州、广西及广东等地。巫山县五里坡自然保护区及梨子坪林场、骡坪镇、平河乡、当阳乡等地有分布。

主要用途　木材可作建筑、桥梁、舟车、农具、家具及器具等用材；叶、枝、种子、根可提取多种植物碱，对治疗淋巴肉瘤等有一定的疗效；种仁可榨油，供工业用。

穗花杉

Ametotaxus argotaenia (Hance) Pilger

形态特征　常绿灌木或小乔木。树皮灰褐色或淡红褐色，裂成片状脱落。叶基部扭转列成两列，条状披针形，直或微弯镰状，先端尖或钝，基部渐窄，楔形或宽楔形，有极短的叶柄，边缘微向下曲。雄球花穗 1~3（多为 2）穗。种子椭圆形，成熟时假种皮鲜红色，顶端有小尖头露出，基部宿存苞片的背部有纵脊，梗扁四棱形。

地理分布　我国特有树种和国家重点保护野生植物，分布于江西西北部、湖北西部及西南部、湖南、四川东南部及中部、重庆、西藏东南部、甘肃南部、广西、广东等地。巫山县五里坡自然保护区、当阳乡有分布。

主要用途　材质细密，可供雕刻、器具、农具及细木加工等用；可作庭园观赏树种。

罗汉松

Podocarpus macrophyllus (Thunb.) Sweet

形态特征 常绿乔木。树皮灰色或灰褐色，浅纵裂，成薄片状脱落。枝开展或斜展，较密。叶螺旋状着生，条状披针形，微弯，先端尖，基部楔形，上面深绿色，有光泽，中脉显著隆起，中脉微隆起。雄球花穗状、腋生，基部有数枚三角状苞片；雌球花单生叶腋，有梗，基部有少数苞片。种子卵圆形，先端圆，熟时肉质假种皮紫黑色，有白粉，种托肉质圆柱形，红色或紫红色。

地理分布 分布于江苏、浙江、福建、安徽、江西、湖南、四川、云南、贵州、广西、广东等地，栽培于庭园作观赏树，野生的树木极少。日本也有分布。巫山县有引种栽培，在巫峡镇有分布。

主要用途 材质细致均匀，易加工，可供家具、器具、文具及农具等用；主要用作庭园观赏树种。

巴山冷杉

Abies fargesii Franch.

形态特征 常绿乔木。树皮粗糙，暗灰色或暗灰褐色，块状开裂。叶在枝条下面列成两列，上面叶斜展或直立，稀上面中央叶向后反曲，条形，上部较下部宽，直或微曲，先端钝有凹缺，稀尖，上面深绿色，有光泽，无气孔线，下面沿中脉两侧有2条粉白色气孔带。球果柱状矩圆形或圆柱形，成熟时淡紫色、紫黑色或红褐色。种子倒三角状卵圆形，种翅楔形。

地理分布 我国特有树种，产河南西部、湖北西部及西北部、四川东北部、重庆、陕西南部、甘肃南部等。巫山县自然保护区针阔混交林带有分布。

主要用途 木材轻软，可作一般建筑、家具及木纤维工业用材；树皮可提靠栲胶。

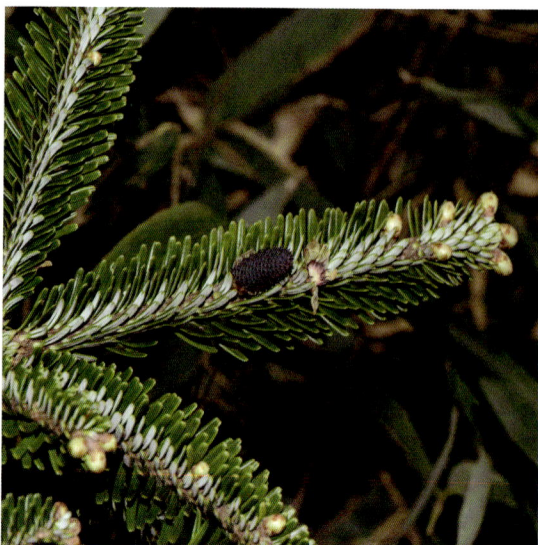

日本落叶松

Larix kaempferi (Lamb.) Carr.

形态特征 落叶乔木。树皮暗褐色，纵裂粗糙，成鳞片状脱落。叶倒披针状条形，先端微尖或钝，上面稍平，下面中脉隆起，两面均有气孔线，尤以下面多而明显。雄球花淡褐黄色，卵圆形；雌球花紫红色，苞鳞反曲，有白粉，先端三裂，中裂急尖。球果卵圆形或圆柱状卵形，熟时黄褐色。种子倒卵圆形，种翅上部三角状，中部较宽。

地理分布 原产日本。我国黑龙江、吉林、辽宁、山东、河南、江西等地有引种栽培。巫山县中高海拔主要造林树种，长势良好，分布于梨子坪林场、飞播林场、五里坡林场、当阳乡、邓家乡、平河乡、红椿乡、官阳镇、两坪乡、竹贤乡等地。

主要用途 材用；观赏。

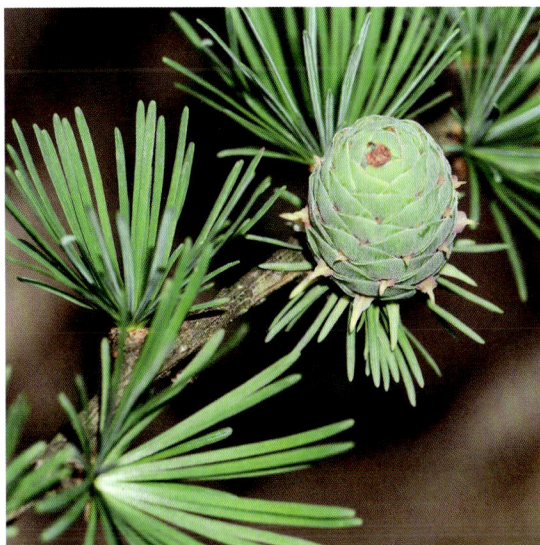

雪松

Cedrus deodara (Roxb. ex D. Don) G. Don

形态特征 常绿乔木。树皮深灰色，裂成不规则的鳞状块片。叶在长枝上辐射伸展，短枝之叶成簇生状，针形，坚硬，淡绿色或深绿色，上部较宽，先端锐尖，下部渐窄，常呈三棱形。雄球花长卵圆形或椭圆状卵圆形。雌球花卵圆形；球果成熟前淡绿色，微有白粉，熟时红褐色，卵圆形或宽椭圆形，顶端圆钝，有短梗。种子近三角状，种翅宽大，较种子为长。

地理分布 阿富汗至印度。北京、旅顺、大连、青岛等地已广泛栽培作庭园树。巫山县有少量引种栽培，渝东珍稀植物园有分布。

主要用途 木材可供建筑、桥梁、造船、家具及器具等用，亦可作普遍栽培的庭园观赏树种。

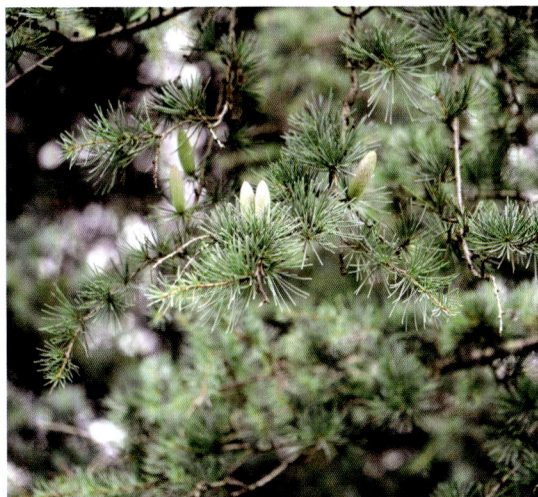

铁坚油杉

Keteleeria davidiana (Bertr.) Beissn.

形态特征　常绿乔木。树皮粗糙，暗深灰色，深纵裂。老枝粗，平展或斜展。叶条形，在侧枝上排列成两列，先端圆钝或微凹，基部渐窄呈短柄，上面亮绿色。球果圆柱形。

地理分布　我国特有树种，分布于甘肃东南部、陕西南部、四川北部和东部及东南部、重庆东部、湖北西部及西南部、湖南西北部、贵州西北部。巫山县保存有较多的古树，分布于大昌镇、平河乡、竹贤乡、两坪乡、当阳乡等地。

主要用途　木材可作房屋建筑、桥梁及一般用具等用材。

青海云杉

Picea crassifolia Kom.

形态特征　常绿乔木。叶较粗，四棱状条形，近辐射伸展，先端钝，或具钝尖头。球果圆柱形或矩圆状圆柱形，成熟前种鳞背部露出部分绿色，上部边缘紫红色。种子斜倒卵圆形，种翅倒卵状，淡褐色，先端圆。

地理分布　我国特有树种，产祁连山区、青海（都兰以东、西倾山以北）、甘肃（河西走廊及靖远、榆中、夏河、卓尼、舟曲）、宁夏（贺兰山、六盘山）、内蒙古大青山。巫山县梨子坪林场、曲尺乡有引种栽培，长势良好。

主要用途　木材可作建筑、桥梁、舟车、家具、器具及木纤维工业原料等用材。

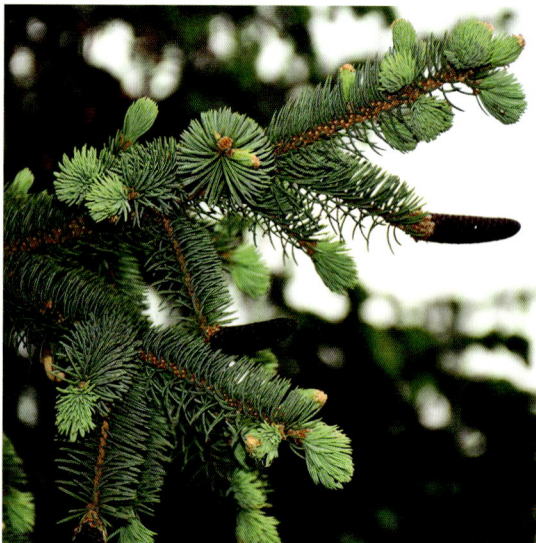

白皮松
Pinus bungeana Zucc. ex Endl.

形态特征 常绿乔木。枝较细长，斜展。幼树树皮光滑，灰绿色；长大后树皮成不规则的薄块片脱落，露出淡黄绿色的新皮；老则树皮呈淡褐灰色或灰白色，裂成不规则的鳞状块片脱落，脱落后近光滑，露出粉白色的内皮，白褐相间成斑鳞状。针叶3针一束，粗硬，先端尖，边缘有细锯齿。叶鞘脱落。雄球花卵圆形或椭圆形，多数聚生于新枝基部成穗状。球果通常单生，成熟前淡绿色，熟时淡黄褐色，卵圆形或圆锥状卵圆形。种子灰褐色，近倒卵圆形，种翅短，赤褐色，有关节易脱落。

地理分布 我国特有树种，分布于山西（吕梁山、中条山、太行山）、河南西部、陕西秦岭、甘肃南部及天水麦积山、四川北部江油观雾山、湖北西部等地。苏州、杭州、衡阳等地均有栽培。巫山县庙宇镇有分布。

主要用途 木材可作房屋建筑、家具、文具等用材；种子可食；树姿优美，可作优良的庭园观赏树种。

巴山松
Pinus henryi Mast.

形态特征 常绿乔木。1年生枝红褐色或黄褐色，被白粉。针叶2针一束，稍硬，先端微尖，两面有气孔线，边缘有细锯齿，叶鞘宿存。雄球花圆筒形或长卵圆形，聚生于新枝下部成短穗状。球果显著向下，成熟时褐色，卵圆形或圆锥状卵圆形，基部楔形。种子椭圆状卵圆形，微扁，有褐色斑纹，种翅黑紫色。

地理分布 我国特有树种，分布于湖北西部、重庆、四川东北部，很少成纯林。巫山县红椿乡保存有一片天然纯林和古树。

主要用途 可作建筑、矿柱、器具、板材及木纤维工业原料等用材。

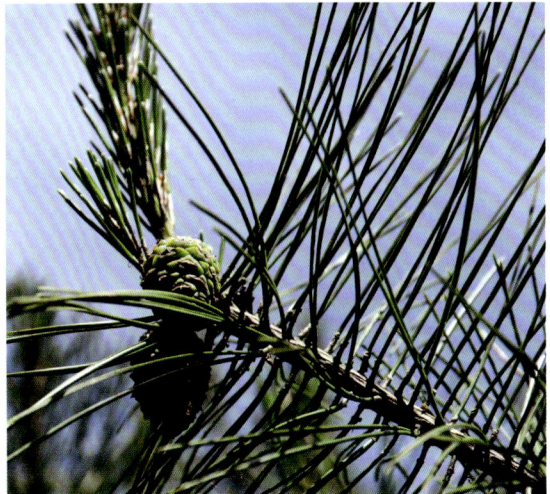

华山松

Pinus armandii Franch.

形态特征　常绿乔木。枝条平展。针叶边缘具细锯齿，仅腹面两侧各具 4~8 条白色气孔线。叶鞘早落。雄球花黄色，卵状圆柱形。球果圆锥状长卵圆形，幼时绿色，成熟时黄色或褐黄色，种鳞张开，种子脱落。种子黄褐色、暗褐色或黑色，倒卵圆形，无翅或两侧及顶端具棱脊，稀具极短的木质翅。

地理分布　山西南部、河南西南部、陕西南部、甘肃、四川、湖北、贵州、云南及西藏雅鲁藏布江下游。巫山县 20 世纪 70 年代主要造林树种之一，分布于梨子坪林场、邓家乡、笃坪乡、红椿乡、建平乡、骡坪镇、平河乡、庙宇镇、三溪乡、巫峡镇、竹贤乡等地。

主要用途　木材可作建筑、家具等用材；树干可割取树脂；树皮可提取栲胶；针叶可提炼芳香油；种食用，亦可榨油。

马尾松

Pinus massoniana Lamb.

形态特征　常绿乔木。树皮红褐色，下部灰褐色，裂成不规则的鳞状块片。枝平展或斜展。针叶 2 针一束，稀 3 针一束，细柔，微扭曲，两面有气孔线，边缘有细锯齿；叶鞘初呈褐色，后渐变成灰黑色，宿存；初生叶条形，叶缘具疏生刺毛状锯齿。雄球花淡红褐色，圆柱形，穗状；雌球花单生或 2~4 个聚生于新枝近顶端，淡紫红色。球果卵圆形或圆锥状卵圆形，成熟前绿色，熟时栗褐色，陆续脱落。种子长卵圆形。

地理分布　长江中下游各地区，南达福建、台湾北部，西至四川中部大相岭东坡。巫山县主要造林树种之一，大部分乡镇有分布。

主要用途　木材可作建筑、家具等用材；树干可割取松脂；树干及根部可作中药及食用；树皮可提取栲胶。

油松

Pinus tabuliformis Carriere

形态特征　常绿乔木。树皮灰褐色或褐灰色，裂成不规则较厚的鳞状块片，裂缝及上部树皮红褐色。枝平展或向下斜展，小枝较粗，褐黄色，无毛，幼时微被白粉。针叶2针一束，深绿色，边缘有细锯齿；叶鞘初呈淡褐色，后呈淡黑褐色；初生叶窄条形，边缘有细锯齿。雄球花圆柱形，在新枝下部聚生成穗状。球果卵形或圆卵形，有短梗，成熟前绿色，熟时淡黄色或淡褐黄色。种子卵圆形或长卵圆形，淡褐色有斑纹。

地理分布　我国特有树种，分布于吉林南部、辽宁、河北、内蒙古、陕西、甘肃、及四川等地。巫山有少量人工林，分布于梨子坪林场、邓家乡、笃坪乡、曲尺乡等地。

主要用途　木材可作建筑、家具等用材；树干可割取树脂，提取松节油；树皮可提取栲胶；松节、松针、花粉均供药用。

云南松

Pinus yunnanensis Franch.

形态特征　常绿乔木。树皮褐灰色，深纵裂，裂片厚或裂成不规则的鳞状块片脱落。枝开展，稍下垂。针叶通常3针一束，稀2针一束，常在枝上宿存3年，边缘有细锯齿；叶鞘宿存。雄球花圆柱状，聚集成穗状。球果成熟前绿色，熟时褐色或栗褐色，圆锥状卵圆形，有短梗。种子褐色，近卵圆形，微扁。

地理分布　云南（墨江、个旧、文山、东部南盘江流域、西北部怒江流域和金沙江流域）、西藏、四川、贵州（毕节以西、七星关）、广西等地。巫山县有少量人工引种栽培，分布于大昌镇、大溪乡、两坪乡、巫峡镇等地。

主要用途　木材可作建筑、家具等用材；树干可割取树脂；树根可培育茯苓；树皮可提栲胶；松针可提炼松针油；木材干馏可得多种化工产品。

苏铁

Cycas revoluta Thunb.

形态特征　常绿乔木。树干圆柱形。羽状叶从茎的顶部生出，下层的向下弯，上层的斜上伸展，整个羽状叶的轮廓呈倒卵状狭披针形；羽状裂片条形，厚革质，坚硬，边缘显著地向下反卷，上部微渐窄，先端有刺状尖头，基部窄，两侧不对称，下侧下延生长，上面深绿色有光泽。雄球花圆柱形，有短梗。种子红褐色或橘红色，倒卵圆形或卵圆形，稍扁，密生灰黄色短茸毛。

地理分布　福建、台湾、广东。全国各地常有栽培。日本南部、菲律宾和印度尼西亚等地也有分布。巫山县渝东珍稀植物园、公园等有引种栽培。

主要用途　可作庭园观赏树种；茎内含淀粉，可供食用；种子含油和丰富的淀粉，微有毒，供食用和药用，有治痢疾、止咳和止血之效。

银杏

Ginkgo biloba L.

形态特征　落叶乔木。幼树树皮浅纵裂，大树之皮呈灰褐色，深纵裂。叶扇形，有长柄，淡绿色，无毛，秋季落叶前变为黄色。球花雌雄异株，单性，生于短枝顶端的鳞片状叶的腋内，呈簇生状；雄球花柔荑花序状，雄蕊排列疏松，具短梗；雌球花具长梗，梗端常分两叉，每叉顶生一盘状珠座，胚珠着生其上，通常仅一个叉端的胚珠发育成种子，风媒传粉。种子具长梗，常为椭圆形或卵圆形，外种皮肉质，熟时黄色或橙黄色，外被白粉，有臭味。

地理分布　我国特有的中生代孑遗树种，野生树种仅分布于浙江天目山。巫山县大昌镇、渝东珍稀植物园等地有分布。

主要用途　优良木材，供建筑、家具等用；种子供食用（多食易中毒）及药用；叶可作药用，亦可作肥料；为优良观赏树种。

| 安息香科 Styracaceae | | 安息香属 *Styrax* |

粉花安息香

Styrax roseus Dunn

形态特征 落叶小乔木。树皮灰色或暗灰色，具细纵条纹，不开裂。叶互生，纸质，椭圆形、长椭圆形或卵状椭圆形，叶柄疏被星状微柔毛。总状花序顶生，下部花常腋生；花序梗、花梗和小苞片均密被星状柔毛；花白色，雄蕊较花冠稍短，花丝上部分离，扁平，下部被星状短柔毛，花药长圆形。果近球形，顶端具短尖头，密被灰色和橙红色星状茸毛，干时有皱纹。

地理分布 西藏（墨脱）、云南（文山、永善、镇雄、大关）、四川（天全、峨眉、石棉）、重庆（巫山）、湖北（宣恩）、贵州（黔西、黎平）和陕西南部。巫山县五里坡自然保护区和江南自然保护区有分布。

主要用途 花美丽，可作观赏植物。

| 安息香科 Styracaceae | | 安息香属 *Styrax* |

老鸹铃

Styrax hemsleyanus Diels

形态特征 落叶乔木。树皮暗褐色。叶纸质，长圆形或卵状长圆形，叶柄疏生灰褐色星状短柔毛。总状花序，花白色，芳香。果球形至卵形，顶端具短尖头，密被黄褐色或灰黄色星状茸毛，稍具皱纹。种子褐色，无毛，稍粗糙或平滑。

地理分布 四川南部、贵州（江口、梵净山、黎平）、陕西（渭南）、湖北（长阳）、湖南（桑植）、河南（伏牛山以西）。巫山县五里坡自然保护区和江南自然保护区有分布。

主要用途 种子油可制肥皂及机器滑润油；花美丽，可作观赏植物。

野茉莉

Styrax japonicus Siebold & Zucc.

形态特征 落叶灌木或小乔木。树皮暗褐色或灰褐色，平滑。叶互生，纸质或近革质，长圆状椭圆形至卵状椭圆形，顶端急尖或钝渐尖，基部楔形或宽楔形，边近全缘具疏离锯齿，上面除叶脉疏被星状毛外，其余无毛而稍粗糙，下面有白色长髯毛外无毛。总状花序顶生，花白色，无毛；花冠裂片卵形、倒卵形或椭圆形，两面均被星状细柔毛，花蕾时作覆瓦状排列。果卵形，顶端具短尖头，外面密被灰色星状茸毛，有不规则皱纹。种子褐色，有深皱纹。

地理分布 北自秦岭，东起山东，西至云南，南至广东。朝鲜和日本也有分布。巫山县五里坡自然保护区和江南自然保护区有分布。

主要用途 木材可作器具、雕刻等用材；种子油可作肥皂或机器润滑油，油粕可作肥料；花美丽、芳香，可作庭园观赏植物。

白辛树

Pterostyrax psilophyllus Diels ex Perkins

形态特征 落叶乔木。树皮灰褐色，呈不规则开裂。叶硬纸质，长椭圆形、倒卵形或倒卵状长圆形，顶端急尖或渐尖，基部楔形，边缘具细锯齿。圆锥花序顶生或腋生，花白色；花瓣长椭圆形或椭圆状匙形，顶端钝或短尖。果近纺锤形，中部以下渐狭，密被灰黄色疏展、丝质长硬毛。

地理分布 湖南（宜章、新宁、桑植、永顺）、湖北（巴东、宜昌）、四川（金山）、贵州（凯里、平伐、都匀、安龙、望谟）、广西（全州、兴安、隆林）和云南（镇雄）。巫山县竹贤乡有分布。

主要用途 可作为一般器具用材和低湿地造林或护堤树种。

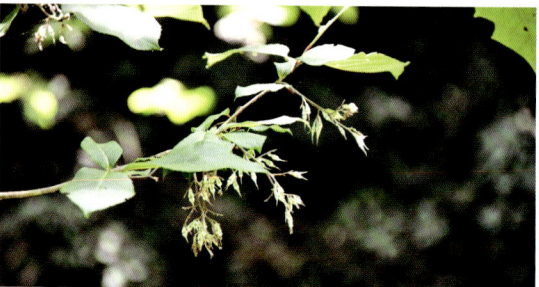

防己叶菝葜

Smilax menispermoidea A. DC.

形态特征 攀缘灌木。枝条无刺。叶纸质，卵形或宽卵形，先端急尖并具尖凸，基部浅心形至近圆形，下面苍白色；叶柄具狭鞘，通常有卷须。伞形花序具几朵至十余朵花；花紫红色；花丝合生成短柱，雌花稍小或和雄花近等大。浆果熟时紫黑色。

地理分布 甘肃（南部）、陕西（太白山）、四川、湖北（西部）、贵州（东部）、云南（西部）和西藏（南部和波密地区）。印度也有分布。巫山县巫峡镇有分布。

主要用途 可作祛风湿中药。

黑果菝葜

Smilax glaucochina Warb.

点或加工食用；嫩叶可作蔬菜食用。

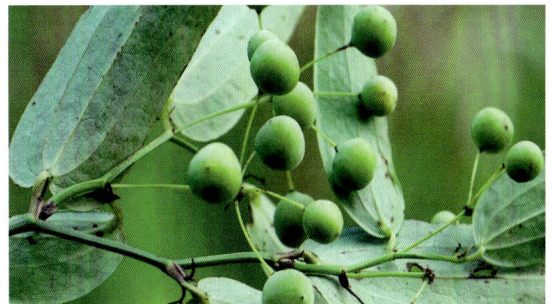

形态特征 攀缘灌木。具粗短的根状茎，通常疏生刺。叶厚纸质，通常椭圆形，先端微凸，基部圆形或宽楔形，下面苍白色。伞形花序通常生于叶尚幼嫩的小枝上，具几朵或十余朵花；花绿黄色。浆果熟时黑色，具粉霜。

地理分布 甘肃（南部）、陕西（秦岭以南）、山西（南部）、四川（东部）、贵州、湖北、江苏（南部）、广东（北部）和广西（东北部）。巫山县三溪乡、骡坪镇、官阳镇、铜鼓镇等地有分布。

主要用途 根状茎富含淀粉，可以制糕

鞘柄菝葜
Smilax stans Maxim.

主要用途　观赏。

形态特征　落叶灌木或半灌木，直立或披散。茎和枝条稍具棱，无刺。叶纸质，卵形、卵状披针形或近圆形，下面稍苍白色或有时有粉尘状物；叶柄向基部渐宽成鞘状，背面有多条纵槽，无卷须，脱落点位于近顶端。总花梗纤细。花绿黄色，有时淡红色；雌花比雄花略小。浆果熟时黑色，具粉霜。

地理分布　河北（北京至西南部）、山西（中南部）、陕西（中南部）、甘肃（平凉、天水一带）、四川（西北部至东南部）、湖北、河南、浙江和台湾。日本也有分布。巫山县邓家乡、平河乡等地有分布。

托柄菝葜
Smilax discotis Warb.

主要用途　具有科研价值。

形态特征　落叶灌木，多少攀缘。茎疏生刺或近无刺。叶纸质，通常近椭圆形，基部心形，下面苍白色；叶柄脱落点位于近顶端，有时有卷须；叶鞘与叶柄等长或稍长，近半圆形或卵形，多少呈贝壳状。伞形花序生于叶尚幼嫩的小枝上。花绿黄色；雌花比雄花略小。浆果熟时黑色，具粉霜。

地理分布　甘肃（东南部）、陕西（秦岭地区）、河南（西部）、安徽、江西（北部）、福建（西北部）、湖南、湖北、四川（中部至东部）、贵州和云南（东北部至东南部）。巫山曲尺乡、建平乡有分布。

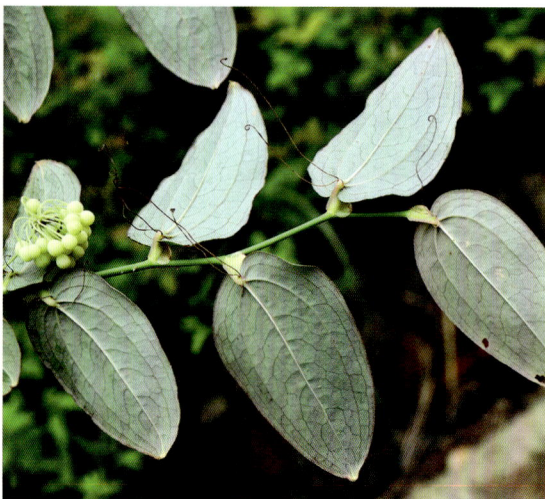

土茯苓

Smilax glabra Roxb.

可用来制糕点或酿酒。

形态特征 攀缘灌木。根状茎粗厚，块状，常由匍匐茎相连接。枝条光滑，无刺。叶薄革质，狭椭圆状披针形至狭卵状披针形，先端渐尖，下面通常绿色，有时带苍白色。伞形花序。花绿白色，六棱状球形。浆果熟时紫黑色，具粉霜。

地理分布 甘肃（南部）和长江流域以南各地区，直到台湾、海南岛和云南。越南、泰国和印度也有分布。巫山县巫峡镇等地有分布。

主要用途 根状茎入药，称土茯苓，性甘平，利湿热解毒，健脾胃，且富含淀粉，

武当菝葜

Smilax outanscianensis Pamp.

形态特征 攀缘灌木。枝条多少具纵棱，疏生刺或近无刺。叶草质，干后膜质或薄纸质，椭圆形、卵形至矩圆形，先端急尖或渐尖，基部近宽楔形，下面淡绿色；少数叶柄有卷须。伞形花序生于叶尚幼嫩的小枝上，具几朵花；花绿黄色。浆果熟时紫黑色。

地理分布 四川（中部至东部）、重庆、湖北（西部）和江西（西部）。巫山县五里坡自然保护区、大昌镇有分布。

主要用途 具有科研价值。

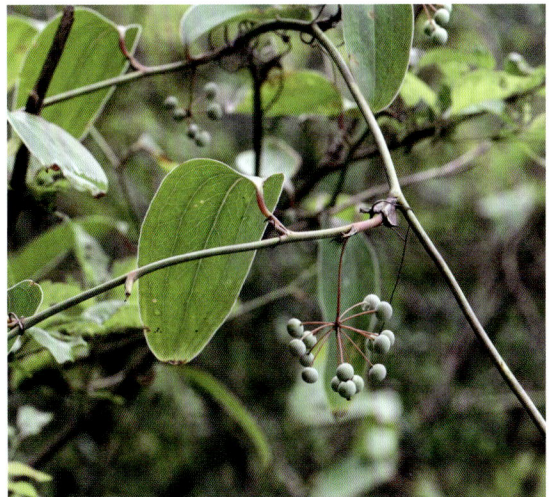

湖北杜茎山
Maesa hupehensi Rehd.

形态特征　常绿灌木。小枝纤细，圆柱形，无毛。叶片坚纸质，披针形或长圆状披针形，稀卵形，顶端渐尖，基部圆形或钝，或广楔形，全缘或具疏离的浅齿牙，稀具疏离的浅锯齿，两面无毛，叶面中脉平整，背面中、侧脉明显，隆起。总状花序，腋生，无毛；花冠白色，钟形，裂片广卵形，顶端近圆形。果球形或近卵圆形，白色或白黄色，具脉状腺条纹及纵行肋纹。

地理分布　湖北、四川。巫山县五里坡自然保护区、大昌镇、竹贤乡有分布。

主要用途　根、叶可入中药。

铁仔
Myrsine africana L.

咽喉痛、脱肛等症；叶捣碎外敷，治刀伤；皮和叶可提栲胶；种子还可榨油。

形态特征　常绿灌木。幼嫩时被锈色微柔毛，叶片革质或坚纸质，通常为椭圆状倒卵形，具短刺尖，基部楔形，边缘常从中部以上具锯齿，齿端常具短刺尖，两面无毛，背面常具小腺点，尤以边缘较多。叶柄短或几无，下延至小枝上。花簇生或近伞形花序，腋生；花梗无毛或被腺状微柔毛；花4数。果球形，紫红色变紫黑色，光亮。

地理分布　甘肃、陕西、湖北、湖南、四川、贵州、云南、西藏、广西、台湾。巫山县巫峡镇、当阳乡、大昌镇等地有分布。

主要用途　枝、叶药用，治风火牙痛、

紫金牛

Ardisia japonica (Thunberg) Blume

形态特征　常绿小灌木或亚灌木。近蔓生，具匍匐生根的根茎；直立茎不分枝，幼时被细微柔毛，以后无毛。叶对生或近轮生，叶片坚纸质或近革质，椭圆形至椭圆状倒卵形，顶端急尖，基部楔形，边缘具细锯齿，多少具腺点，两面无毛或有时背面仅中脉被细微柔毛。亚伞形花序，腋生或生于近茎顶端的叶腋，总梗与花梗二者均被微柔毛；花瓣粉红色或白色，广卵形，无毛，具蜜腺点。果球形，鲜红色转黑色，多少具腺点。

地理分布　陕西及长江流域以南各地区。朝鲜、日本也有分布。巫山县五里坡自然保护区、竹贤乡有分布。

主要用途　观赏。

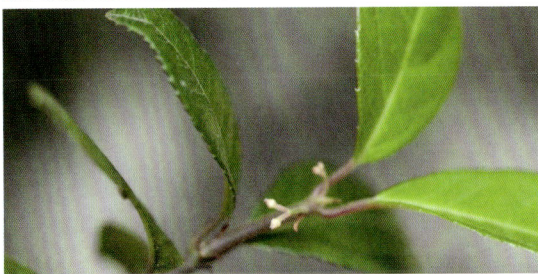

冰川茶藨子

Ribes glaciale Wall

形态特征　落叶灌木。小枝深褐灰色或棕灰色，皮长条状剥落。叶长卵圆形，基部圆形或近截形，上面无毛或疏生腺毛，下面无毛或沿叶脉微具短柔毛。叶柄浅红色，无毛，稀疏生腺毛。花单性，雌雄异株，组成直立总状花序；花瓣近扇形或楔状匙形，先端圆钝；花丝红色，花药圆形，紫红色或紫褐色。果近球形或倒卵状球形，红色，无毛。

地理分布　陕西（西北部、中部、南部）、甘肃（天水、徽县、康县）、河南（卢氏、商城）、湖北（西部）、四川（东北部、北部、西部、东南部）、贵州（黄平）、云南（西北部）、西藏（东南部）。缅甸北部、不丹至克什米尔地区也有分布。巫山县梨子坪林场、五里坡自然保护区有分布。

主要用途　果可做果酱、糖果、饮料或果酒等。

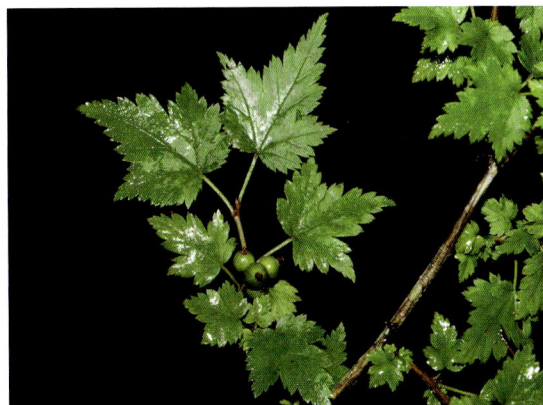

宝兴茶藨子

Ribes moupinense Franch.

主要用途　果可做果酱、糖果、饮料或果酒等。

形态特征　落叶灌木。叶卵圆形或宽三角状卵圆形，基部心脏形，上面无柔毛或疏生粗腺毛，边缘具不规则的尖锐单锯齿和重锯齿。花两性，花序轴具短柔毛。花萼绿色而有红晕，外面无毛；花瓣倒三角状扇形。果球形，几无梗，黑色，无毛。

地理分布　陕西（西部、南部）、甘肃（平凉、泾源、天水、岷县、临潭）、安徽（岳西）、湖北（巴东、兴山）、四川（东北部、西部和南部）、贵州（梵净山）、云南（西北部、西部和东北部）。巫山县梨子坪林场、五里坡自然保护区有分布。

豆腐柴

Premna microphylla Turcz.

主要用途　叶可做豆腐，是著名的翡翠凉粉的主要原料之一。

形态特征　直立灌木。幼枝有柔毛，老枝变无毛。叶卵状披针形、椭圆形、卵形或倒卵形，顶端急尖至长渐尖，基部渐狭窄下延至叶柄两侧，全缘至有不规则粗齿，无毛至有短柔毛。聚伞花序组成顶生塔形的圆锥花序；花萼杯状，绿色，有时带紫色；密被毛至几无毛，但边缘常有睫毛；花冠淡黄色，外有柔毛和腺点，花冠内部有柔毛，喉部较密。核果紫色，球形至倒卵形。

地理分布　我国华东、中南、华南地区至四川、贵州等地。巫山县当阳乡、巫峡镇等地有分布。

臭牡丹

Clerodendrum bungei Steud.

形态特征　落叶灌木。植株有臭味。花序轴、叶柄密被褐色、黄褐色或紫色脱落性的柔毛。叶片纸质，宽卵形或卵形，顶端尖或渐尖，基部宽楔形、截形或心形，边缘具粗或细锯齿，侧脉 4~6 对，表面散生短柔毛，背面疏生短柔毛和散生腺点或无毛，基部脉腋有数个盘状腺体。伞房状聚伞花序顶生，密集；苞片叶状，披针形或卵状披针形；花萼钟状，被短柔毛及少数盘状腺体，萼齿三角形或狭三角形；花冠淡红色、红色或紫红色，裂片倒卵形。核果近球形，成熟时蓝黑色。

地理分布　华北、西北、西南以及长江中下游等地。印度北部、越南、马来西亚也有分布。巫山龙溪乡有栽培。

主要用途　根、茎、叶入药，有祛风解毒、消肿止痛之效，近来还用于治疗子宫脱垂；可作观赏植物。

海州常山

Clerodendrum trichotomum Thunb.

形态特征　灌木或小乔木。幼枝、叶柄、花序轴等多少被黄褐色柔毛或近于无毛。老枝灰白色，具皮孔，髓白色，有淡黄色薄片状横隔。叶片纸质、卵形、卵状椭圆形或三角状卵形，两面幼时被白色短柔毛，老时表面光滑无毛，背面仍被短柔毛或无毛。伞房状聚伞花序顶生或腋生；花冠白色或带粉红色，花冠管细。核果近球形，成熟时外果皮蓝紫色。

地理分布　辽宁、甘肃、陕西以及华北、中南、西南各地。朝鲜、日本以至菲律宾北部也有分布。巫山县笃坪乡有分布。

主要用途　观赏。

黄荆

Vitex negundo Linn.

形态特征 灌木或小乔木。小枝四棱形，密生灰白色茸毛。掌状复叶，小叶片长圆状披针形至披针形，顶端渐尖，基部楔形，全缘或每边有少数粗锯齿，表面绿色，背面密生灰白色茸毛。聚伞花序排成圆锥花序式，顶生，花序梗密生灰白色茸毛；花萼钟状，外有灰白色茸毛；花冠淡紫色，外有微柔毛，二唇形。核果近球形。

地理分布 长江以南各地，北达秦岭淮河。非洲东部经马达加斯加、亚洲东南部及南美洲的玻利维亚也有分布。巫山县大部分乡镇有分布，如抱龙镇、大昌镇、曲尺乡、大溪乡、平河乡、官渡镇、建平乡、两坪乡、龙溪镇、培石乡、三溪乡等。

主要用途 茎皮可造纸及制人造棉；茎叶治久痢；种子为清凉性镇静、镇痛药；根可以驱烧虫；花和枝叶可提取芳香油。

荆条

Vitex negundo var. *heterophylla* (Franch.) Rehd.

形态特征 灌木或小乔木。小叶片边缘有缺刻状锯齿，浅裂以至深裂，背面密被灰白色茸毛。花冠淡紫色，被茸毛。

地理分布 辽宁、河北、山西、山东、河南、陕西、甘肃、江苏、安徽、江西、湖南、贵州、四川。生于山坡路旁。日本也有分布。巫山县大部分乡镇有分布。

主要用途 茎皮可造纸及制人造棉；茎叶治久痢；种子为清凉性镇静、镇痛药；根可以驱烧虫；花和枝叶可提取芳香油。

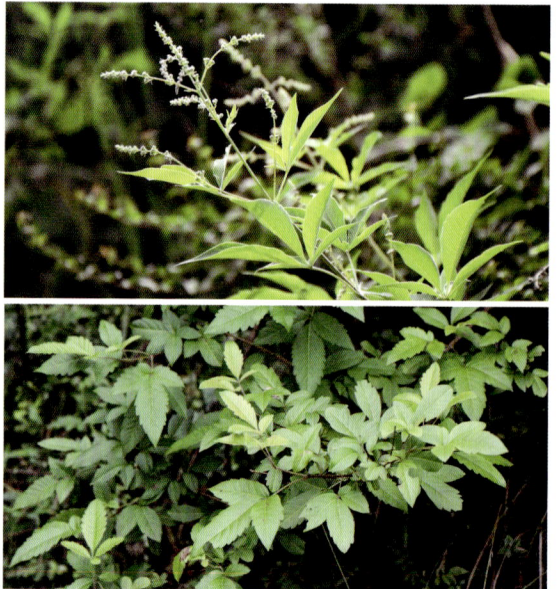

紫珠
Callicarpa bodinieri Levl.

形态特征　落叶灌木。小枝、叶柄和花序均被粗糠状星状毛。叶片卵状长椭圆形至椭圆形，顶端长渐尖至短尖，基部楔形，边缘有细锯齿。聚伞花序；花冠紫色，被星状柔毛和暗红色腺点；花药椭圆形，细小。果球形，熟时紫色，无毛。

地理分布　河南（南部）、江苏（南部）、安徽、浙江、江西、湖南、湖北、广东、广西、四川、贵州、云南。越南也有分布。巫山县五里坡自然保护区、骡坪镇、平河乡等地有分布。

主要用途　根或全株入药；可作优良观赏植物。

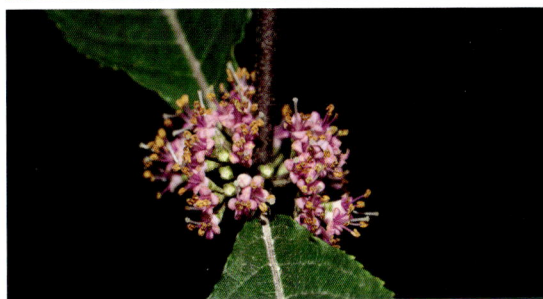

马比木
Nothapodytes pittosporoides (Oliv.) Sleum.

形态特征　矮灌木或很少为乔木。茎褐色，枝条灰绿色，圆柱形。叶片长圆形或倒披针形，先端长渐尖，基部楔形，薄革质，表面暗绿色，具光泽，背面淡绿发亮，黑色，侧脉6~8对，和中脉通常亮黄色，常被长硬毛。聚伞花序顶生，花序轴平扁，被长硬毛；花萼绿色，钟形，膜质，5裂齿，裂齿三角形，外面疏被糙伏毛，边缘具缘毛；花瓣黄色，条形，先端反折，肉质，外面被糙伏毛，里面被长柔毛；花柱绿色。核果椭圆形至长圆状卵形，稍扁，幼果绿色，转黄色，熟时为红色，内果皮薄，具皱。

地理分布　甘肃、湖北、湖南、广东、广西、四川、贵州。巫山县当阳乡有分布。

主要用途　观赏。

毛丹麻秆

Discocleidion rufescens (Franch.) Pax et Hoffm.

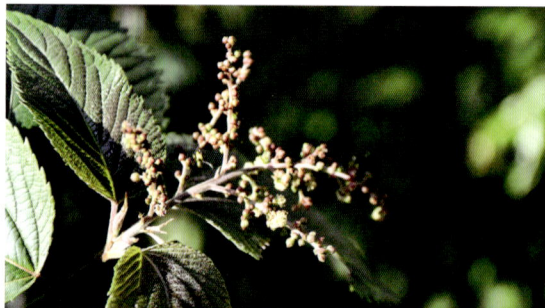

形态特征 落叶灌木或小乔木。小枝、叶柄、花序均密被白色或淡黄色长柔毛。叶纸质，卵形或卵状椭圆形，边缘具锯齿，上面被糙伏毛，下面被茸毛，叶脉上被白色长柔毛。总状花序或下部多分枝呈圆锥花序，花丝纤细。蒴果扁球形，被柔毛。

地理分布 甘肃、陕西、四川、湖北、湖南、贵州、广西、广东。巫山县巫峡镇、龙溪镇等地有分布。

主要用途 皮纤维可作编织物；叶有毒，牲畜误食，导致肝、肾受损。

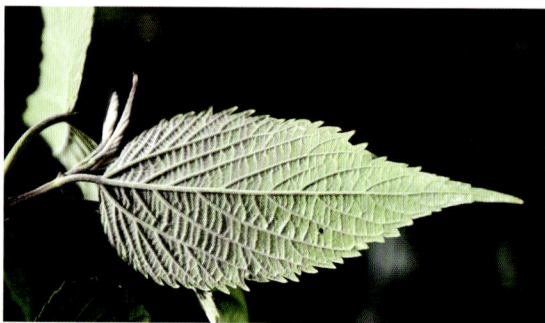

山麻秆

Alchornea davidii Franch.

主要用途 茎皮纤维为制纸原料；叶可作饲料。

形态特征 落叶灌木。嫩枝被灰白色短茸毛。叶薄纸质，阔卵形或近圆形，顶端渐尖，基部心形、浅心形或近截平，边缘具粗锯齿或具细齿，齿端具腺体，上面沿叶脉具短柔毛，下面被短柔毛；叶柄具短柔毛。雌雄异株，雄花序穗状，花梗短。蒴果近球形，具圆棱，密生柔毛。种子卵状三角形，种皮淡褐色或灰色，具小瘤体。

地理分布 陕西南部、四川东部和中部、云南东北部、贵州、广西北部、河南、湖北、湖南、江西、江苏、福建西部。巫山县各乡镇均有分布，如笃坪乡、大昌镇等。

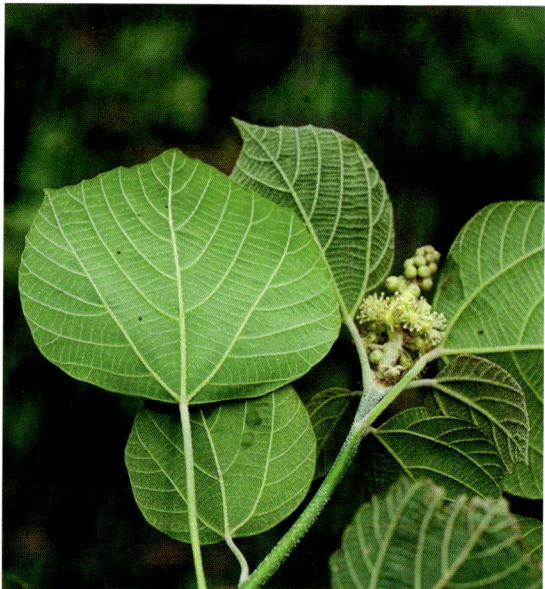

大戟科	Euphorbiaceae	乌桕属 *Triadica*

乌桕
Triadica sebifera (Linnaeus) Small

形态特征 落叶乔木。各部均无毛。枝带灰褐色，具细纵棱，有皮孔。叶互生，纸质，叶片阔卵形，顶端短渐尖，基部阔而圆、截平或有时微凹，全缘，近叶柄处常向腹面微卷。花单性，雌雄同株，聚集成顶生的总状花序，雌花生于花序轴下部，雄花生于花序轴上部或有时整个花序全为雄花。蒴果近球形，成熟时黑色。

地理分布 甘肃南部（文县）、重庆（城口、巫山、奉节）、湖北（兴山）、贵州（兴义、安龙、湄潭）、云南和广西（龙胜、临桂、凌云）。巫山县各乡镇均有分布。

主要用途 种子可榨油；为优良的观赏植物。

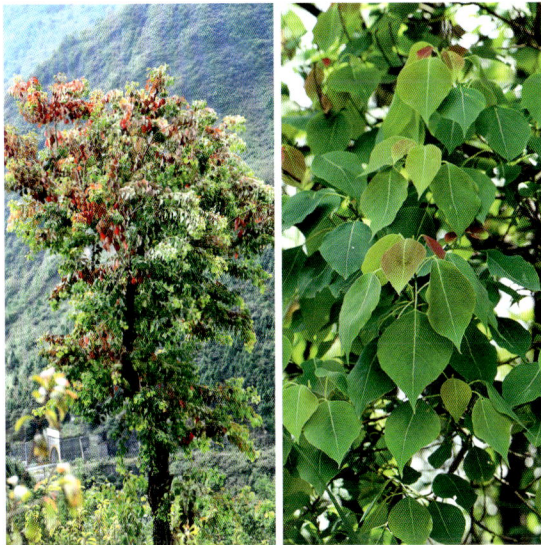

大戟科	Euphorbiaceae	野桐属 *Mallotus*

白背叶
Mallotus apelta (Lour.) Muell. Arg.

形态特征 灌木或小乔木。小枝、叶柄和花序均密被淡黄色星状柔毛和散生橙黄色颗粒状腺体。叶互生，卵形或阔卵形，稀心形，顶端急尖或渐尖，基部截平或稍心形，边缘具疏齿，上面干后黄绿色或暗绿色，无毛或被疏毛，下面被灰白色星状茸毛，散生橙黄色颗粒状腺体。花雌雄异株，雄花序为开展的圆锥花序或穗状；雌花序穗状，稀有分枝。蒴果近球形，密生被灰白色星状毛的软刺，软刺线形，黄褐色或浅黄色。种子近球形，褐色或黑色，具皱纹。

地理分布 云南、广西、湖南、江西、福建、广东和海南。越南也有分布。巫山县龙溪镇有分布。

主要用途 可作为生态绿化的先锋树种；茎皮可供编织；种子可供制油漆，或作为合成大环香料、杀菌剂、润滑剂等的原料。

野桐

Mallotus tenuifolius Pax

形态特征 小乔木或灌木。树皮褐色，叶互生，稀小枝上部有时近对生，纸质，形状多变，卵形、卵圆形、卵状三角形、肾形或横长圆形。叶下面疏被星状粗毛。雌花序总状，不分枝。

地理分布 陕西、甘肃、安徽、河南、江苏、浙江、江西、福建、湖北、湖南、广东、广西、贵州、四川、云南和西藏。尼泊尔、印度、缅甸和不丹也有分布。巫山县各乡镇均有分布。

主要用途 茎皮可供编织。

油桐

Vernicia fordii (Hemsl.) Airy Shaw

形态特征 落叶乔木。树皮灰色，近光滑。枝条粗壮，无毛，具明显皮孔。叶卵圆形，顶端短尖，基部截平至浅心形，嫩叶上面被很快脱落微柔毛，下面被渐脱落棕褐色微柔毛，成长叶上面深绿色，无毛，下面灰绿色，被贴伏微柔毛。花雌雄同株，先叶或与叶同时开放；花瓣白色，有淡红色脉纹，倒卵形，顶端圆形，基部爪状。种子3~4（8）颗，种皮木质。

地理分布 陕西、河南、江苏、安徽、浙江、江西、福建、湖南、湖北、广东、海南、广西、四川、贵州、云南等地。越南也有分布。巫山县有少量分布，如大溪乡、当阳乡、骡坪镇、平河乡、曲尺乡、两坪乡等。

主要用途 种子可榨油。

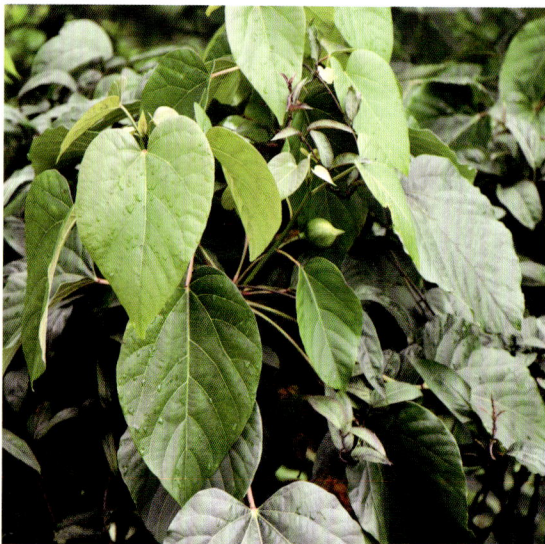

黑弹树

Celtis bungeana Bl.

形态特征　落叶乔木。树皮灰色或暗灰色。冬芽棕色或暗棕色，鳞片无毛。叶厚纸质、狭卵形、长圆形、卵状椭圆形至卵形，基部宽楔形至近圆形，先端尖至渐尖，中部以上疏生不规则浅齿，有时一侧近全缘，无毛。果单生叶腋，果柄较细软，无毛，果成熟时蓝黑色，近球形。

地理分布　辽宁南部和西部、河北、山东、山西、内蒙古、甘肃、宁夏、青海（循化）、陕西、河南、安徽、江苏、浙江、湖南（沅陵）、江西（庐山）、湖北、四川、云南东南部、西藏东部。朝鲜也有分布。巫山县五里坡自然保护区有分布。

主要用途　园林绿化。

四蕊朴

Celtis tetrandra Roxb.

主要用途　材用；园林绿化。

形态特征　落叶乔木。树皮灰白色。冬芽棕色，鳞片无毛。叶厚纸质至近革质，通常卵状椭圆形或带菱形，基部多偏斜，一侧近圆形，一侧楔形，先端渐尖至短尾状渐尖，边缘变异较大，近全缘至具钝齿，幼时叶背常和幼枝、叶柄一样，密生黄褐色短柔毛，老时或脱净或残存，变异也较大。果成熟时黄色至橙黄色，近球形。

地理分布　西藏南部、云南中部、南部和西部、四川（西昌）、广西西部。印度、尼泊尔、不丹至缅甸、越南也有分布。巫山县当阳乡有分布。

西川朴
Celtis vandervoetiana Schneid.

主要用途　材用；园林绿化。

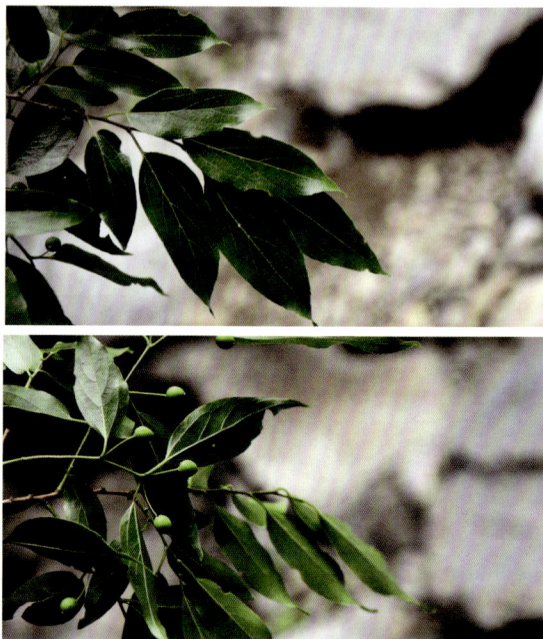

形态特征　落叶乔木。树皮灰色至褐灰色。冬芽的内部鳞片具棕色柔毛。叶厚纸质，卵状椭圆形至卵状长圆形，基部稍不对称，近圆形，先端渐尖至短尾尖，自下部 2/3 以上具锯齿或钝齿，无毛或仅叶背中脉和侧脉间有簇毛。叶柄较粗壮。果单生叶腋，果梗粗壮，果球形或球状椭圆形，成熟时黄色。

地理分布　云南东部、广西、广东北部和西部、福建、浙江东部和东南部、江西南部、湖南西北部、贵州、四川。巫山县五里坡自然保护区有分布。

羽脉山黄麻
Trema levigata Hand.-Mazz.

重庆、贵州和云南。巫山低山河谷耐旱的主要树种，大溪乡、巫峡镇、曲尺乡有分布。

主要用途　韧皮纤维可用于制作绳索、人造棉。

形态特征　小乔木。小枝被灰白色柔毛，老枝灰褐色，皮孔明显，近圆形。叶纸质，卵状披针形或狭披针形，先端渐尖，基部对称或微偏斜，钝圆或浅心形，边缘有细锯齿，叶面深绿色，被稀疏柔毛，后毛渐脱落，近光滑，叶背浅绿色，除脉上疏生柔毛外，其余部分光滑无毛，微被白粉，羽状脉；叶柄被灰白色柔毛。聚伞花序，雄花倒卵状船形，外面疏生微柔毛。小核果近球形，微压扁，熟时由橘红色渐变成黑色，花被脱落。

地理分布　湖北、广西（隆林）、四川、

刺叶冬青
Ilex bioritsensis Hayata

主要用途　园林绿化。

形态特征　常绿灌木或小乔木。小枝近圆形，灰褐色，疏被微柔毛或变无毛，平滑，皮孔不明显。叶片革质，卵形至菱形，先端渐尖，且具刺，基部圆形或截形，边缘波状，具硬刺齿，叶面深绿色，具光泽，背面淡绿色，无毛；叶柄被短柔毛。托叶小，卵形，急尖。花淡黄绿色。果椭圆形，成熟时红色。

地理分布　台湾中部、湖北西南部、四川大部分地区、贵州、云南西北部及东北部。巫山县各乡镇均有分布，如大昌镇、两坪乡、龙溪镇、三溪乡、巫峡镇、竹贤乡等。

冬青
Ilex chinensis Sims

形态特征　常绿乔木。树皮灰黑色。叶片薄革质至革质，椭圆形或披针形，先端渐尖，基部楔形或钝，边缘具圆齿，叶面绿色，有光泽，干时深褐色，背面淡绿色。雄花淡紫色或紫红色，花瓣卵形，开放时反折，基部稍合生；花药椭圆形；雌花花序具一至二回分枝，具花 3~7 朵，花萼和花瓣同雄花。果长球形，成熟时红色。

地理分布　长江流域以南各地。巫山县大昌镇、大溪乡有分布。

主要用途　为优美的观赏植物；木材用于制玩具、雕刻品、工具柄和木梳等；树皮及种子、叶、根供药用，为强壮剂，且有较强的抑菌和杀菌作用；树皮含鞣质，可提制栲胶。

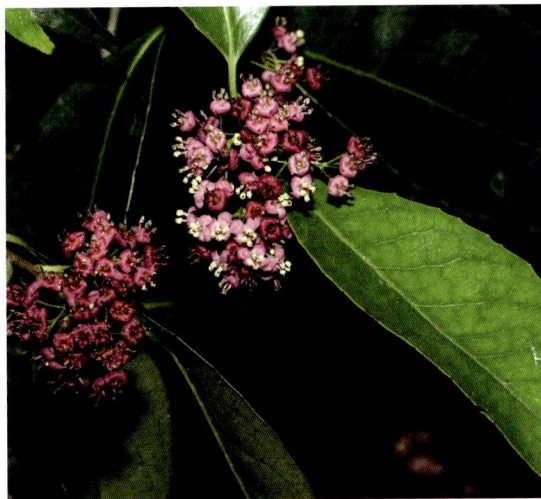

华中枸骨

Ilex centrochinensis S. Y. Hu

形态特征　常绿灌木。叶片革质，椭圆状披针形，先端渐尖，具刺状尖头，基部宽楔形或近圆形，边缘具 3~10 对刺状牙齿，齿尖黄褐色或变黑色，叶面深绿色，具光泽，背面淡绿色，无光泽；叶柄上面具浅槽，无毛或疏被微柔毛，下面具皱纹。雄花序簇生于 2 年生的叶腋内，黄色，花梗被微柔毛；雄蕊与花瓣互生，较花瓣长。果球形。

地理分布　湖北西部、重庆（巫山、奉节）、安徽黄山有栽培。巫山县大部分乡镇均有分布，如当阳乡、两坪乡、铜鼓镇等。

主要用途　观赏。

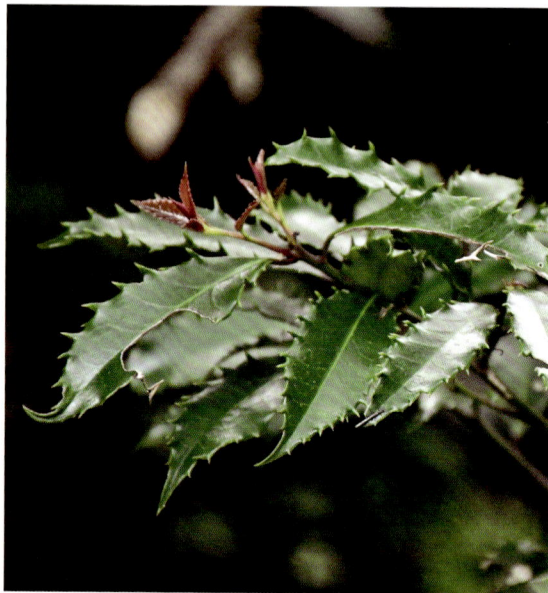

猫儿刺

Ilex pernyi Franch.

形态特征　常绿灌木或乔木。树皮银灰色，纵裂。叶片革质，卵形或卵状披针形，先端三角形渐尖，渐尖头终于粗刺，基部截形或近圆形，边缘具深波状刺齿，叶面深绿色，具光泽，背面淡绿色，两面均无毛；叶柄被短柔毛；托叶三角形，急尖。花淡黄色，雄花花梗无毛，花瓣椭圆形，近先端具缘毛；雌花花萼像雄花；花瓣卵形。果球形或扁球形，成熟时红色。

地理分布　陕西南部（山阳、镇安、安康、平利、西太白山）、甘肃南部（武都、文县）、安徽（岳西、霍山）、浙江（庆元）、江西（安福）、河南（西峡、淅川）、湖北西部（宣恩、恩施）、四川和贵州（正安、道真）等地区。巫山县各乡镇均有分布，如笃坪乡、梨子坪林场、当阳乡、飞播林场、官阳镇、竹贤乡等。

主要用途　观赏。

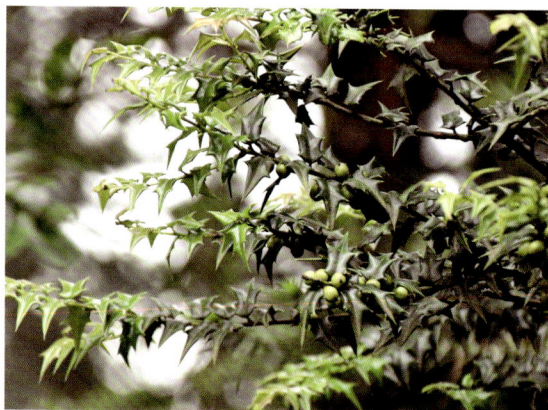

| 冬青科 | Aquifoliaceae | | 冬青属 *Ilex* |

云南冬青

Ilex yunnanensis Franch.

形态特征 常绿灌木或乔木。叶片革质至薄革质，卵形或卵状披针形，先端急尖，具短尖头，基部圆形或钝，边缘具细圆齿状锯齿，齿尖常为芒状小尖头，叶面绿色，干后黑褐色至褐色，背面淡绿色，干后淡褐色，两面无毛；叶柄密被短柔毛。雄花为1~3花的聚伞花序，被短柔毛或近无毛；花4基数，白色，生于高海拔地区者粉红色或红色；花瓣卵形；雌花单花生于当年生枝的叶腋内，稀为2~3花组成腋生聚伞花序，花被同雄花。果球形，成熟后红色。

地理分布 陕西南部（洋县、留坝）、甘肃南部（文县）、湖北（巴东、神农架）、广西（南丹、凌乐）、四川各地、贵州（梵净山、雷公山）和、云南（贡山、福贡、维西、德钦、中甸）和西藏东南部（察隅）。巫山县五里坡自然保护区、当阳乡有分布。

主要用途 观赏。

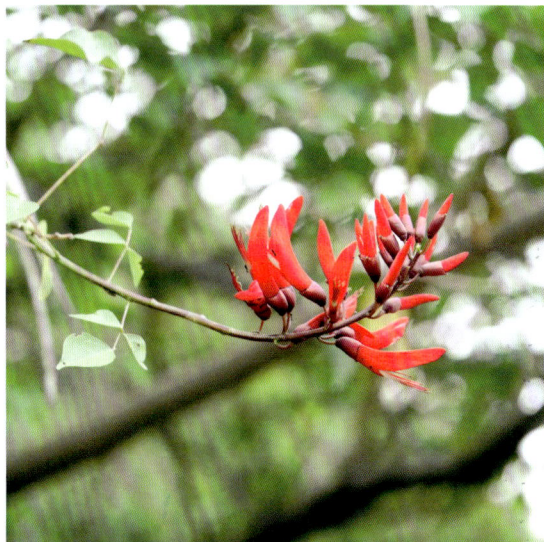

| 豆科 | Fabaceae | | 刺桐属 *Erythrina* |

龙牙花

Erythrina corallodendron L

形态特征 灌木或小乔木。干和枝条散生皮刺。羽状复叶具3小叶。小叶菱状卵形，先端渐尖而钝或尾状，基部宽楔形，两面无毛。总状花序腋生；花深红色，具短梗，与花序轴成直角或稍下弯，狭而近闭合；花萼钟状，萼齿不明显，仅下面一枚稍突出。旗瓣长椭圆形，先端微缺，略具瓣柄至近无柄，翼瓣短。荚果具梗，先端有喙，在种子间收缢。种子多颗，深红色，有一黑斑。

地理分布 原产南美洲。广州、桂林、贵阳（花溪）、西双版纳、杭州和台湾等地有栽培。巫山县巫峡镇有引种栽培。

主要用途 观赏。

饿蚂蝗

Ototropis multiflora (DC.) H. Ohashi & K. Ohashi

形态特征　直立灌木。幼枝密被柔毛，叶柄密被茸毛。小叶椭圆形或倒卵形，侧生小叶较小，先端钝或急尖，具硬细尖，上面几无毛，下面多少被丝状毛。顶生花序多为圆锥状，腋生者为总状，花序梗密被向上丝状毛和小钩状毛；花冠紫色，旗瓣椭圆形或倒卵形，翼瓣窄椭圆形，具瓣柄，无耳。

地理分布　四川、浙江、福建、台湾、江西、湖南、广东、广西、云南、贵州及西藏。缅甸、泰国也有分布。巫山县巫峡镇有分布。

主要用途　观赏。

笐子梢

Campylotropis macrocarpa (Bge.) Rehd.. Ohashi

形态特征　落叶灌木。羽状复叶具小叶；托叶狭三角形、披针形或披针状钻形；叶柄稍密生短柔毛或长柔毛；小叶椭圆形或宽椭圆形，先端圆形、钝或微凹，具小凸尖，基部圆形，稀近楔形。总状花序，花梗具开展的微柔毛或短柔毛，极稀贴生毛；花冠紫红色或近粉红色，旗瓣椭圆形、倒卵形或近长圆形等。荚果长圆形、近长圆形或椭圆形，无毛，具网脉，边缘生纤毛。

地理分布　河北、山西、陕西、甘肃、山东、江苏、安徽、浙江、江西、福建、河南、湖北、湖南、广西、四川、贵州、云南、西藏等地。朝鲜也有分布。巫山县金坪乡、两坪乡、三溪乡、竹贤乡等有分布。

主要用途　观赏。

山槐

Albizia kalkora (Roxb.) Prain

形态特征 落叶小乔木或灌木。枝条暗褐色，被短柔毛，有显著皮孔。二回羽状复叶。头状花序；花初白色，后变黄，具明显的小花梗；花萼、花冠均密被长柔毛。荚果带状，深棕色，嫩荚密被短柔毛，老时无毛。种子倒卵形。

地理分布 华北、西北、华东、华南至西南各地。越南、缅甸、印度亦有分布。巫山县有少量引种栽培，如抱龙镇、官渡镇、建平乡、庙宇镇、曲尺乡、巫峡镇等。

主要用途 观赏。

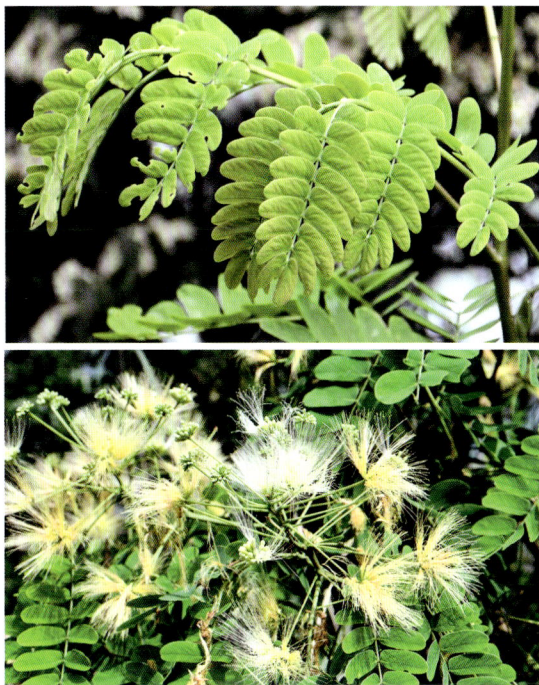

银合欢

Leucaena leucocephala (Lam.) de Wit

形态特征 落叶灌木或小乔木。幼枝被短柔毛，老枝无毛，具褐色皮孔，无刺。托叶三角形；羽片 4~8 对，叶轴被柔毛，在最下一对羽片着生处有黑色腺体 1 枚；小叶 5~15 对，线状长圆形，先端急尖，基部楔形，边缘被短柔毛。头状花序通常 1~2 个腋生，苞片紧贴，被毛，早落；花白色；花萼顶端具 5 细齿，外面被柔毛；花瓣狭倒披针形，背被疏柔毛。荚果带状，顶端凸尖，基部有柄，纵裂，被微柔毛。种子卵形，褐色，扁平，光亮。

地理分布 台湾、福建、广东、广西、云南。原产热带美洲，现广布于各热带地区。巫山巫峡镇等地有引种栽培。

主要用途 观赏。

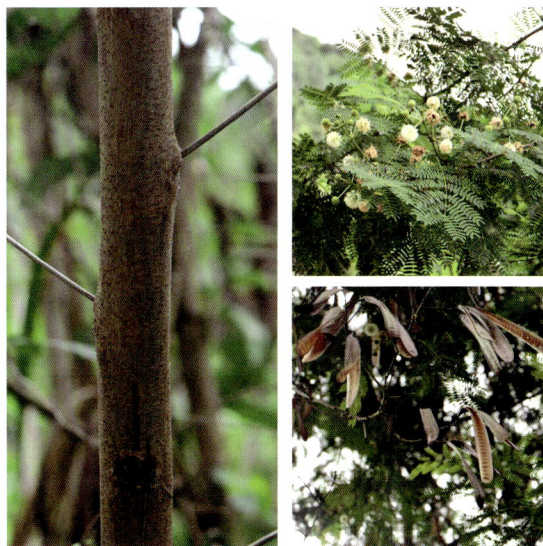

槐

Sophora japonica L.

形态特征　落叶乔木。树皮灰褐色，具纵裂纹。叶柄基部膨大，包裹着芽；小叶对生或近互生，纸质，卵状披针形或卵状长圆形，先端渐尖，具小尖头，基部宽楔形或近圆形，下面灰白色，初被疏短柔毛，后变无毛。圆锥花序顶生，花冠白色或淡黄色，旗瓣近圆形，具短柄。荚果串珠状，种子排列较紧密，具肉质果皮，成熟后不开裂。种子卵球形，淡黄绿色，干后黑褐色。

地理分布　原产我国，现华北和黄土高原地区尤为多见。日本、越南、朝鲜也有分布，欧洲、美洲各国有引种。巫山县巫峡镇、红椿乡等有引种栽培。

主要用途　观赏；优良的蜜源植物；花和荚果入药，有清凉收敛、止血降压作用；叶和根皮有清热解毒作用，可治疗疮毒；木材供建筑用。

大金刚藤

Dalbergia dyeriana Prain ex Harms

形态特征　落叶木质藤本。小枝纤细，无毛。羽状复叶，小叶薄革质，倒卵状长圆形或长圆形，上面无毛，有光泽，下面疏被紧贴柔毛，细脉纤细而密，两面明显隆起。圆锥花序腋生，花冠黄白色。荚果长圆形或带状，扁平，顶端圆、钝或急尖，有细尖头，基部楔形，具果颈，果瓣薄革质，干时淡褐色。种子长圆状肾形。

地理分布　陕西、甘肃、浙江、湖北、湖南、四川、云南、重庆。巫山县当阳乡、笃坪乡等有分布。

主要用途　观赏。

海南黄檀

Dalbergia hainanensis Merr. et Chun

形态特征 半常绿乔木。树皮暗灰色，有槽纹。嫩枝略被短柔毛。羽状复叶，叶轴、叶柄被褐色短柔毛；小叶纸质，卵形或椭圆形，先端短渐尖，常钝头，基部圆形或阔楔形，嫩时两面被黄褐色伏贴短柔毛。圆锥花序腋生，花初时近圆形，极小；花冠粉红色，除花柱外密被短柔毛。荚果长圆形，倒披针形或带状，直或稍弯，顶端急尖，基部楔形，果瓣被褐色短柔毛，有网纹。

地理分布 原产海南。巫山县龙溪镇有引种栽培，长势良好。

主要用途 观赏；木材料淡黄色，材质略疏松，无心材，可供家具用，为重要的红木树种。

藤黄檀

Dalbergia hancei Benth.

形态特征 落叶藤本。枝纤细，幼枝略被柔毛，小枝有时变钩状或旋扭。羽状复叶；托叶膜质，披针形，早落。小叶较小狭长圆或倒卵状长圆形，先端钝或圆，微缺，基部圆或阔楔形，嫩时两面被伏贴疏柔毛，成长时上面无毛。总状花序，数个总状花序常再集成腋生短圆锥花序；花冠绿白色，芳香，各瓣均具长柄，旗瓣椭圆形。荚果扁平，长圆形或带状，无毛，基部收缩为一细果颈。种子肾形，极扁平。

地理分布 安徽、浙江、江西、福建、广东、海南、广西、四川、贵州。巫山县五里坡自然保护区、官渡镇、平河乡有分布。

主要用途 观赏。

象鼻藤

Dalbergia mimosoides Franch.

形态特征 落叶灌木。多分枝，幼枝密被褐色短粗毛。羽状复叶；叶轴、叶柄和小叶柄初时密被柔毛，后渐稀疏。托叶膜质，卵形，早落；小叶线状长圆形，先端截形、钝或凹缺，基部圆或阔楔形，嫩时两面略被褐色柔毛。圆锥花序腋生，比复叶短，总花梗、花序轴、分枝与花梗均被柔毛。花小，稍密集。花冠白色或淡黄色，花瓣具短柄，旗瓣长圆状倒卵形，先端微凹缺。荚果无毛，长圆形至带状，扁平，顶端急尖，基部钝或楔形，果瓣革质，对种子部分有网纹。种子肾形，扁平。

地理分布 陕西、湖北、四川、云南、西藏。印度也有分布。巫山县五里坡自然保护区有分布。

主要用途 观赏。

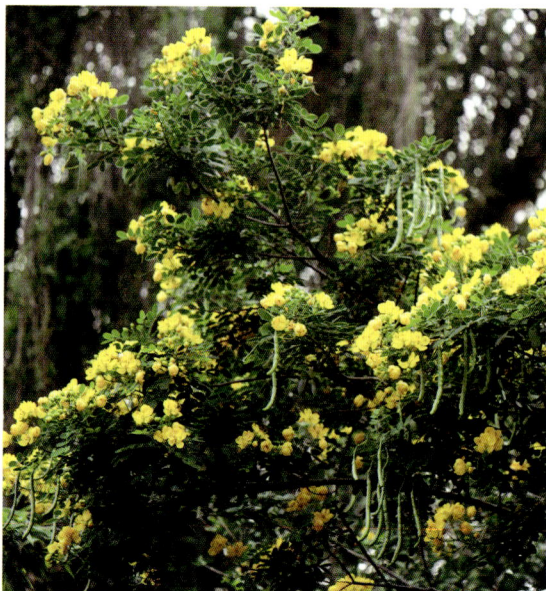

黄槐决明

Senna surattensis (N. L. Burman) H. S. Irwin & Barneby

形态特征 落叶灌木或小乔木。叶轴及叶柄呈扁四方形，小叶 7~9 对，长椭圆形或卵形，下面粉白色，被疏散、紧贴的长柔毛，边全缘；小叶柄被柔毛。总状花序生于枝条上部的叶腋内。苞片卵状长圆形，外被微柔毛；萼片卵圆形，大小不等，有 3~5 脉；花瓣鲜黄色至深黄色，卵形至倒卵形。荚果扁平，带状，开裂，顶端具细长的喙，果柄明显。种子 10~12 粒，有光泽。

地理分布 栽培于广西、广东、福建、台湾等地。原产印度、斯里兰卡、印度尼西亚、菲律宾、澳大利亚、波利尼西亚。目前世界各地均有栽培。巫山县当阳乡等有栽培。

主要用途 观赏。

豆科	Fabaceae		鸡血藤属 *Callerya*

灰毛鸡血藤
Callerya speciosa (Champion ex Bentham) Scho

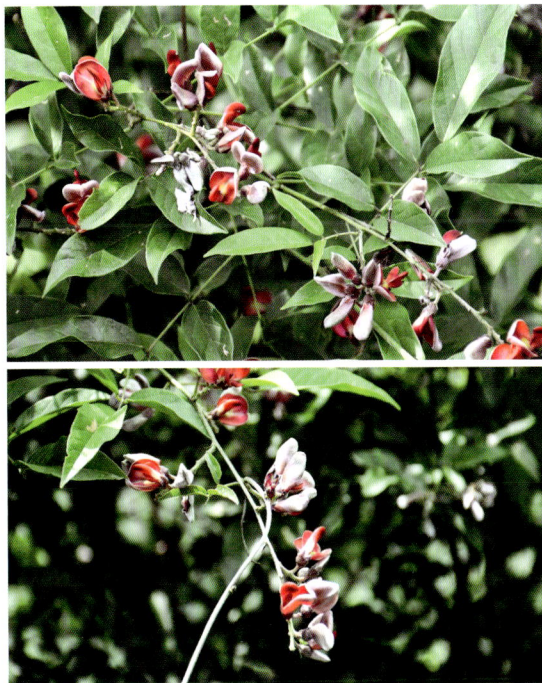

形态特征　攀缘灌木或藤本。茎圆柱形，粗糙，无毛。枝具棱，密被灰色硬毛，渐秃净。羽状复叶，叶柄叶轴被稀疏或甚密硬毛，上面有沟；小叶纸质，倒卵状椭圆形。花单生，花冠红色或紫色，旗瓣密被绣色绢毛，卵形，基部增厚，翼瓣和龙骨瓣近镰形。荚果线状长圆形，密被灰色茸毛，种子处膨胀。种子圆形。

地理分布　四川、云南、西藏。尼泊尔、不丹、孟加拉国、印度、缅甸也有分布。巫山县巫峡镇、笃坪乡、龙溪镇等有分布。

主要用途　观赏。

豆科	Fabaceae		锦鸡儿属 *Caragana*

锦鸡儿
Caragana sinica (Buc' hoz) Rehd.

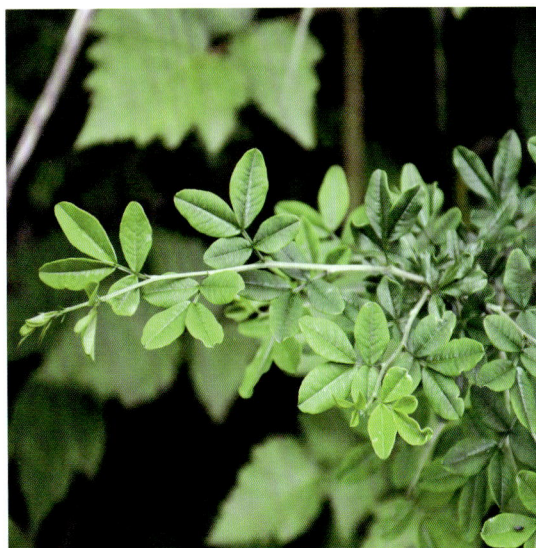

形态特征　灌木。树皮深褐色。小枝有棱，无毛。托叶三角形，硬化成针刺；小叶羽状，厚革质或硬纸质，倒卵形或长圆状倒卵形，先端圆形或微缺，具刺尖或无刺尖，基部楔形或宽楔形，上面深绿色，下面淡绿色。花单生，花冠黄色，常带红色，旗瓣狭倒卵形，具短瓣柄。荚果圆筒状。

地理分布　河北、陕西、江苏、江西、浙江、福建、河南、湖北、湖南、广西北部、四川、贵州、云南。巫山县江南自然保护区、邓家乡有分布。

主要用途　观赏。

白刺花

Sophora davidii (Franch.) Skeels

形态特征 灌木或小乔木。羽状复叶。托叶钻状，部分变成刺，疏被短柔毛。总状花序着生于小枝顶端；花小，花萼钟状，稍歪斜，蓝紫色，萼齿，不等大，圆三角形，无毛；花冠白色或淡黄色。荚果非典型串珠状，稍压扁，表面散生毛或近无毛。种子卵球形，深褐色。

地理分布 华北及陕西、甘肃、河南、江苏、浙江、湖北、湖南、广西、四川、贵州、云南、西藏。巫山县巫峡镇有分布。

主要用途 观赏；花可食用。

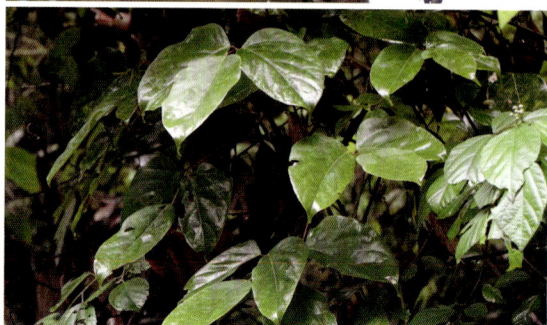

油麻藤

Mucuna sempervirens Hemsl.

形态特征 常绿木质藤本。树皮有皱纹。幼茎有纵棱和皮孔。羽状复叶，托叶脱落；小叶纸质或革质，顶生小叶椭圆形，长圆形或卵状椭圆形。总状花序生于老茎上，每节上有花，无香气或有臭味。花冠深紫色，干后黑色，圆形。果木质，带形。

地理分布 四川、贵州、云南、陕西南部（秦岭南坡）、湖北、浙江、江西、湖南、福建、广东、广西。日本也有分布。巫山县大昌镇有分布。

主要用途 观赏。

多花木蓝

Indigofera amblyantha Craib

形态特征　直立灌木。茎褐色或淡褐色，圆柱形。幼枝禾秆色，具棱，密被白色平贴丁字毛，后变无毛。羽状复叶，托叶微小、三角状披针形，对生，稀互生，先端圆钝，具小尖头，基部楔形或阔楔形，上面绿色，疏生丁字毛，下面苍白色，被毛较密。花冠淡红色，旗瓣倒阔卵形，花药球形，顶端具小突尖。荚果棕褐色，线状圆柱形，被短丁字毛，种子间有横隔，内果皮无斑点。种子褐色，长圆形。

地理分布　山西、陕西、甘肃、河南、河北、安徽、江苏、浙江、湖南、湖北、贵州、四川。巫山县大部分乡镇有分布，如笃坪乡、抱龙镇、大昌镇、平河乡等。

主要用途　观赏。

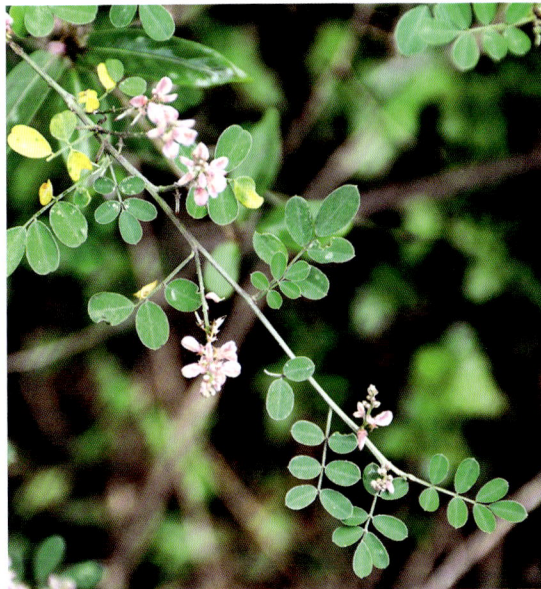

河北木蓝

Indigofera bungeana Walp.

主要用途　观赏。

形态特征　直立灌木。茎褐色，圆柱形，有皮孔。枝银灰色，被灰白色丁字毛。羽状复叶，小叶对生，椭圆形，稍倒阔卵形，先端钝圆，基部圆形，上面绿色，疏被丁字毛，下面苍绿色，丁字毛较粗。花冠紫色或紫红色，旗瓣阔倒卵形，外面被丁字毛。荚果褐色，线状圆柱形，被白色丁字毛，种子间有横隔，内果皮有紫红色斑点。种子椭圆形。

地理分布　辽宁、内蒙古、河北、山西、陕西。巫山县大部分乡镇有分布，如大溪乡、官阳镇、建平乡、两坪乡等。

粉叶首冠藤

Cheniella glauca (Benth.) R. Clark & Mackinder

形态特征　木质藤本。除花序稍被锈色短柔毛外其余无毛。卷须略扁，旋卷。叶纸质，近圆形，上面无毛，下面疏被柔毛，脉上较密。伞房花序式的总状花序顶生或与叶对生，具密集的花；总花梗被疏柔毛，渐变无毛；苞片与小苞片线形，锥尖。花蕾卵形，被锈色短毛；花托被疏毛；萼片卵形，急尖，外被锈色茸毛；花瓣白色，倒卵形，各瓣近相等，具长柄，边缘皱波状，花丝无毛，远较花瓣长。荚果带状，薄，无毛，不开裂，荚缝稍厚。种子 10~20 粒，在荚果中央排成一纵列，卵形，极扁平。

地理分布　广东、广西、江西、湖南、贵州、云南。印度、中南半岛、印度尼西亚有分布。巫山县平河乡有分布。

主要用途　观赏。

小花香槐

Cladrastis delavayi (Franchet) Prain

形态特征　落叶乔木。幼枝、叶轴、小叶柄被灰褐色或锈色柔毛。小叶卵状披针形或长圆状披针形，先端渐尖或钝，基部圆或微心形，上面深绿色，无毛，下面苍白色，常沿中脉被锈色柔毛，无小托叶。圆锥花序顶生，花萼钟形，萼齿，半圆形，钝尖，密被灰褐色或锈色短柔毛。花冠白色或淡黄色，稀粉红色。

地理分布　陕西、甘肃、福建、湖北、广西、四川、贵州、云南。巫山县巫峡镇、五里坡自然保护区等有分布。

主要用途　观赏。

鞍叶羊蹄甲

Bauhinia brachycarpa Wall. ex Benth.

形态特征　落叶直立或攀缘小灌木。小枝纤细，具棱，被微柔毛，很快变秃净。叶纸质或膜质，近圆形，基部近截形、阔圆形或有时浅心形。伞房式总状花序侧生，花瓣白色，倒披针形，具羽状脉。荚果长圆形，扁平，果瓣革质，初时被短柔毛，渐变无毛，平滑，开裂后扭曲。种子卵形，略扁平，褐色，有光泽。

地理分布　四川、云南、甘肃、湖北。巫山县巫峡镇、培石乡等有分布。

主要用途　观赏。

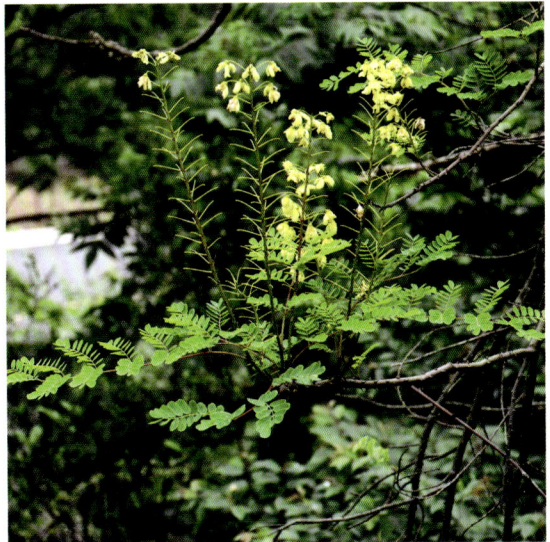

云实

Biancaea decapetala (Roth) O. Deg.

带地区也有分布。巫山县建平乡有分布。

主要用途　观赏。

形态特征　落叶攀缘灌木。树皮暗红色，散生钩刺。枝、叶轴及花序密被灰色或褐色柔毛。小叶长圆形，两端钝圆，两面被柔毛，后渐脱落。总状花序顶生；花易落；花瓣黄色，最下片有红色条纹。果长椭圆形，肿胀，脆革质，具喙尖，腹缝具狭翅，开裂，栗色，无毛。种子椭圆形，黑色。

地理分布　四川省青衣江和安宁河以东、甘肃徽县和文县、陕西秦岭以南、河南伏牛山以南、安徽大别山和南部、江苏南部、浙江、福建、江西、湖南、湖北、贵州、云南、广西、广东、海南等地。亚洲热

皂荚

Gleditsia sinensis Lam.

形态特征　落叶乔木或小乔木。枝灰色至深褐色。刺粗壮，圆柱形，常分枝，多呈圆锥状，一回羽状复叶。小叶纸质，卵状披针形至长圆形，先端急尖或渐尖，顶端圆钝，具小尖头，基部圆形或楔形，网脉明显，在两面凸起；小叶柄被短柔毛。花杂性，黄白色，组成总状花序；花瓣，长圆形，被微柔毛。荚果带状，劲直或扭曲，果肉稍厚，两面鼓起；果瓣革质，棕褐色或红褐色，常被白色粉霜。种子多粒，长圆形或椭圆形，棕色，光亮。

地理分布　河北、山东、陕西、甘肃、江苏、江西、湖南、湖北、福建、广西、四川等地。巫山县栽培历史悠久，大溪乡、铜鼓镇、建平乡、巫峡镇均有分布。

主要用途　观赏。

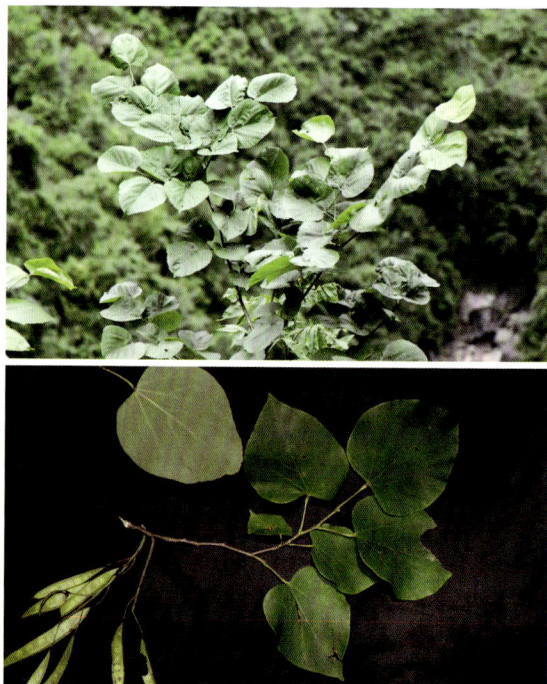

垂丝紫荆

Cercis racemosa Oliv.

形态特征　落叶乔木。叶阔卵圆形，上面无毛，下面被短柔毛，尤以主脉上被毛较多，主脉5条，于下面凸起，网脉两面明显；叶柄较粗壮，无毛。总状花序单生，下垂，花先开或与叶同时开放，总花梗和总轴被毛，花多数；花瓣玫瑰红色，旗瓣具深红色斑点。荚果长圆形，稍弯拱，果梗细。种子扁平。

地理分布　湖北西部、四川东部和贵州西部至云南东北部。巫山县五里坡自然保护区、平河乡有分布。

主要用途　观赏。

湖北紫荆
Cercis glabra Pamp.

形态特征　常绿乔木。树皮和小枝灰黑色。叶较大，厚纸质或近革质，心脏形或三角状圆形，先端钝或急尖，基部浅心形至深心形，幼叶常呈紫红色，成长后绿色，上面光亮，下面无毛或基部脉腋间常有簇生柔毛。总状花序短，花淡紫红色或粉红色，先于叶或与叶同时开放，稍大。荚果狭长圆形，紫红色。种子近圆形。

地理分布　湖北西部至西北部、河南西南部、陕西西南部至东南部、四川东北部至东南部、云南、贵州、广西北部、广东北部、湖南、浙江、安徽等。巫山县各乡镇均有分布，如抱龙镇、邓家乡、平河乡、官渡镇等。

主要用途　观赏。

紫藤
Wisteria sinensis (Sims) DC.

形态特征　落叶藤本。茎左旋。枝较粗壮，嫩枝被白色柔毛，后秃净。奇数羽状复叶；小叶纸质，卵状椭圆形至卵状披针形，上部小叶较大。花序轴被白色柔毛；花芳香；花冠细绢毛，上方齿甚钝，下方齿卵状三角形；花冠紫色。荚果倒披针形，密被茸毛，悬垂枝上不脱落。种子褐色，具光泽，圆形，扁平。

地理分布　河北以南黄河长江流域及陕西、河南、广西、贵州、云南。巫山县有少量引种栽培，如建平乡等。

主要用途　观赏。

灯笼树

Enkianthus chinensis Franch.

形态特征　落叶灌木或小乔木。幼枝灰绿色，无毛，老枝深灰色。叶常聚生枝顶，纸质，长圆形至长圆状椭圆形，先端钝尖，具短凸尖头，基部宽楔形或楔形，边缘具钝锯齿，两面无毛，中脉在表面下凹，连同侧脉在表面不明显，在背面明显，网脉在背面明显。花多数组成伞形花序状总状花序；蒴果卵圆形，室背开裂为果瓣。种子微有光泽，具皱纹，有翅，每室有种子多数，种子着生于中轴之上部。

地理分布　安徽、浙江、江西、福建、湖北、湖南、广西、四川、贵州、云南。巫山县官阳镇、邓家乡、五里坡自然保护区等有较多分布。

主要用途　观赏。

丁香杜鹃

Rhododendron mariesii Hemsl. et Wils.

形态特征　落叶灌木。枝短而坚硬，黄褐色，幼时被铁锈色长柔毛，后渐近无毛。叶近于革质，常集生枝顶，卵形，先端钝，具软角质的短尖头，基部圆形，边缘具开展的睫毛，中脉和侧脉在上面下凹，下面凸出，两面中脉近叶基处被锈色糙伏毛或无毛；叶柄密被锈色柔毛。花梗密被锈红色柔毛；花冠辐状漏斗形，紫丁香色。蒴果长圆柱形，密被锈色柔毛；果梗弯曲，密被红棕色长柔毛。

地理分布　江西、福建、湖南、广东、广西。巫山县官阳镇、五里坡自然保护区、双龙镇等有分布。

主要用途　观赏。

杜鹃

Rhododendron simsii Planch.

形态特征　落叶灌木。分枝多而纤细，密被亮棕褐色扁平糙伏毛。叶革质，常集生枝端，卵形、椭圆状卵形或倒卵形至倒披针形，先端短渐尖，基部楔形或宽楔形，边缘微反卷，具细齿，上面深绿色，疏被糙伏毛，下面淡白色，密被褐色糙伏毛；叶柄密被亮棕褐色扁平糙伏毛。花梗密被亮棕褐色糙伏毛；花冠阔漏斗形，玫瑰色、鲜红色或暗红色。蒴果卵球形，密被糙伏毛；花萼宿存。

地理分布　江苏、安徽、浙江、江西、福建、台湾、湖北、湖南、广东、广西、四川、贵州和云南。巫山县官阳镇、五里坡自然保护区、笃坪乡、福田镇、两坪乡、龙溪镇、平河乡、曲尺乡、竹贤乡等有分布。

主要用途　观赏。

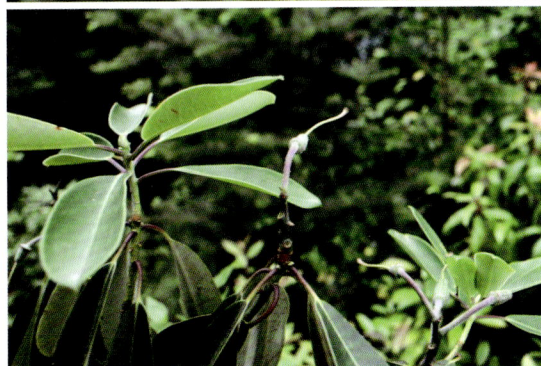

耳叶杜鹃

Rhododendron auriculatum Hemsl.

形态特征　常绿灌木或小乔木。树皮灰色。幼枝密被长腺毛，老枝无毛。叶革质，长圆形、长圆状披针形或倒披针形，先端钝，有短尖头，基部稍不对称，圆形或心形，上面绿色，无毛，中脉凹下，下面凸起；叶柄稍粗壮，密被腺毛。顶生伞形花序大，疏松。蒴果长圆柱形，微弯曲。

地理分布　陕西南部、湖北西部、四川东部和贵州东北部。巫山县官阳镇、五里坡自然保护区、江南自然保护区、邓家乡等有分布。

主要用途　观赏。

粉白杜鹃

Rhododendron hypoglaucum Hemsl.

形态特征 常绿大灌木。树皮灰白色，有裂纹及层状剥落。幼枝淡绿色，光滑无毛。叶常 4~7 枚密生于枝顶，革质，椭圆状披针形或倒卵状披针形，先端急尖，有短尖尾，基部楔形，边缘质薄向下反卷，上面绿色，光滑无毛，下面被银白色薄层毛被，紧贴而有光泽，中脉在上面微下陷，呈浅沟纹，在下面显著隆起。总状伞形花序；花梗淡红色，无毛；花冠乳白色稀粉红色，漏斗状钟形。蒴果圆柱形，无毛，成熟后常瓣开裂。

地理分布 陕西南部、湖北西部、四川东部。巫山县五里坡自然保护区、当阳乡、竹贤乡等有分布。

主要用途 观赏。

阔柄杜鹃

Rhododendron platypodum Diels

形态特征 常绿灌木或小乔木。树皮深灰色。小枝直立，粗壮，微被灰色蜡粉。叶厚革质，宽椭圆形或近于圆形；叶柄短，扁平，淡黄绿色，略有灰色蜡粉。顶生总状伞形花序，疏松；花冠漏斗状钟形，粉红色，无斑点，裂片扁圆形，顶端有浅缺刻。蒴果长圆柱形，绿色，有密腺体。

地理分布 重庆及四川。巫山县五里坡自然保护区、梨子坪林场有分布。

主要用途 观赏。

喇叭杜鹃

Rhododendron discolor Franch.

形态特征 常绿灌木或小乔木。树皮褐色。枝粗壮，无毛。腋芽卵形，黄褐色，无毛。叶革质，长圆状椭圆形至长圆状披针形，先端钝，基部楔形，稀略近心形，边缘反卷，上面深绿色，下面淡黄白色，无毛；叶柄粗壮，无毛。顶生短总状花序，花冠漏斗状钟形，淡红色至白色，内面无毛，裂片，近于圆形，顶端有缺刻；花丝白色，无毛，花药长圆形，白色。蒴果长圆柱形，微弯曲。

地理分布 陕西、安徽、浙江、江西、湖北、湖南、广西、重庆、四川、贵州和云南东北部。巫山县五里坡自然保护区、竹贤乡、平河乡、邓家乡等有分布。

主要用途 观赏。

麻花杜鹃

Rhododendron maculiferum Franch.

形态特征 常绿灌木。树皮黑灰色，薄片状脱落。幼枝棕红色，密被白色茸毛，老枝浅黄褐色，有细裂纹。叶革质，长圆形、椭圆形或倒卵形，先端钝至圆形，略有小尖头，基部圆形，稀浅心形，幼时边缘有细缘毛，上面绿色，无毛，下面黄绿色，中脉在上面微凹下，下面凸出，被淡褐色茸毛，尤以下半部为密，叶柄圆柱形，幼时密被白色茸毛，成长后近于无毛。顶生总状伞形花序，花冠宽钟形，红色至白色，内面基部有深紫色斑块，裂片，宽卵形，顶端有浅缺刻。蒴果圆柱形，直或微弯曲，绿色，有肋纹，被锈色刚毛或几无毛。

地理分布 陕西西南部、甘肃南部、湖北西部、四川北部和东北部及东南部、贵州。巫山县五里坡自然保护区、梨子坪林场有分布。

主要用途 观赏。

四川杜鹃

Rhododendron sutchuenense Franch.

形态特征　常绿灌木或小乔木。树皮黑褐色至棕褐色。幼枝绿色，被薄层灰白色茸毛，老枝粗壮，淡黄褐色，有明显的叶痕。叶革质，倒披针状长圆形，先端钝或圆形，基部楔形，边缘反卷，上面深绿色，下面苍白色，中脉在上面凹下，下面凸出，被灰白色茸毛，叶柄粗壮，绿色。顶生短总状花序，花冠漏斗状钟形，蔷薇红色，内面上方有深红色斑点，近基部有白色微柔毛及深红色大斑块。蒴果长圆状椭圆形，绿色。

地理分布　陕西南部、甘肃东南部及西北部、湖北西北部、湖南西北部、四川东部及贵州。巫山县五里坡自然保护区、梨子坪林场有分布。

主要用途　观赏。

巫山杜鹃

Rhododendron roxieoides Chamb.

形态特征　灌木。幼枝密被黄棕色至灰色绵毛状茸毛。具宿存的芽鳞。叶厚革质，线形至狭倒披针形，先端渐尖，基部楔形，边缘显著反卷，上面深绿色，光亮，除中脉槽内有残存的毛外，其余无毛，侧脉微明显，下面有两层毛被，上层毛被厚，绵毛状，由栗褐色的分枝毛组成，下层毛被带白色，紧密，中脉和侧脉均隐藏于毛被内；叶柄密被绵毛状茸毛。顶生短总状伞花序，花梗密被棕色茸毛。花冠漏斗状钟形，深红色，具紫色斑点，裂片，近于圆形。

地理分布　重庆。我国特有珍稀濒危植物。巫峡县五里坡自然保护区、梨子坪林场、竹贤乡等有分布。

主要用途　观赏。

长蕊杜鹃

Rhododendron stamineum Franch.

形态特征 常绿灌木或小乔木。幼枝纤细，无毛。叶常轮生枝顶，革质，椭圆形或长圆状披针形，先端渐尖或斜渐尖，基部楔形，边缘微反卷，上面深绿色，具光泽，下面苍白绿色，两面无毛，稀干时具白粉，中脉在上面凹陷，下面凸出，侧脉不明显；叶柄无毛。花芽圆锥状，鳞片卵形，覆瓦状排列，仅边缘和先端被柔毛。花梗无毛；花萼小，微裂，裂片三角形；花冠白色，有时蔷薇色，漏斗形，深裂，裂片倒卵形或长圆状倒卵形，上方裂片内侧具黄色斑点，花冠管筒状。蒴果圆柱形，微拱弯，具条纵肋，先端渐尖，无毛。

地理分布 安徽、浙江、江西、湖北、湖南、广东、广西、陕西、重庆、四川、贵州和云南。巫山县五里坡自然保护区、江南自然保护区有大量分布。

主要用途 观赏。

美丽马醉木

Pieris formosa (Wall.) D. Don

形态特征 常绿灌木或小乔木。小枝圆柱形，无毛，枝上有叶痕。叶革质，披针形至长圆形，稀倒披针形，先端渐尖或锐尖，边缘具细锯齿，基部楔形至钝圆形，上面深绿色，下面淡绿色，中脉显著，幼时在表面微被柔毛，老时脱落，侧脉在表面下陷，在背面不明显。总状花序簇生于枝顶的叶腋，或有时为顶生圆锥花序，花梗被柔毛；花冠白色，坛状，外面有柔毛，上部浅裂，裂片先端钝圆；花丝线形，有白色柔毛，花药黄色。蒴果卵圆形。种子黄褐色，纺锤形，外种皮的细胞伸长。

地理分布 浙江、江西、湖北、湖南、广东、广西、四川、贵州、云南等。越南、缅甸、尼泊尔、不丹、印度也有分布。巫山县邓家乡、平河乡有分布。

主要用途 观赏。

扁枝越橘

Vaccinium japonicum var. *sinicum* (Nakai) Rehd.

形态特征 常绿灌木或小乔木。小枝圆柱形，无毛，枝上有叶痕。叶革质，披针形至长圆形，稀倒披针形，先端渐尖或锐尖，边缘具细锯齿，基部楔形至钝圆形，上面深绿色，下面淡绿色，中脉显著，幼时在表面微被柔毛，老时脱落，侧脉在表面下陷，在背面不明显。总状花序簇生于枝顶的叶腋，或有时为顶生圆锥花序，花梗被柔毛；花冠白色，坛状，外面有柔毛，上部浅裂，裂片先端钝圆；花丝线形，有白色柔毛，花药黄色。蒴果卵圆形。种子黄褐色，纺锤形，外种皮的细胞伸长。

地理分布 浙江、江西、湖北、广西、四川等。越南、缅甸、尼泊尔、不丹、印度也有分布。巫山县邓家乡、平河乡有分布。

主要用途 观赏。

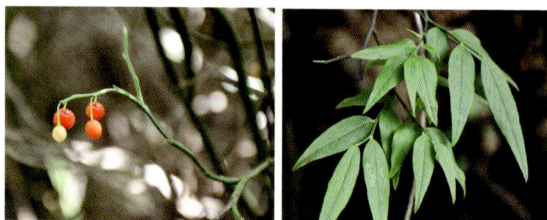

江南越橘

Vaccinium mandarinorum Diels

形态特征 常绿灌木或小乔木。幼枝被短柔毛或无毛，老枝紫褐色，无毛。叶片薄革质，椭圆形、菱状椭圆形、披针状椭圆形至披针形，边缘有细锯齿，表面平坦有光泽，两面无毛，侧脉5~7对，斜伸至边缘以内网结，与中脉、网脉在表面和背面均稍微突起；叶柄长2~8毫米，通常无毛或被微毛。总状花序顶生和腋生，长4~10厘米，有多数花，序轴密被短柔毛稀无毛；苞片叶状，披针形，长0.5~2厘米，两面沿脉被微毛或两面近无毛，边缘有锯齿，宿存或脱落，小苞片2，线形或卵形，长1~3毫米，密被微毛或无毛；花梗短，长1~4毫米，密被短毛或近无毛；萼筒密被短柔毛或茸毛，稀近无毛，萼齿短小，三角形，长1毫米左右，密被短毛或无毛；花冠白色，筒状，有时略呈坛状，外面密被短柔毛，稀近无毛，内面有疏柔毛，口部裂片短小，三角形，外折；雄蕊内藏，长4~5毫米，花丝细长，长2~2.5毫米，密被疏柔毛；花盘密生短柔毛。浆果直径5~8毫米，熟时紫黑色，外面通常被短柔毛，稀无毛。

地理分布 江苏、安徽、浙江、江西、福建、湖北、湖南、广东、广西、四川、贵州、云南等。巫山培石乡有分布。

主要用途 观赏。

无梗越橘
Vaccinium henryi Hemsl.

形态特征 落叶灌木。茎多分枝，幼枝淡褐色，密被短柔毛，生花的枝条细而短，呈左右曲折，老枝褐色，渐变无毛。叶多数，散生枝上，生花的枝条上叶较小，向上愈加变小，营养枝上的叶向上部变大，叶片纸质、卵形、卵状长圆形或长圆形，顶端锐尖或急尖，明显具小短尖头，基部楔形、宽楔形至圆形，边缘全缘，通常被短纤毛，两面沿中脉有时连同侧脉密被短柔毛，叶脉在两面略微隆起；叶柄密被短柔毛。花单生叶腋；花梗极短，花冠黄绿色，钟状，外面无毛，浅裂，裂片三角形，顶端反折。浆果球形，略呈扁压状，熟时紫黑色。

地理分布 陕西、甘肃、安徽、浙江、江西、福建、湖北、湖南、四川、贵州等。巫山县五里坡自然保护区、江南自然保护区、邓家乡、福田镇、官阳镇、两坪乡等有分布。

主要用途 观赏。

珍珠花
Lyonia ovalifolia (Wall.) Drude

形态特征 常绿或落叶灌木或小乔木。枝淡灰褐色，无毛。冬芽长卵圆形，淡红色，无毛。叶革质，卵形或椭圆形，先端渐尖，基部钝圆或心形，表面深绿色，无毛，背面淡绿色，近于无毛，中脉在表面下陷，在背面凸起，侧脉羽状，在表面明显，脉上多少被毛；叶柄无毛。总状花序，着生叶腋；花序轴上微被柔毛。蒴果球形，缝线增厚。种子短线形，无翅。

地理分布 台湾、福建、湖南、广东、广西、四川、贵州、云南、西藏等。巴基斯坦、尼泊尔、不丹、印度、泰国、马来半岛也有分布。巫山县江南自然保护区、邓家乡、福田镇、龙溪镇、竹贤乡等有分布。

主要用途 观赏。

杜仲

Eucommia ulmoides Oliver

形态特征　落叶乔木。树皮灰褐色，粗糙，内含橡胶，折断拉开有多数细丝。嫩枝有黄褐色毛，不久变秃净，老枝有明显的皮孔。芽体卵圆形，外面发亮，红褐色，边缘有微毛。叶椭圆形、卵形或矩圆形，薄革质，基部圆形或阔楔形，先端渐尖；上面暗绿色，初时有褐色柔毛，不久变秃净，老叶略有皱纹，下面淡绿色，初时有褐色毛，以后仅在脉上有毛。花生于当年枝基部，雄花无花被。种子扁平，线形两端圆形。

地理分布　陕西、甘肃、河南、湖北、四川、云南、贵州、湖南及浙江等，现各地广泛栽种。巫山县主要的药用树种，在龙溪镇、当阳镇、官阳镇、大昌镇、平河乡、红椿乡、龙溪镇、渝东珍稀植物园等均有引种栽培。

主要用途　观赏。

轮环藤

Cyclea racemosa Oliv.

形态特征　落叶藤本。老茎木质化，枝稍纤细，有条纹，被柔毛或近无毛。叶盾状或近盾状，纸质，卵状三角形或三角状近圆形，顶端短尖至尾状渐尖，基部近截平至心形，全缘，上面被疏柔毛或近无毛，下面通常密被柔毛，有时被疏柔毛。聚伞圆锥花序狭窄，总状花序状，花序轴较纤细，密被柔毛；苞片卵状披针形，顶端尾状渐尖，背面被柔毛；花瓣微小，常近圆形。核果扁球形，疏被刚毛。

地理分布　江苏、福建、江西、湖北、湖南、广东、四川、贵州等。巫山县五里坡自然保护区、平河乡有分布。

主要用途　观赏；以根、叶入药，清热解毒，利尿止痛，主治咽喉炎、尿路感染等。

木防己

Cocculus orbiculatus (L.) DC.

形态特征　落叶木质藤本。小枝被茸毛或疏柔毛，或有时近无毛，有条纹。叶片纸质至近革质，形状变异极大，自线状披针形至阔卵状近圆形、狭椭圆形至近圆形、倒披针形至倒心形，顶端短尖或钝而有小凸尖，边全缘或裂，两面被密柔毛或疏柔毛，有时除下面中脉外两面近无毛。聚伞花序少花，腋生，或排成多花，狭窄聚伞圆锥花序，顶生或腋生，被柔毛。核果近球形，红色至紫红色。果核骨质，背部有小横肋状雕纹。

地理分布　长江流域中下游及其以南各地区常见。亚洲东南部和东部以及夏威夷群岛广为分布。巫山县巫峡镇有分布。

主要用途　可入药，祛风止痛，利尿消肿，解毒，降血压，用于治疗风湿关节痛。

波叶海桐

Pittosporum undulatifolium Chang et Yan

形态特征　常绿小乔木。树皮黑褐色，嫩枝粗壮，无毛，干后褐色，老枝粗糙，多皮孔。叶革质，矩圆状倒披针形，上面深绿色，发亮，下面灰绿色，无毛；侧脉干后在上下两面突起，网脉在上面不明显，在下面稍突起；边缘干后反卷，有细小波状皱折。伞房花序生枝顶，呈复伞形花序状。蒴果压扁阔卵形，片裂开，果片薄，内侧有横格。

地理分布　四川南部及贵州安龙、重庆。巫山县分布较广，大部分乡镇有分布，如抱龙镇、大昌镇、当阳乡、巫峡镇、两坪乡、平河乡、三溪乡、竹贤乡等。

主要用途　观赏。

光叶海桐

Pittosporum glabratum Lindl.

形态特征　常绿灌木。嫩枝无毛，老枝有皮孔。叶聚生于枝顶，薄革质，窄矩圆形，或为倒披针形，先端尖锐，基部楔形，上面绿色，发亮，下面淡绿色，无毛。花序伞形，1~4枝簇生于枝顶叶腋、多花；苞片披针形；花梗有微毛或秃净；萼片卵形，通常有睫毛；花瓣分离，倒披针形。蒴果椭圆形，有时为长筒形，3片裂开，果片薄，革质，每片有种子约6粒；果梗短而粗壮，有宿存花柱。种子大，近圆形，红色。

地理分布　广东、海南、广西、贵州、湖南。巫山县竹贤乡、当阳乡、平河乡、大昌镇等有分布。

主要用途　观赏。

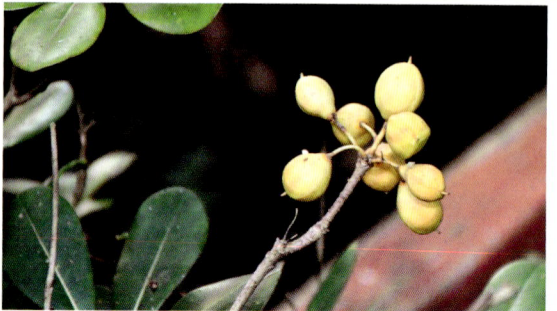

海桐

Pittosporum tobira (Thunb.) Ait.

主要用途　观赏。

形态特征　常绿灌木或小乔木。嫩枝被褐色柔毛，有皮孔。叶聚生于枝顶，革质，嫩时上下两面有柔毛，以后变秃净，倒卵形或倒卵状披针形，上面深绿色，发亮、干后暗晦无光，先端圆形或钝，常微凹入或为微心形，基部窄楔形。伞形花序或伞房状伞形花序顶生或近顶生，密被黄褐色柔毛；花白色，有芳香，后变黄色；花瓣倒披针形。蒴果圆球形，有棱或呈三角形。

地理分布　长江以南滨海各地，内地多为栽培供观赏。巫山县有引种栽培，在铜鼓镇、渝东珍稀植物园有分布。

| 海桐科 | Pittosporaceae | 海桐属 | *Pittosporum* |

崖花子
Pittosporum truncatum Pritz.

形态特征　常绿灌木。多分枝，嫩枝有灰毛，不久变秃净。叶簇生于枝顶，硬革质、倒卵形或菱形，中部以上最宽；先端宽而有一个短急尖，有时有浅裂，中部以下急剧收窄而下延；上面深绿色，发亮，下面初时有白毛，不久变秃净。花单生或数朵成伞状，生于枝顶叶腋内，花梗纤细，无毛，或略有白茸毛；萼片卵形，无毛，边缘有睫毛；花瓣倒披针形。蒴果短椭圆形，果片薄，内侧有小横格。种子16~18粒。

地理分布　湖北、四川、陕西、甘肃、云南及贵州等。巫山县铜鼓镇有分布。

主要用途　观赏。

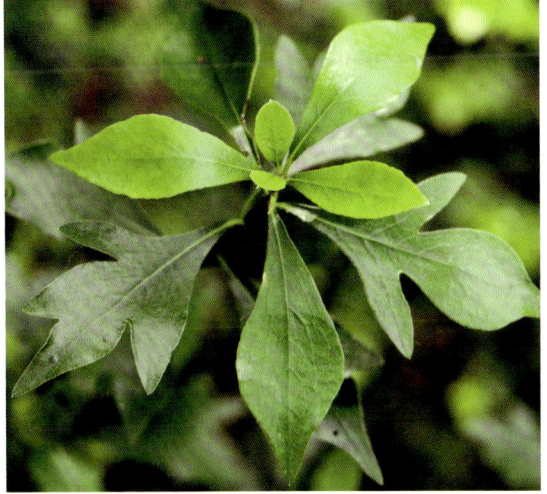

| 胡桃科 | Juglandaceae | 枫杨属 | *Pterocarya* |

枫杨
Pterocarya stenoptera C. DC.

形态特征　大乔木。幼树树皮平滑，浅灰色，老时则深纵裂。小枝灰色至暗褐色，具灰黄色皮孔。叶多为偶数或稀奇数羽状复叶。雄性柔荑花序单独生于去年生枝条上叶痕腋内，花序轴常有稀疏的星芒状毛；雄花常具1（稀2或3）枚发育的花被片；雌性柔荑花序顶生；花序轴密被星芒状毛及单毛；雌花几乎无梗，苞片及小苞片基部常有细小的星芒状毛，并密被腺体。果长椭圆形，基部常有宿存的星芒状毛；果翅狭，条形或阔条形，具近于平行的脉。

地理分布　陕西、河南、山东、浙江、江西、福建、台湾、广东、广西、湖南、湖北、四川有分布。巫山县骡坪镇、龙溪镇、大昌镇、两坪乡、平河乡分布较多。

主要用途　观赏；树皮和枝皮含鞣质，可提取栲胶，亦可作纤维原料；果可作饲料和酿酒；种子还可榨油。

湖北枫杨

Pterocarya hupehens Skan

形态特征　乔木。小枝深灰褐色，无毛或被稀疏的短柔毛，皮孔灰黄色。奇数羽状复叶，叶柄无毛；小叶纸质，叶缘具单锯齿，上面暗绿色，被细小的疣状凸起及稀疏的腺体，沿中脉具稀疏的星芒状短毛，下面浅绿色，在侧脉腋内具束星芒状短毛，侧生小叶对生或近于对生，长椭圆形至卵状椭圆形，下部渐狭，基部近圆形，歪斜，顶端短渐尖。雄花无柄，雌花序顶生，下垂。果序轴近于无毛或有稀疏短柔毛。果翅阔，椭圆状卵形。

地理分布　湖北西部至四川西部、陕西南部至贵州北部。巫山县五里坡自然保护区、梨子坪林场有分布。

主要用途　观赏。

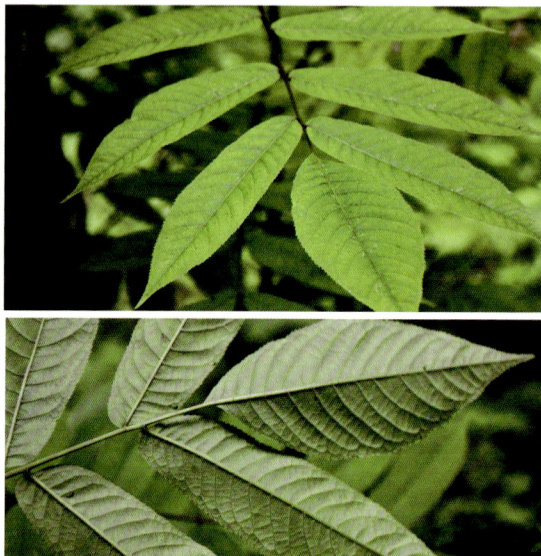

胡桃

Juglans regia L.

形态特征　落叶乔木。树干较别的种类矮，树冠广阔。树皮幼时灰绿色，老时则灰白色而纵向浅裂。小枝无毛，具光泽，被盾状着生的腺体，灰绿色，后来带褐色。奇数羽状复叶，叶柄及叶轴幼时被有极短腺毛及腺体；小叶椭圆状卵形至长椭圆形，顶端钝圆或急尖、短渐尖，基部歪斜、近于圆形，边缘全缘或在幼树上者具稀疏细锯齿，上面深绿色，无毛，下面淡绿色。雄性柔荑花序下垂；雄花的苞片、小苞片及花被片均被腺毛；花药黄色，无毛；雌性穗状花序。

地理分布　华北、西北、西南、华中、华南和华东地区。中亚、西亚、南亚和欧洲也有分布。巫山县主要经济树种之一，笃坪乡、大昌镇、邓家乡、大溪乡、红椿乡、官渡镇等有分布。

主要用途　食用。

胡桃楸

Juglans mandshurica Maxim.

形态特征 落叶乔木。树皮灰色。奇数羽状复叶，小叶椭圆形、长椭圆形、卵状椭圆形或长椭圆状披针形，具细锯齿，上面初被稀疏短柔毛，后仅中脉被毛，下面被平伏柔毛及星状毛，侧生小叶无柄，先端渐尖，基部平截或心形。雄柔荑花序，花序轴被短柔毛；雄蕊常12枚，药隔被灰黑色细柔毛；雌穗状花序，花序轴被茸毛。

地理分布 浙江、江苏、安徽、江西、福建和台湾。巫山县官阳镇、笃坪乡、大昌镇、邓家乡、大溪乡、当阳乡、红椿乡、官渡镇等有分布。

主要用途 木材反张力小，可作枪托、车轮、建筑等重要材料；树皮、叶及外果皮含鞣质，可提取栲胶；树皮纤维可作造纸等原料；枝、叶、皮可作农药。

化香树

Platycarya strobilacea Sieb. et Zucc.

形态特征 落叶小乔木。树皮灰色。叶总柄显著短于叶轴；小叶纸质，侧生小叶无叶柄，对生或生于下端者偶尔有互生，卵状披针形至长椭圆状披针形，不等边，基部歪斜，顶端长渐尖，边缘有锯齿。两性花序着生于中央顶端，雌花序位于下部，雄花序部分位于上部，有时无雄花序而仅有雌花序。果小坚果状，背腹压扁状，两侧具狭翅。种子卵形，种皮黄褐色，膜质。

地理分布 甘肃、陕西、台湾、广东、广西、湖南等地。朝鲜、日本也有分布。巫山县笃坪乡、大昌镇大溪乡、官渡镇、庙宇镇、铜鼓镇、巫峡镇等有分布。

主要用途 树皮、根皮、叶和果序均含鞣质，可作为提制栲胶的原料；叶可作农药；根部及老木含有芳香油，种子可榨油。

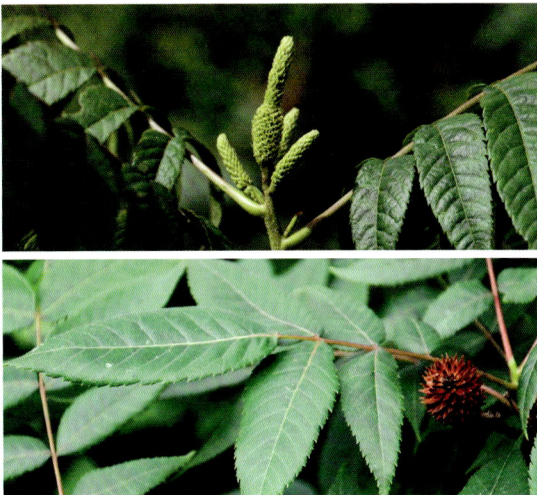

巴东胡颓子

Elaeagnus difficilis Serv.

形态特征 常绿直立或蔓状灌木。无刺或有时具短刺。幼枝褐锈色，密被鳞片，老枝鳞片脱落，灰黑色或深灰褐色。叶纸质，椭圆形或椭圆状披针形，顶端渐尖，基部圆形或楔形，边缘全缘，上面幼时散生锈色鳞片，成熟后脱落，绿色，干燥后褐绿色或褐色，下面灰褐色或淡绿褐色，密被锈色和淡黄色鳞片；叶柄粗壮，红褐色；花深褐色，密被鳞片，数花生于叶腋短小枝上成伞形总状花序，花枝锈色。果长椭圆形，被锈色鳞片，成熟时橘红色。

地理分布 浙江（云和）、江西、湖北、湖南、广东、广西、四川、贵州。巫山县五里坡自然保护区、江南自然保护区、官阳镇、飞播林场等有分布。

主要用途 果可食用。

胡颓子

Elaeagnus pungens Thunb.

形态特征 常绿直立灌木。具刺，刺顶生或腋生，深褐色。幼枝微扁棱形，密被锈色鳞片，老枝鳞片脱落，黑色，具光泽。叶革质，椭圆形或阔椭圆形，稀矩圆形；叶柄深褐色，花白色或淡白色，下垂，密被鳞片。果椭圆形，幼时被褐色鳞片，成熟时红色，果核内面具白色丝状绵毛。

地理分布 江苏、浙江、福建、安徽、江西、湖北、湖南、贵州、广东、广西。日本也有分布。巫山县梨子坪林场有分布。

主要用途 果可食用。

蔓胡颓子

Elaeagnus glabra Thunb.

形态特征　常绿蔓生或攀缘灌木。无刺，或稀具刺。幼枝密被锈色鳞片，老枝鳞片脱落，灰棕色。叶革质或薄革质，卵形或卵状椭圆形，稀长椭圆形，顶端渐尖或长渐尖、基部圆形，稀阔楔形，边缘全缘，微反卷，上面幼时具褐色鳞片，成熟后脱落，深绿色，具光泽，干燥后褐绿色，下面灰绿色或铜绿色，被褐色鳞片，叶柄棕褐色。花淡白色，下垂，密被银白色和散生少数褐色鳞片；花梗锈色。果矩圆形，稍有汁，被锈色鳞片，成熟时红色。

地理分布　江苏、浙江、福建、台湾、安徽、江西、湖北、湖南、四川、贵州、广东、广西。巫山县笃坪乡、邓家乡、福田镇、龙溪镇、骡坪镇、竹贤乡等有分布。

主要用途　果可食用。

披针叶胡颓子

Elaeagnus lanceolata Warb. apud Diels

形态特征　常绿直立或蔓状灌木。无刺或老枝上具粗而短的刺。幼枝淡褐色，密被银白色和淡黄褐色鳞片，老枝灰黑色，圆柱形。芽锈色；叶革质，披针形或椭圆状披针形至长椭圆形顶端渐尖，基部圆形，稀阔楔形，边缘全缘，反卷，上面幼时被褐色鳞片，成熟后脱落，具光泽，干燥后褐色，下面银白色，密被银白色鳞片和鳞毛，叶柄黄褐色。花淡黄白色，密被银白色和散生少褐色鳞片和鳞毛，花梗锈色。果椭圆形，密被褐色或银白色鳞片，成熟时红黄色。

地理分布　陕西、甘肃、湖北、四川、贵州、云南、广西等。巫山县五里坡自然保护区、邓家乡、笃坪乡、当阳乡、官阳镇、骡坪镇等有分布。

主要用途　果可食用。

巫山牛奶子

Elaeagnus magna var. *wushanensis* (C. Y. Chang) M. Sun & Q. Lin

形态特征 落叶直立灌木。小枝无刺或疏生小刺，细弱，粗糙。叶纸质或膜质，椭圆形或卵状椭圆形，顶端钝尖或圆形，基部圆形或钝形，全缘，上面幼时具淡白色鳞片，成熟后全部或部分脱落，深绿色，干燥后褐绿色，下面密被银白色和散生少数锈色鳞片，侧脉两面均不甚明显，密被锈色鳞片，成熟时红色；花淡白色，花萼裂片三角形，花柱疏生白色星状柔毛。果柄粗，直立。

地理分布 湖北西部、四川东部、陕西南部。巫山县五里坡自然保护区、笃坪乡、当阳乡、五里坡林场、官阳镇、骡坪镇等有分布。

主要用途 果可食用。

宜昌胡颓子

Elaeagnus henryi Warb. apud Diels

形态特征 常绿直立灌木。具刺，刺生叶腋，略弯曲。幼枝淡褐色，被鳞片，老枝鳞片脱落，黑色或灰黑色。叶革质至厚革质，阔椭圆形或倒卵状阔椭圆形，顶端渐尖或急尖，尖头三角形，基部钝形或阔楔形，稀圆形，边缘有时稍反卷，上面幼时被褐色鳞片，成熟后脱落，深绿色，干燥后黄绿色或黄褐色，下面银白色、密被白色和散生少数褐色鳞片；叶柄粗壮，黄褐色。花淡白色；质厚，密被鳞片，花枝锈色。果矩圆形，多汁，幼时被银白色和散生少数褐色鳞片，淡黄白色或黄褐色，成熟时红色；果核内面具丝状绵毛。

地理分布 陕西、浙江、安徽、江西、湖北、湖南、四川、云南、贵州、福建、广东、广西。巫山县飞播林场、邓家乡、笃坪乡、当阳乡、五里坡林场、官阳镇、骡坪镇、竹贤乡等有分布。

主要用途 果可食用。

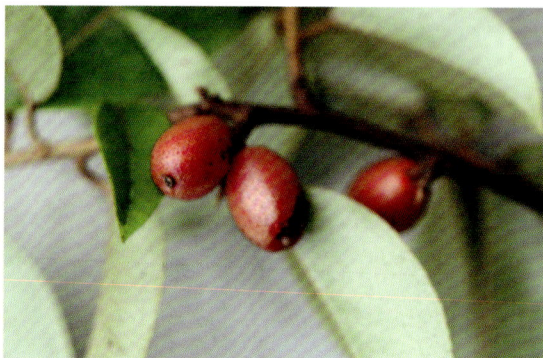

狭叶虎皮楠
Daphniphyllum angustifolium Hutch.

形态特征　灌木或小乔木。小枝粗壮，树皮褐色。叶坚纸质至薄革质，狭长圆状披针形，先端三角状锐尖，基部阔楔形或钝，叶面干后常变褐色，叶背略被白粉，无乳突体。无花萼；花药卵形；花萼早落；子房卵形。果序轴粗壮，幼果偏斜，椭圆形，表面平滑，花柱早落。

地理分布　湖北、重庆、四川。巫山县五里坡自然保护区、江南自然保护区、邓家乡、官阳镇、竹贤乡有分布。

主要用途　观赏。

多脉鹅耳枥
Carpinus polyneura Franch.

形态特征　落叶乔木。树皮灰色。小枝细瘦，暗紫色，光滑或疏被白色短柔毛。叶厚纸质，长椭圆形、披针形、卵状披针形至狭披针形或狭矩圆形，较少椭圆形或矩圆形，顶端长渐尖至尾状，基部圆楔形，边缘具刺毛状重锯齿，上面初时疏被长柔毛，沿脉密被短柔毛，后变无毛，下面除沿脉疏被长柔毛或短柔毛外，余则无毛，脉腋间具簇生的髯毛。小坚果卵圆形，被或疏或密的短柔毛，顶端被长柔毛，具数肋。

地理分布　陕西、四川、贵州、湖北、湖南、广东、福建、江西、浙江。巫山县邓家乡有分布。

主要用途　材用；观赏。

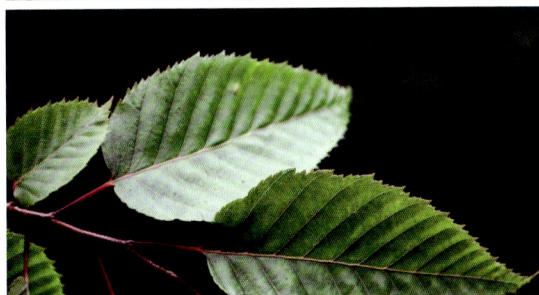

鹅耳枥

Carpinus turczaninowii Hance

形态特征　落叶乔木。树皮暗灰褐色，粗糙，浅纵裂。枝细瘦，灰棕色，无毛。小枝被短柔毛。叶卵形、宽卵形、卵状椭圆形或卵菱形，有时卵状披针形，顶端锐尖或渐尖，基部近圆形或宽楔形，有时微心形或楔形，边缘具规则或不规则的重锯齿，上面无毛或沿中脉疏生长柔毛，下面沿脉通常疏被长柔毛，脉腋间具髯毛，叶柄长疏被短柔毛。花序梗、序轴均被短柔毛。果苞变异较大，半宽卵形、半卵形、半矩圆形至卵形，疏被短柔毛，顶端钝尖或渐尖，有时钝。小坚果宽卵形，无毛，有时顶端疏生长柔毛，无或有时上部疏生树脂腺体。

地理分布　辽宁南部、山西、河北、河南、山东、陕西、甘肃。巫山县当阳乡、平河乡有分布。

主要用途　材用；观赏。

糙皮桦

Betula utilis D. Don

形态特征　落叶乔木。树皮暗红褐色，呈层剥裂。枝条红褐色，无毛，有或无腺体。叶厚纸质，卵形、长卵形至椭圆形或矩圆形，顶端渐尖或长渐尖，有时成短尾状，基部圆形或近心形，边缘具不规则的锐尖重锯齿；上面深绿色，幼时密被白色长柔毛，后渐变无毛，下面密生腺点，沿脉密被白色长柔毛，脉腋间具密髯毛。果序全部单生或单生兼有2~4枚排成总状。小坚果倒卵形，上部疏被短柔毛，膜质翅与果近等宽。

地理分布　西藏、云南、四川西部、陕西、甘肃、青海、河南、河北、山西。印度、尼泊尔、阿富汗也有分布。巫山县笃坪乡、梨子坪林场有分布。

主要用途　材用；观赏。

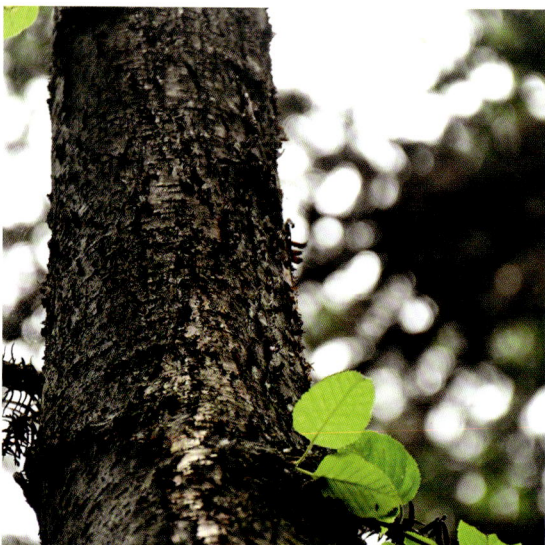

红桦

Betula albosinensis Burkill

形态特征 大乔木。树皮淡红褐色或紫红色，有光泽和白粉，呈薄层状剥落，纸质。枝条红褐色，无毛。小枝紫红色，无毛，有时疏生树脂腺体。叶卵状矩圆形，顶端渐尖，基部圆形或微心形，较少宽楔形，边缘具不规则的重锯齿，齿尖常角质化，上面深绿色，无毛或幼时疏被长柔毛，下面淡绿色，密生腺点，沿脉疏被白色长柔毛，叶柄疏被长柔毛或无毛。雄花序圆柱形，无梗；苞鳞紫红色，仅边缘具纤毛。果序圆柱形，单生或同时具有 2~4 枚排成总状。

地理分布 云南、四川东部、湖北西部、河南、河北、山西、陕西、甘肃、青海。巫山县五里坡自然保护区、梨子坪林场、当阳乡、官阳镇、竹贤乡有分布。

主要用途 材用；观赏。

亮叶桦

Betula luminifera H. Winkl.

形态特征 落叶乔木。树皮红褐色或暗黄灰色，坚密，平滑。枝条红褐色，无毛，有蜡质白粉。小枝黄褐色，密被淡黄色短柔毛，疏生树脂腺体。芽鳞无毛，边缘被短纤毛。叶矩圆形、矩圆披针形，有时为椭圆形或卵形，顶端骤尖或呈细尾状，基部圆形，有时近心形或宽楔形，边缘具不规则的刺毛状重锯齿，叶上面仅幼时密被短柔毛，下面密生树脂腺点，沿脉疏生长柔毛，脉腋间有时具髯毛；叶柄密被短柔毛及腺点，极少无毛。小坚果倒卵形，背面疏被短柔毛。

地理分布 云南、贵州、四川、甘肃、浙江、广东、广西。巫山县笃坪乡、邓家乡、福田镇、龙溪镇、平河乡等有分布。

主要用途 材用；观赏。

川榛

Corylus heterophylla var. *sutchuanensis* Franchet

形态特征 落叶灌木或小乔木。树皮浅灰色,开裂。芽卵形,芽鳞圆,边缘有须毛。叶椭圆状倒卵形、倒卵圆形,先端短尾尖,基部心形,上面无毛,或沿叶脉有毛,下面沿中脉侧脉、网脉被毛,脉腋或被簇生毛;不规则重锯齿具短尖头,或有缺刻;叶柄疏被长毛、短毛及腺头毛,或近无毛。雄花序排成总状,密被灰白色茸毛,苞片具毛刺状尖头。果苞被粗毛、细毛及腺头毛,裂片条状三角形,有锯齿及缺刻;坚果被细毛,顶端密被灰白色粗毛。

地理分布 贵州、四川东部、陕西、甘肃中部和东南部、河南、山东、江苏、安徽、浙江、江西。巫山下县五里坡自然保护区、官阳镇有分布。

主要用途 材用;观赏。

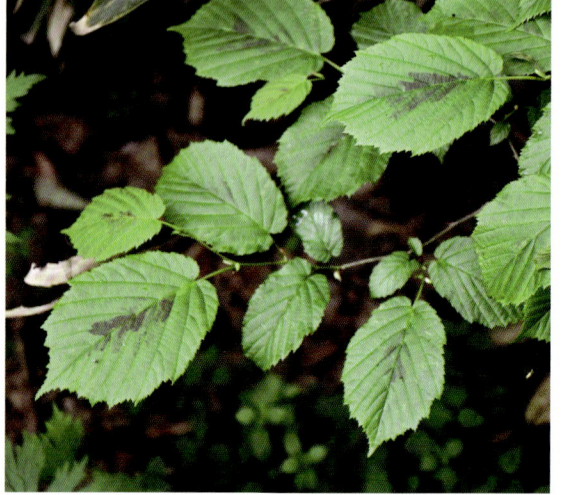

藏刺榛

Corylus ferox var. *thibetica* (Batal.) Franch.

形态特征 落叶灌木或小乔木。树皮浅灰色,开裂。芽卵形,芽鳞圆,边缘有须毛。叶椭圆状倒卵形、倒卵圆形,先端短尾尖,基部心形,上面无毛,或沿叶脉有毛,下面沿中脉侧脉、网脉被毛,脉腋或被簇生毛;不规则重锯齿具短尖头,或有缺刻;叶柄疏被长毛、短毛及腺头毛,或近无毛。雄花序排成总状,密被灰白色茸毛,苞片具毛刺状尖头。果苞被粗毛、细毛及腺头毛,裂片条状三角形,有锯齿及缺刻;坚果被细毛,顶端密被灰白色粗毛。

地理分布 贵州、四川东部、陕西、甘肃中部和东南部、河南、山东、江苏、安徽、浙江、江西。巫山下县五里坡自然保护区、官阳镇有分布。

主要用途 材用;观赏。

华榛

Corylus chinensis Franch.

形态特征 落叶乔木。树皮灰褐色，纵裂。枝条灰褐色，无毛。叶椭圆形、宽椭圆形或宽卵形，顶端骤尖至短尾状，基部心形，两侧显著不对称，边缘具不规则的钝锯齿，上面无毛，下面沿脉疏被淡黄色长柔毛，有时具刺状腺体，侧脉 7~11 对；叶柄密被淡黄色长柔毛及刺状腺体。雄花序 2~8 枚排成总状；苞鳞三角形，锐尖，顶端具 1 枚易脱落的刺状腺体。果 2~6 枚簇生成头状。坚果球形，无毛。

地理分布 云南、四川西南部。巫山县笃坪乡、梨子坪林场有分布。

主要用途 材用；观赏。

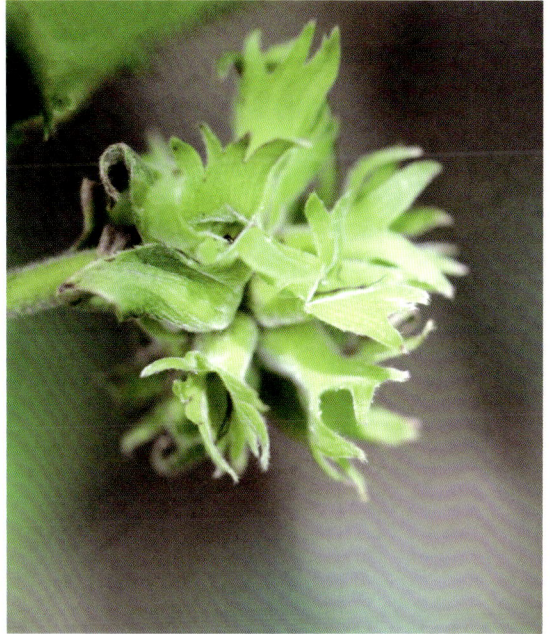

板凳果

Pachysandra axillaris Franch.

形态特征 常绿亚灌木。下部匍匐，生须状不定根，上部直立，上半部生叶，下半部裸出，仅有稀疏、脱落性小鳞片。枝上被极匀细的短柔毛。叶坚纸质，形状不一，或为卵形、椭圆状卵形，较阔，基部浅心形、截形，或为长圆形、卵状长圆形，较狭，基部圆形，先端急尖；边缘中部以上或大部分具粗齿牙，中脉在叶面平坦，叶背凸出，叶背有极细的乳头，密被匀细的短柔毛。花白色或蔷薇色；花柱受粉后伸出花外甚长，上端旋卷。果熟时黄色或红色，球形，和宿存花柱各长 1 厘米。

地理分布 云南（漾濞、鹤庆、禄劝、嵩明、昆明、开远）、四川（峨眉山以及石棉）、台湾。巫山县五里坡自然保护区、梨子坪林场、五里坡林场有分布。

主要用途 观赏。

黄杨
Buxus sinica (Rehd. et Wils.) Cheng

形态特征 常绿灌木或小乔木。枝圆柱形，有纵棱，灰白色。小枝四棱形，全面被短柔毛或外方相对两侧面无毛。叶革质，阔椭圆形、阔倒卵形、卵状椭圆形或长圆形，先端圆或钝，常有小凹口，不尖锐，基部圆或急尖或楔形，叶面光亮，中脉凸出，下半段常有微细毛，侧脉明显，叶背中脉平坦或稍凸出，中脉上常密被白色短线状钟乳体，全无侧脉。花序腋生，头状，花密集，花序轴被毛，苞片阔卵形，背部多少有毛。蒴果近球形。

地理分布 陕西、甘肃、湖北、四川、贵州、广西、广东、江西、浙江、安徽、江苏、山东各地。巫山县五里坡自然保护区、梨子坪林场、平河乡有分布。

主要用途 观赏。

雀舌黄杨
Buxus bodinieri Lévl.

形态特征 常绿灌木。枝圆柱形。小枝四棱形，被短柔毛，后变无毛。叶薄革质，通常匙形，亦有狭卵形或倒卵形，大多数中部以上最宽，先端圆或钝，往往有浅凹口或小尖凸头，基部狭长楔形，有时急尖，叶面绿色，光亮，叶背苍灰色。花序腋生，头状，花密集。蒴果卵形，宿存花柱直立。

地理分布 云南、四川、贵州、广西、广东、江西、浙江、湖北、河南、甘肃、陕西（南部）。巫山县巫峡镇、当阳乡有引种栽培。

主要用途 观赏。

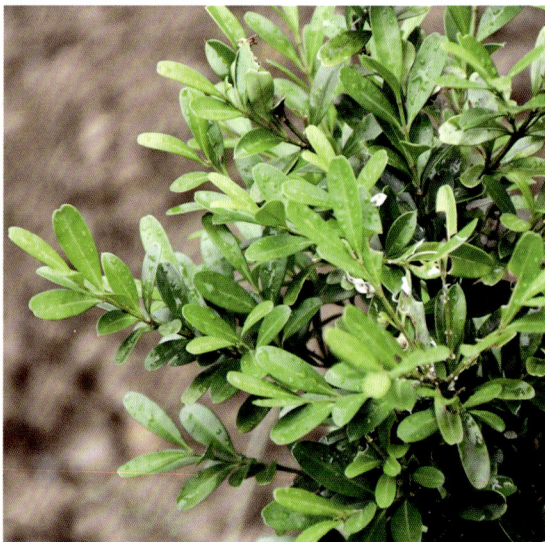

野扇花

Sarcococca ruscifolia Stapf

形态特征　常绿灌木。小枝被密或疏的短柔毛。叶阔椭圆状卵形、卵形、椭圆状披针形、披针形或狭披针形；先端急尖或渐尖，基部急尖或渐狭或圆，一般中部或中部以下较宽，叶面亮绿色，叶背淡绿色，叶面中脉凸出，无毛，稀被微细毛。花序轴被微细毛；花白色，芳香。果球形，熟时猩红至暗红色，宿存花柱3或2。

地理分布　云南、四川、贵州、广西、湖南、湖北、陕西、甘肃。巫山县大昌镇有引种栽培。

主要用途　材用；观赏。

夹竹桃

Nerium oleander L.

形态特征　常绿直立大灌木。枝条灰绿色，含水液；嫩枝条具棱，被微毛，老时毛脱落。叶3~4枚轮生，下枝为对生，窄披针形，顶端急尖，基部楔形，叶缘反卷，叶面深绿色，无毛，叶背浅绿色，有多数注点，幼时被疏微毛，老时毛渐脱落。聚伞花序顶生；花芳香；花萼深裂，红色，披针形，外面无毛，内面基部具腺体；花冠深红色或粉红色，栽培演变有白色或黄色，花冠为单瓣呈裂时，其花冠为漏斗状。种子长圆形，基部较窄，顶端钝、褐色，种皮被锈色短柔毛，顶端具黄褐色绢质种毛。

地理分布　野生于伊朗、印度、尼泊尔，现广植于世界热带地区。巫山县巫峡镇、大昌镇、当阳乡、平河乡等有引种栽培。

主要用途　观赏。

苦绳

Dregea sinensis Hemsl.

形态特征 攀缘木质藤本。茎具皮孔。幼枝具褐色茸毛。叶纸质，卵状心形或近圆形，叶面被短柔毛，老渐脱落，叶背被茸毛；叶柄被茸毛，顶端具丛生小腺体。伞形状聚伞花序腋生；花冠内面紫红色，外面白色，裂片卵圆形，顶端钝而有微凹，具缘毛。副花冠裂片肉质，肿胀，端部内角锐尖；花药顶端具膜片。种子扁平，卵状长圆形，顶端具白色绢质种毛。

地理分布 浙江、江苏、湖北、广西、云南、贵州、四川、甘肃、陕西等。巫山县五里坡自然保护区、平河乡有分布。

主要用途 观赏。

青龙藤

Biondia henryi (Warb. ex Schltr. et Diels) Tsiang et P. T. Li

形态特征 常绿藤本。茎柔弱，无毛或幼枝上有微毛。叶薄纸质，窄披针形，无毛；中脉在叶背凸起，侧脉不明显；叶柄被微毛，顶端具丛生小腺体。聚伞花序腋生；花冠近钟状，外面无毛，内面被疏微毛，裂片向外张开，卵状三角形，钝头，比花冠筒长；副花冠裂，着生于合蕊冠基部，裂片三角状，顶端钝；花药顶端圆形膜片内弯向柱头；花粉块长圆形，下垂，花粉块柄弯曲向上升。蓇葖单生，狭披针形。种子顶端具白色绢质种毛。

地理分布 四川、安徽、浙江和江西等。巫山县五里坡自然保护区、平河乡有分布。

主要用途 入药，治跌打损伤、下肢冷痛麻木、风湿、手足麻木、牙痛。

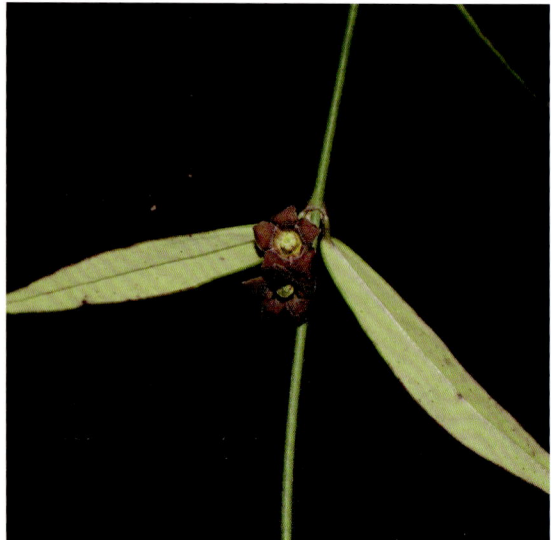

红花檵木

Loropetalum chinense var. *rubrum* Yieh

形态特征 落叶灌木，有时为小乔木。多分枝，小枝有星毛。叶革质，卵形，先端尖锐，基部钝，上面略有粗毛或秃净，干后暗绿色，无光泽，下面被星毛，稍带灰白色，侧脉约5对，在上面明显，在下面突起，全缘；叶柄有星毛；托叶膜质，三角状披针形，早落。花紫红色。

地理分布 湖南长沙岳麓山。巫山县作为观赏植物引种栽培。

主要用途 观赏。

蜡瓣花

Corylopsis sinensis Hemsl.

形态特征 落叶灌木。嫩枝有柔毛，老枝秃净，有皮孔。芽体椭圆形，外面有柔毛。叶薄革质，倒卵圆形或倒卵形；先端急短尖或略钝，基部不等侧心形；上面秃净无毛，或仅在中肋有毛，下面有灰褐色星状柔毛。总状花序；花序柄被毛，花序轴有长茸毛；花瓣匙形；雄蕊比花瓣略短。蒴果近圆球形，被褐色柔毛。种子黑色。

地理分布 湖北、安徽、浙江、福建、江西、湖南、广东、广西及贵州等。巫山县五里坡自然保护区、当阳乡有分布。

主要用途 观赏。

山白树

Sinowilsonia henryi Hemsl.

形态特征　落叶灌木或小乔木。嫩枝有灰黄色星状茸毛；老枝秃净，略有皮孔。芽体无鳞状苞片，有星状茸毛。叶纸质或膜质，倒卵形，稀为椭圆形，先端急尖，基部圆形或微心形，稍不等侧，上面绿色，脉上略有毛，下面有柔毛；叶柄，有星毛；托叶线形，早落。雄花总状花序无正常叶片，萼筒极短，萼齿匙形。蒴果无柄，卵圆形，先端尖，被灰黄色长丝毛。种子黑色，有光泽，种脐灰白色。

地理分布　湖北、四川、河南、陕西及甘肃。重庆市重点保护植物。巫山县五里坡自然保护区、当阳乡、平河乡有分布。

主要用途　观赏；科研。

杨梅叶蚊母树

Distylium myricoides Hemsl.

形态特征　常绿灌木或小乔木。嫩枝有鳞垢，老枝无毛，有皮孔，干后灰褐色。叶革质，矩圆形或倒披针形，先端锐尖，基部楔形，上面绿色，干后暗晦无光泽，下面秃净无毛。总状花序腋生，雄花与两性花同在1个花序上，两性花位于花序顶端，花序轴有鳞垢，苞片披针形。蒴果卵圆形，有黄褐色星毛，先端尖，4瓣裂，基部无宿存萼筒。种子褐色，有光泽。

地理分布　四川、安徽、浙江、福建、江西、广东、广西、湖南及贵州东部。巫山县五里坡自然保护区、官阳镇、当阳乡、竹贤乡等有分布。

主要用途　观赏。

中华蚊母树

Distylium chinense (Fr.) Diels

形态特征　常绿灌木。嫩枝粗壮，节间被褐色柔毛，老枝暗褐色，秃净无毛。叶革质，矩圆形，先端略尖，基部阔楔形，上面绿色，稍发亮，下面秃净无毛。雄花穗状花序，花无柄；花丝纤细，花药卵圆形。蒴果卵圆形，外面有褐色星状柔毛。种子褐色，有光泽。

地理分布　湖北、四川、重庆。巫山县珍稀植物园保存有 1.6 万株。

主要用途　观赏。

金丝桃

Hypericum monogynum L.

形态特征　落叶灌木。丛状或通常有疏生的开展枝条。茎红色。叶对生，无柄或具短柄，倒披针形或椭圆形至长圆形，先端锐尖至圆形，通常具细小尖突，基部楔形至圆形或上部者有时截形至心形，边缘平坦，坚纸质，上面绿色，下面淡绿色但不呈灰白色。花星状；花瓣金黄色至柠檬黄色，无红晕，开展，三角状倒卵形；花药黄至暗橙色。蒴果宽卵珠形或稀为卵珠状圆锥形至近球形，种子深红褐色，圆柱形。

地理分布　河北、陕西、山东、江苏、广东、广西、四川及贵州等。巫山县各乡镇均有分布，如大昌镇、平河乡、曲尺乡、福田镇、官渡镇等。

主要用途　观赏。

扁担杆

Grewia biloba G. Don

形态特征　落叶灌木或小乔木。嫩枝被粗毛。叶薄革质，椭圆形或倒卵状椭圆形，先端锐尖，基部楔形或钝，两面有稀疏星状粗毛，基出脉 3 条，两侧脉上行过半，中脉有侧脉 3~5 对，边缘有细锯齿；叶柄被粗毛。聚伞花序腋生，多花。核果红色。

地理分布　江西、湖南、浙江、广东、台湾、安徽、四川等。巫山县大昌镇有分布。

主要用途　观赏。

椴树

Tilia tuan Szyszyl.

形态特征　落叶乔木。树皮灰色，直裂。小枝近秃净，顶芽无毛或有微毛。叶卵圆形，先端短尖或渐尖，基部单侧心形或斜截形，上面无毛；叶柄近秃净。聚伞花序无毛。果球形，无棱，有小突起，被星状茸毛。

地理分布　湖北、四川、云南、贵州、广西、湖南、江西。巫山县大溪乡、当阳乡有分布。

主要用途　观赏。

华椴
Tilia chinensis Maxim.

形态特征　落叶乔木。嫩枝无毛，顶芽倒卵形，无毛。叶阔卵形，先端急短尖，基部斜心形或近截形，上面无毛，下面被灰色星状茸毛，边缘密具细锯齿；叶柄稍粗壮，被灰色毛。聚伞花序有花朵，花序柄有毛，下半部与苞片合生。果椭圆形，两端略尖，有条棱突，被黄褐色星状茸毛。

地理分布　甘肃、陕西、河南、湖北、四川、云南。巫山县五里坡自然保护区、江南自然保护区、飞播林场、大溪乡有分布。

主要用途　观赏；茎皮纤维可供编织。

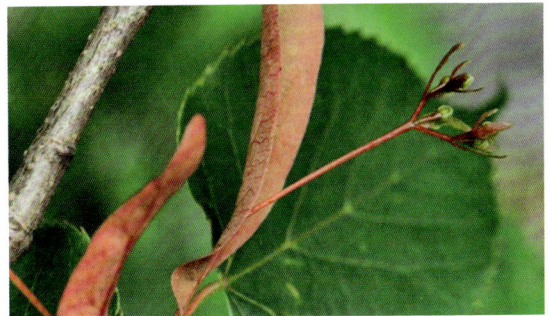

秃华椴
Tilia chinensis var. *investita* (V. Engl.) Rehd.

形态特征　落叶乔木。嫩枝无毛。顶芽倒卵形，无毛。叶背秃净，仅在叶背脉腋内有毛丛；叶柄，稍粗壮，被灰色毛。聚伞花序有花3朵，花序柄有毛。果椭圆形，两端略尖，有条棱突，被黄褐色星状茸毛。

地理分布　陕西、湖北西部神农架、云南北部丽江至邻近的西藏一带。巫山县五里坡自然保护区、当阳乡有分布。

主要用途　茎皮纤维可供编织。

木芙蓉

Hibiscus mutabilis L.

形态特征　落叶灌木或小乔木。小枝、叶柄、花梗和花萼均密被星状毛与直毛相混的细绵毛。叶宽卵形至圆卵形或心形,先端渐尖,具钝圆锯齿,上面疏被星状细毛和点,下面密被星状细茸毛。花单生于枝端叶腋间。蒴果扁球形,被淡黄色刚毛和绵毛,果片5。种子肾形,背面被长柔毛。

地理分布　辽宁、河北、山东、陕西、安徽、江苏、浙江、江西、福建、台湾、广东、广西、湖南、湖北、四川、贵州、云南等栽培,系我国湖南原产。日本和东南亚各国也有栽培。巫山县巫峡镇、建平乡有引种栽培。

主要用途　观赏。

木槿

Hibiscus syriacus L.

形态特征　落叶灌木,小枝密被黄色星状茸毛。叶菱形至三角状卵形,具深浅不同的裂或不裂,先端钝,基部楔形,边缘具不整齐齿缺,下面沿叶脉微被毛或近无毛;叶柄上面被星状柔毛。花单生于枝端叶腋间,花梗被星状短茸毛;花钟形,淡紫色,花瓣倒卵形,外面疏被纤毛和星状长柔毛;花柱枝无毛。蒴果卵圆形,密被黄色星状茸毛。种子肾形,背部被黄白色长柔毛。

地理分布　台湾、福建、广东、广西、云南、贵州、四川、湖南、湖北、安徽、江西、浙江、江苏、山东、河北、河南、陕西等均有栽培,系我国中部各省份原产。巫山县大溪乡、建平乡有引种栽培。

主要用途　观赏。

云南旌节花

Stachyurus yunnanensis Franch.

形态特征　常绿灌木。树皮暗灰色，光滑。枝条圆形，当年生枝为绿黄色，2年生枝棕色或棕褐色，具皮孔。叶革质或薄革质，椭圆状长圆形至长圆状披针形，先端渐尖或尾状渐尖，基部楔形或钝圆，几边缘具细尖锯齿，上面绿色，具光泽，下面淡绿色，紫色，两面均无毛，中脉在下面明显凸起；叶柄粗壮。总状花序腋生，花瓣黄色至白色，倒卵圆形，顶端钝圆。果球形，无梗。

地理分布　湖南、湖北、四川、贵州、云南和广东北部。巫山县五里坡自然保护区、平河乡有分布。

主要用途　观赏。

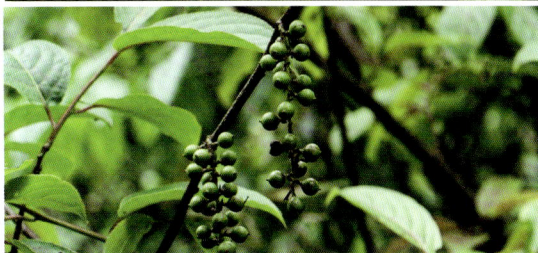

中国旌节花

Stachyurus chinensis Franch.

形态特征　落叶灌木。树皮光滑，紫褐色或深褐色。小枝圆柱形，具淡色椭圆形皮孔。叶于花后发出，互生，纸质至膜质，卵形、长圆状卵形至长圆状椭圆形，先端渐尖至短尾状渐尖，基部钝圆至近心形，边缘为圆齿状锯齿，叶柄通常暗紫色。穗状花序腋生，先叶开放，无梗；花黄色，近无梗或有短梗。果圆球形，无毛，近无梗，基部具花被的残留物。

地理分布　河南、陕西、西藏、浙江、安徽、江西、湖南、湖北、四川、贵州、福建、广东、广西、云南。越南北部也有分布。巫山县邓家乡、当阳乡、官阳镇、骡坪镇、竹贤乡等有分布。

主要用途　观赏。

巫山帚菊

Pertya tsoongiana Ling

形态特征　落叶灌木。枝有长短枝之别；长枝多而纤细，质硬，直展，带紫红色，密被腺状短柔毛。短枝上的叶近无柄，扁平，长圆形，顶端钝或圆。头状花序，单生于当年生的短枝之顶或少有生于长枝的叶腋内，无梗。花白色，全部两性，花冠管状，檐部稍扩大，深裂，裂片狭，线形。瘦果纺锤状圆柱形，顶端略狭，基部比顶端更狭，密被紧贴的白色长柔毛。冠毛多数，白色，粗糙，刚毛状。

地理分布　云南、西藏。巫山县巫峡镇有分布。

主要用途　观赏；科研。

小舌紫菀

Aster albescens (DC.) Hand.-Mazz.

形态特征　落叶灌木。多分枝，老枝褐色，无毛，有圆形皮孔。叶卵圆状、椭圆状或长圆状，披针形，基部楔形或近圆形，全缘或有浅齿，顶端尖或渐尖，上部叶小，多少披针形，全部叶近纸质，近无毛或上面被短柔毛而下面被白色或灰白色蛛丝状毛或茸毛，常杂有腺点或沿脉有粗毛。头状花多数在茎和枝端排列成复伞房状。瘦果长圆形，被白色短绢毛。

地理分布　西藏、云南、贵州、四川、湖北、甘肃及陕西南部。缅甸、印度北部、不丹、尼泊尔及喜马拉雅西也有分布。巫山县抱龙镇、当阳乡、官渡镇、红椿乡、建平乡、庙宇镇、平河乡等有分布。

主要用途　观赏。

厚斗柯

Lithocarpus elizabethiae (Tutcher) Rehder

形态特征　常绿乔木。枝、叶无毛。叶厚纸质，窄长椭圆形或披针形，先端渐尖或尾尖，基部楔形下延，全缘，下面带苍灰色。果序轴疏被短柔毛。

地理分布　福建西南部、广东、广西、贵州东南部、云南东南部。巫山县五里坡自然保护区、江南自然保护区、邓家乡有分布。

主要用途　材用。

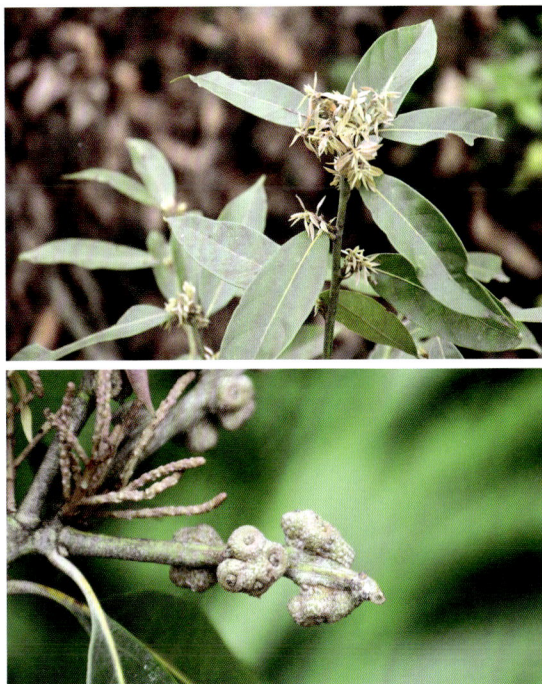

栗

Castanea mollissima Blume

形态特征　落叶乔木。小枝灰褐色。托叶长圆形，被疏长毛及鳞腺。叶椭圆至长圆形，顶部短至渐尖，基部近截平或圆，叶背被星芒状伏贴茸毛或因毛脱落变为几无毛。花序轴被毛。成熟壳斗的锐刺有长有短，有疏有密，密时全遮蔽壳斗外壁，疏时则外壁可见。

地理分布　除青海、宁夏、新疆、海南等少数地区外，广布南北各地，在广东止于广州近郊，在广西止于平果县，在云南东南部则越过河口向南至越南沙坝地区。巫山县主要经济树种，在巫山县各乡镇均有栽培，以骡坪镇、铜鼓镇、官渡镇等地的人工林为优。

主要用途　果可食用。

锥栗

Castanea henryi (Skan) Rehd. et Wils.

形态特征 落叶乔木。小枝暗紫褐色。叶长圆形或披针形，顶部长渐尖至尾状长尖，新生叶的基部狭楔尖，两侧对称，成长叶的基部圆或宽楔形，一侧偏斜，叶缘的裂齿有线状长尖，叶背无毛，但嫩叶有黄色鳞腺且在叶脉两侧有疏长毛。雄花序长5~16厘米，花簇有花1~3（5）朵；每壳斗有雌花1（偶有2或3）朵，仅1花（稀2或3）发育结实，花柱无毛。成熟壳斗近圆球形，坚果顶部有伏毛。

地理分布 秦岭南坡以南、五岭以北各地，但台湾及海南不产。巫山县骡坪镇、龙溪镇、邓家乡、福田镇、庙宇镇、平河乡、铜鼓镇等有分布。

主要用途 材用；果可食用。

巴东栎

Quercus engleriana Seem.

形态特征 常绿或半常绿乔木。树皮灰褐色，条状开裂。小枝幼时被灰黄色茸毛，后渐脱落。叶片椭圆形、卵形、卵状披针形，顶端渐尖，基部圆形或宽楔形，稀为浅心形，叶缘中部以上有锯齿，有时全缘，叶片幼时两面密被棕黄色短茸毛，后渐无毛或仅叶背脉腋有簇生毛。雄花序生于新枝基部，花序轴被茸毛；雌花序生于新枝上端叶腋；壳斗碗形，包着坚果；小苞片卵状披针形，中下部被灰褐色柔毛，顶端紫红色，无毛。坚果长卵形，无毛，果脐突起。

地理分布 陕西、福建、湖南、广西、四川、贵州、西藏等。巫山县官阳镇、当阳乡、官阳镇、平河乡有分布。

主要用途 材用。

白栎

Quercus fabri Hance

形态特征 落叶乔木。树皮灰褐色，深纵裂。小枝密生灰色至灰褐色茸毛。叶片倒卵形、椭圆状倒卵形，顶端钝或短渐尖，基部楔形或窄圆形，叶缘具波状锯齿或粗钝锯齿，幼时两面被灰黄色星状毛，侧脉每边8~12条，叶背支脉明显。雄花序轴被茸毛，雌花序生2~4朵花；小苞片卵状披针形，排列紧密，在口缘处稍伸出。坚果长椭圆形或卵状长椭圆形，无毛，果脐突起。

地理分布 陕西（南部）、江苏、安徽、浙江、江西、福建、河南、湖北、湖南、广东、广西、四川、贵州、云南等。巫山县官阳镇、五里坡自然保护区、当阳乡有分布。

主要用途 材用。

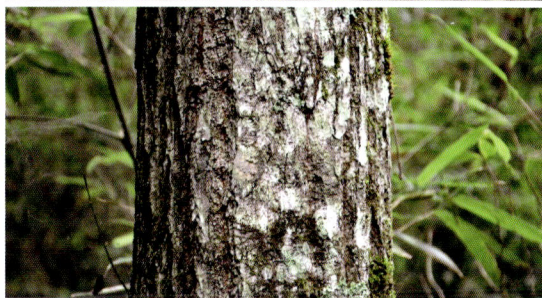

枹栎

Quercus serrata Murray

形态特征 落叶乔木。树皮灰褐色，深纵裂。幼枝被柔毛，不久即脱落。叶片薄革质，倒卵形或倒卵状椭圆形，顶端渐尖或急尖，基部楔形或近圆形，叶缘有腺状锯齿，幼时被伏贴单毛，老时及叶背被平伏单毛或无毛，侧脉每边7~12条；叶柄无毛。雄花序轴密被白毛；壳斗杯状；小苞片长三角形，贴生，边缘具柔毛。坚果卵形至卵圆形，果脐平坦。

地理分布 辽宁（南部）、山西（南部）、陕西、甘肃、山东、江苏、安徽、河南、湖北、广东、广西、四川、贵州、云南等。巫山县笃坪乡、平河乡、邓家乡、官阳镇、红椿乡、建平乡等有分布。

主要用途 观赏。

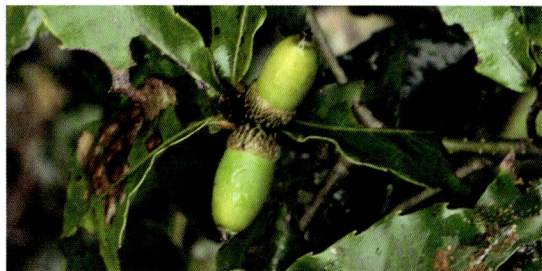

多脉青冈

Quercus multinervi J. Q. Li

形态特征　常绿乔木。树皮黑褐色。叶片长椭圆形或椭圆状披针形，顶端突尖或渐尖，基部楔形或近圆形，叶缘 1/3 以上有尖锯齿，侧脉每边 10~15 条，叶背被伏贴单毛及易脱落的蜡粉层，脱落后带灰绿色。坚果长卵形，无毛；果脐平坦。

地理分布　安徽（南部）、江西、福建、湖北（西部）、湖南、广西（东北部）、四川（东部）。巫山县五里坡自然保护区、邓家乡、官阳镇、竹贤乡等有分布。

主要用途　观赏。

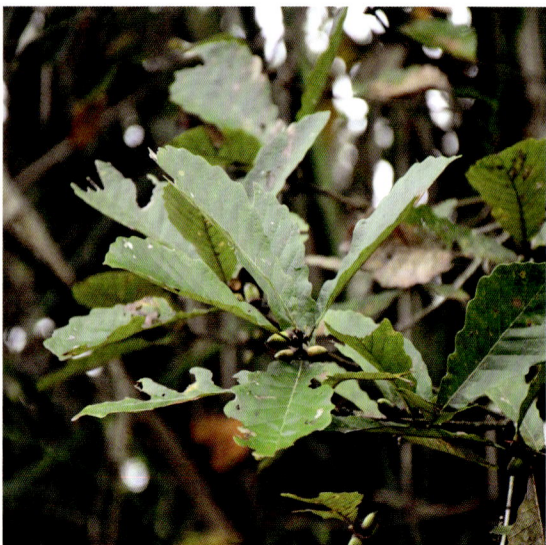

槲栎

Quercus aliena Blume

形态特征　落叶乔木。树皮暗灰色，深纵裂。小枝灰褐色，近无毛，具圆形淡褐色皮孔。叶片长椭圆状倒卵形至倒卵形，顶端微钝或短渐尖，基部楔形或圆形，叶缘具波状钝齿，叶背被灰棕色细茸毛，侧脉每边 10~15 条；叶柄无毛。雄花单生或数朵簇生于花序轴，微有毛，花被裂；雌花序生于新枝叶腋；壳斗杯形，小苞片卵状披针形，排列紧密，被灰白色短柔毛。坚果椭圆形至卵形，果脐微突起。

地理分布　陕西、山东、江苏、安徽、浙江、广西、四川、贵州、云南。巫山县五里坡自然保护区、邓家乡、平河乡、五里坡林场、龙溪镇等有分布。

主要用途　观赏。

橿子栎

Quercus baronii Skan

形态特征　半常绿灌木或乔木。小枝幼时被星状柔毛，后渐脱落。叶片卵状披针形，顶端渐尖，基部圆形或宽楔形，叶缘1/3以上有锐锯齿，叶片幼时两面疏被星状微柔毛，叶背中脉有灰黄色长茸毛，后渐脱落，侧脉每边6~7条，纤细，在叶片两面微突起；叶柄被灰黄色茸毛。雄花序轴被茸毛；小苞片钻形，反曲，被灰白色短柔毛。坚果卵形或椭圆形，顶端平或微凹陷，被白色短柔毛；果脐微突起。

地理分布　山西、陕西、甘肃、河南、湖北、四川等。巫山县巫峡镇、五里坡自然保护区、当阳乡有分布。

主要用途　观赏。

麻栎

Quercus acutissima Carruth.

形态特征　落叶乔木。树皮深灰褐色，深纵裂。幼枝被灰黄色柔毛，后渐脱落，老时灰黄色，具淡黄色皮孔。叶片形态多样，通常为长椭圆状披针形，顶端长渐尖，基部圆形或宽楔形，叶缘有刺芒状锯齿，叶片两面同色，幼时被柔毛，老时无毛或叶背面脉上有柔毛，侧脉每边13~18条。雄花序常数个集生于当年生枝下部叶腋，有花1~3朵，花小苞片向外反曲，被灰白色茸毛。坚果卵形或椭圆形，顶端圆形，果脐突起。

地理分布　辽宁、河北、山西、山东、江苏、安徽、浙江、江西、福建、河南、湖北、湖南、广东、海南、广西、四川、贵州、云南等。巫山县大昌镇等有分布。

主要用途　观赏。

曼青冈

Quercus oxyodon Miq.

形态特征　常绿乔木。幼枝被茸毛，不久脱落。叶长椭圆形至长椭圆状披针形，顶端渐尖或尾尖，基部圆或宽楔形，常略偏斜，叶缘有锯齿，中脉在叶面凹陷，在叶背显著凸起，侧脉每边16~24条，叶面绿色，叶背被灰白色或黄白色粉及平伏单毛和分叉毛，不久即脱净。雄花序有疏毛；壳斗杯形，被灰褐色茸毛。坚果卵形至近球形，无毛，或顶端微有毛；果脐微凸起。

地理分布　陕西、浙江、江西、湖北、湖南、广东、广西、四川、贵州、云南、西藏等。印度、尼泊尔、缅甸也有分布。巫山县邓家乡、官阳镇有分布。

主要用途　材用。

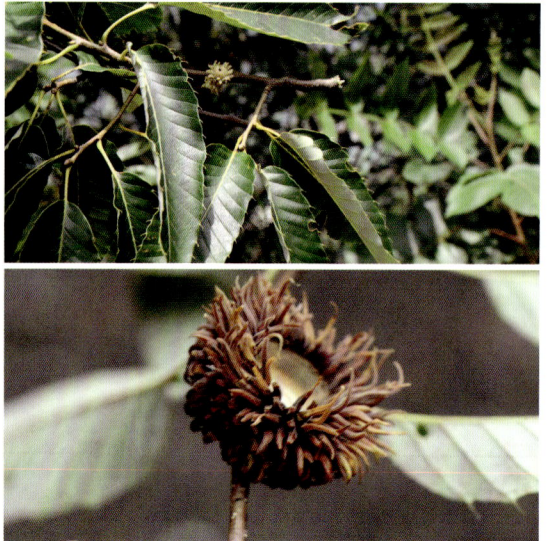

栓皮栎

Quercus variabilis Bl.

形态特征　落叶乔木。树皮黑褐色，深纵裂，木栓层发达。小枝灰棕色，无毛。叶片卵状披针形或长椭圆形，顶端渐尖，基部圆形或宽楔形，叶缘具刺芒状锯齿，叶背密被灰白色星状茸毛，侧脉每边13~18条，直达齿端。雄花序轴密被褐色茸毛，雌花序生于新枝上端叶腋，壳斗杯形；小苞片钻形，反曲，被短毛。坚果近球形或宽卵形，顶端圆，果脐突起。

地理分布　辽宁、河北、甘肃、山东、江苏、安徽、浙江、台湾、河南、湖北、湖南、广东、广西、四川、贵州、云南等。巫山县笃坪乡、抱龙镇、大昌镇、邓家乡、大溪乡、当阳乡、官阳镇等有分布。

主要用途　材用。

细叶青冈

Quercus shennongii C. C. Huang et S. H. Fu

形态特征　常绿乔木。1 年生枝紫棕色，无毛。叶近革质，窄披针形，顶端渐尖，基部楔形，沿叶柄下延，叶片中部以上有芒状疏锯齿，中脉在叶面凹陷，侧脉每边 7~10 条，叶面绿色，无毛，叶背灰绿色被白色粉霜及伏贴柔毛；后渐无毛；叶柄无毛。果序梗成熟时仅有 1 果；壳斗包着坚果大部，外壁被灰白色短柔毛，有 6~9 条环带，下部的环带有裂齿，上部的全缘。坚果宽卵形，除基部外被丝质毛，柱座明显突出。

地理分布　湖北、江西、浙江、安徽、福建、广东、广西、海南、四川、重庆等。巫山县五里坡自然保护区、邓家乡、当阳乡、平河乡有分布。

主要用途　材用。

小叶青冈

Quercus myrsinifolia Blume

形态特征　常绿乔木。小枝无毛，被凸起淡褐色长圆形皮孔。叶卵状披针形或椭圆状披针形，顶端长渐尖或短尾状，基部楔形或近圆形，叶缘中部以上有细锯齿，侧脉每边 9~14 条，常不达叶缘，叶背支脉不明显，叶面绿色，叶背粉白色，干后为暗灰色，无毛；叶柄，无毛；壳斗杯形，壁薄而脆，内壁无毛，外壁被灰白色细柔毛。坚果卵形或椭圆形，无毛，顶端圆；果脐平坦。

地理分布　北自陕西、河南南部，东自福建、台湾，南至广东、广西，西南至四川、贵州、云南等。越南、老挝、日本也有分布。巫山县巫峡镇、平河乡等有分布。

主要用途　园林绿化。

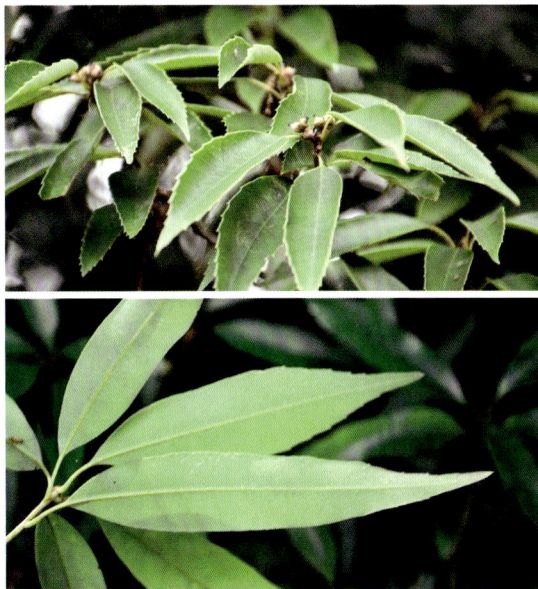

岩栎

Quercus acrodonta Seemen

形态特征 常绿乔木。小枝幼时密被灰黄色短星状茸毛。叶片椭圆状披针形或长倒卵形，顶端短渐尖，基部圆形或近心形，叶片中部以上有刺状疏锯齿，叶背密被灰黄色星状茸毛，侧脉每边7~11条，叶片两面侧脉均不明显；叶柄密被灰黄色茸毛。雄花花序轴纤细，被疏毛，花被近无毛；雌花序生于枝顶叶腋，花序轴被黄色茸毛。壳斗杯形；小苞片椭圆形，覆瓦状排列紧密，除顶端红色无毛外被灰白色茸毛。坚果长椭圆形，顶端被灰黄色茸毛，有宿存花柱；果脐微突起。

地理分布 陕西、甘肃、河南、湖北、四川、贵州和云南等。巫山县两坪乡、五里坡自然保护区、平河乡等有分布。

主要用途 生态保护。

刺叶高山栎

Quercus spinosa David ex Franchet

形态特征 常绿乔木或灌木。小枝幼时被黄色星状毛，后渐脱落。叶面皱褶不平，叶片倒卵形、椭圆形，顶端圆钝，基部圆形或心形，叶缘有刺状锯齿或全缘，幼叶两面被腺状单毛和束毛，老叶仅叶背中脉下段被灰黄色星状毛，其余无毛，中脉、侧脉在叶面均凹陷，中脉"之"字形曲折，侧脉每边4~8条。雄花序轴被疏毛；壳斗杯形，小苞片三角形，排列紧密。坚果卵形至椭圆形。

地理分布 陕西、甘肃、江西、福建、台湾、湖北、四川、贵州、云南等。缅甸也有分布。巫山县五里坡自然保护区、江南自然保护区、梨子坪林场、巫峡镇、平河乡、邓家乡等有分布。

主要用途 生态保护。

匙叶栎

Quercus dolicholepis A. Camus

形态特征　常绿乔木。小枝幼时被灰黄色星状柔毛，后渐脱落。叶革质，叶片倒卵状匙形、倒卵状长椭圆形，顶端圆形或钝尖，基部宽楔形、圆形或心形，叶缘上部有锯齿或全缘，幼叶两面有黄色单毛或束毛，老时叶背有毛或脱落，侧脉每边 7~8 条；叶柄长 4~5 毫米，有茸毛。雄花序长 3~8 厘米，花序轴被苍黄色茸毛。壳斗杯形，包着坚果 2/3~3/4，连小苞片直径约 2 厘米，高约 1 厘米；小苞片线状披针形，长约 5 毫米，赭褐色，被灰白色柔毛，先端向外反曲。坚果卵形至近球形，直径 1.3~1.5 厘米，高 1.2~1.7 厘米，顶端有茸毛，果脐微突起。

地理分布　山西、陕西、甘肃、河南、湖北、四川、贵州、云南等。巫山县梨子坪林场、巫峡镇、邓家乡等地有分布。

主要用途　生态保护。

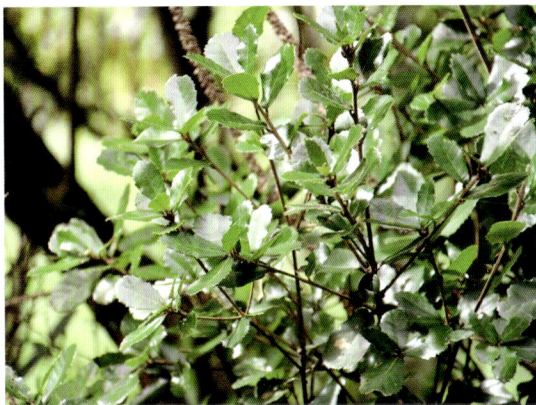

锐齿槲栎

Quercus aliena var. *acutiserrata* Maximowicz ex Wenzig

形态特征　落叶乔木。树皮暗灰色，深纵裂。小枝灰褐色，近无毛。叶缘具粗大锯齿，齿端尖锐，内弯，叶背密被灰色细茸毛，叶片形状变异较大。

地理分布　辽宁东南部、河北、山西、陕西、甘肃、山东、江苏、安徽、浙江、江西、台湾、河南、湖北、湖南、广东、广西、四川、贵州、云南等。巫山县官阳镇、当阳乡、五里坡自然保护区、笃坪乡、官渡镇等有分布。

主要用途　材用。

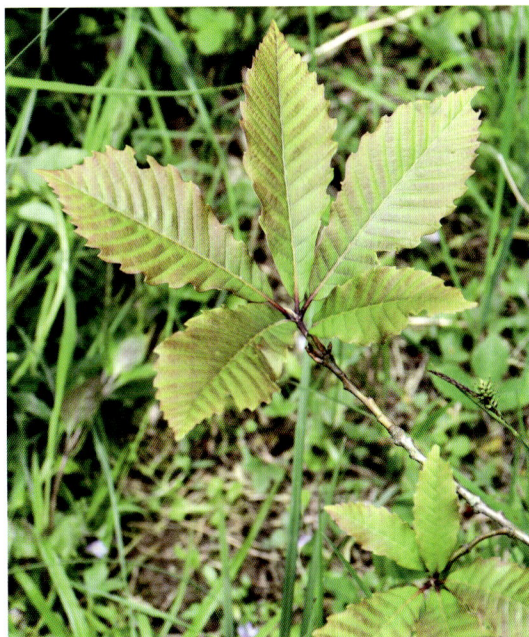

米心水青冈

Fagus engleriana Seem.

主要用途 材用。

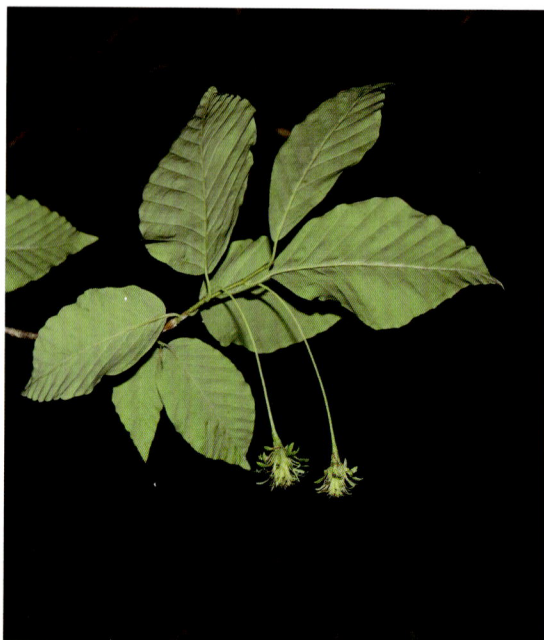

形态特征 落叶乔木。小枝的皮孔近圆形。叶菱状卵形，稀较小或更大，顶部短尖，基部宽楔形或近于圆，常一侧略短，叶缘波浪状，侧脉每边 9~14 条，在叶缘附近急向上弯并与上一侧脉连结，新生嫩叶的中脉被有光泽的长伏毛，结果期的叶几无毛或仅叶背沿中脉两侧有稀疏长毛。果梗无毛；壳斗位于壳壁下部的小苞片狭倒披针形，叶状，绿色，有中脉及支脉，无毛；位于上部的线状而弯钩，被毛。

地理分布 秦岭以南、五岭北坡以北星散分布。巫山县五里坡林场、飞播林场有分布。

苦木

Picrasma quassioides (D. Don) Benn.

形态特征 落叶乔木。树皮紫褐色，平滑，有灰色斑纹。叶互生，奇数羽状复叶，卵状披针形或广卵形，边缘具不整齐的粗锯齿，先端渐尖，基部楔形，除顶生叶外，其余小叶基部均不对称，叶面无毛，背面仅幼时沿中脉和侧脉有柔毛，后变无毛。花雌雄异株，组成腋生复聚伞花序，花序轴密被黄褐色微柔毛；萼片小，卵形或长卵形，外面被黄褐色微柔毛，覆瓦状排列；花瓣与萼片同数，卵形或阔卵形，两面中脉附近有微柔毛；雌花中雄蕊短于花瓣。核果成熟后蓝绿色，种皮薄，萼宿存。

地理分布 黄河流域及其以南各地。印度北部、不丹、尼泊尔、朝鲜和日本也有分布。巫山县五里坡自然保护区、当阳乡有分布。

主要用途 观赏。

水青树

Tetracentron sinense Oliv.

形态特征　落叶乔木。全株无毛。树皮灰褐色或灰棕色而略带红色，片状脱落。叶片卵状心形，顶端渐尖，基部心形，边缘具细锯齿，齿端具腺点，两面无毛，背面略被白霜，掌状脉，近缘边形成不明显的网络。花小，呈穗状花序，花序下垂，着生于短枝顶端，多花；花被淡绿色或黄绿色。果长圆形，棕色，沿背缝线开裂。种子条形。

地理分布　云南西北和东北部、龙陵、凤庆、景东、文山、金平，甘肃，陕西，湖北，湖南，四川，贵州等。尼泊尔、缅甸、越南也有分布。巫山县江南保护区、梨子坪林场、邓家乡有分布。

主要用途　观赏。

珙桐

Davidia involucrata Baill.

形态特征　落叶乔木。树皮深褐色。叶纸质，互生，无托叶，常密集于幼枝顶端，阔卵形或近圆形，基部心脏形或深心脏形，边缘有三角形而尖端锐尖的粗锯齿，上面亮绿色。两性花与雄花同株，由多数的雄花与1个雌花或两性花组成近球形的头状花序，两性花位于花序的顶端，雄花环绕于其周围，苞片纸质，初淡绿色，继变为乳白色，后变为棕黄色而脱落。雄花无花萼及花瓣，花丝纤细，无毛，花药椭圆形，紫色。果为长卵圆形核果，紫绿色具黄色斑点，外果皮很薄，中果皮肉质，内果皮骨质具沟纹；果梗粗壮，圆柱形。

地理分布　湖北西部、湖南西部、四川、贵州和云南的北部。巫山县五里坡自然保护区有分布。

主要用途　观赏。

光叶珙桐

Davidia involucrata var. *vilmoriniana* (Dode) Wanger.

形态特征 落叶乔木。树皮深灰色或深褐色，常裂成不规则的薄片而脱落。叶纸质，互生，无托叶，常密集于幼枝顶端，阔卵形或近圆形，叶下面常无毛或幼时叶脉上被很稀疏的短柔毛及粗毛，有时下面被白霜。两性花与雄花同株。

地理分布 湖北西部、四川、贵州等，常与珙桐混生。巫山县五里坡自然保护区、当阳乡、官阳镇、平河乡等有分布。

主要用途 观赏。

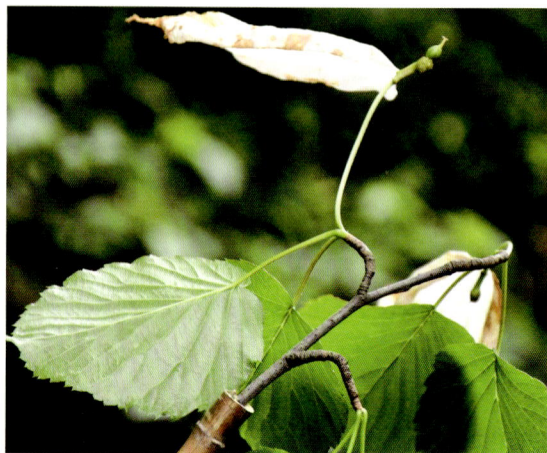

喜树

Camptotheca acuminata Decne.

形态特征 落叶乔木。树皮灰色或浅灰色，纵裂成浅沟状。小枝圆柱形，平展。叶互生，纸质，矩圆状卵形或矩圆状椭圆形，顶端短锐尖，基部近圆形或阔楔形，全缘，上面亮绿色，幼时脉上有短柔毛，其后无毛，下面淡绿色，疏生短柔毛，叶脉上更密。头状花序近球形，顶生或腋生，通常上部为雌花序，下部为雄花序，总花梗圆柱形，幼时有微柔毛，其后无毛；花杂性，同株；花瓣淡绿色，矩圆形或矩圆状卵形，顶端锐尖，外面密被短柔毛，早落。翅果矩圆形，顶端具宿存的花盘，两侧具窄翅，幼时绿色，干燥后黄褐色，着生成近球形的头状果序。

地理分布 江苏南部、浙江、福建、江西、湖北、湖南、四川、贵州、广东、广西、云南等，在四川西部成都平原和江西东南部均较常见。巫山县官阳镇、曲尺乡、龙溪镇等有引种栽培。

主要用途 观赏；树根可药用。

连香树

Cercidiphyllum japonicum Sieb. et Zucc.

形态特征　落叶大乔木。树皮灰色或棕灰色。小枝无毛，短枝在长枝上对生。叶生短枝上的近圆形、宽卵形或心形，生长枝上的椭圆形或三角形，先端圆钝或急尖，基部心形或截形，边缘有圆钝锯齿，先端具腺体，两面无毛，下面灰绿色带粉霜，掌状脉条直达边缘。雄花近无梗；苞片在花期红色，膜质，卵形；雌花 2~6（8）朵，丛生。蓇葖果荚果状，褐色或黑色，微弯曲，先端渐细。种子扁平四角形，褐色，先端有透明翅。

地理分布　山西西南部、河南、陕西、甘肃、安徽、浙江、江西、湖北、四川。日本也有分布。巫山县五里坡自然保护区、当阳乡、梨子坪林场有分布。

主要用途　观赏。

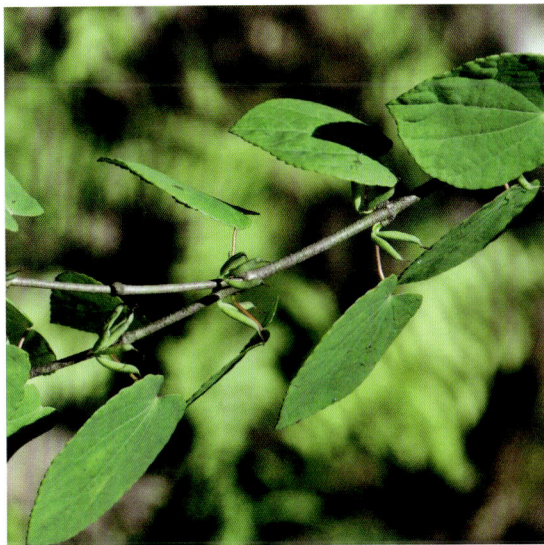

楝

Melia azedarach L.

形态特征　落叶乔木。树皮灰褐色，纵裂。叶为二至三回奇数羽状复叶；小叶对生，卵形、椭圆形至披针形，顶生一片通常略大，先端短渐尖，基部楔形或宽楔形，多少偏斜，边缘有钝锯齿，幼时被星状毛，后两面均无毛。圆锥花序约与叶等长，无毛或幼时被鳞片状短柔毛；花芳香，花瓣淡紫色，倒卵状匙形，两面均被微柔毛，通常外面较密。核果球形至椭圆形，内果皮木质。种子椭圆形。

地理分布　我国黄河以南各地。巫山县有引种栽培，在大昌镇、曲尺乡、大溪乡等有分布。

主要用途　观赏；木材是家具、建筑等良好用材；鲜叶可灭钉螺和作农药；根皮可驱蛔虫和钩虫；果核仁油可供制油漆、润滑油和肥皂。

香椿
Toona sinensis (A. Juss.) Roem.

形态特征 落叶乔木。树皮粗糙，深褐色，片状脱落。叶具长柄，偶数羽状复叶；小叶对生或互生，纸质，卵状披针形或卵状长椭圆形，先端尾尖，基部一侧圆形，另一侧楔形，不对称，边全缘或有疏离的小锯齿，两面均无毛，无斑点，背面常呈粉绿色。圆锥花序，花具短花梗；花瓣，白色，长圆形，无毛。蒴果狭椭圆形，深褐色，有小而苍白色的皮孔，果瓣薄。种子基部通常钝，上端有膜质的长翅，下端无翅。

地理分布 华北、华东、中部、南部和西南各地。全国各地广泛栽培。朝鲜也有分布。巫山县广泛引种栽培；在抱龙镇、大昌镇、平河乡、笃坪乡、大溪乡、巫峡镇、福田镇、双龙镇等有分布。

主要用途 食用；材用；常见四旁树种。

来江藤
Brandisia hancei Hook. f.

形态特征 攀缘灌木。全体密被锈黄色星状茸毛，枝及叶上面逐渐变无毛。叶片卵状披针形，顶端锐尖头，基部近心脏形，稀圆形，全缘，很少具锯齿；叶柄短，有锈色茸毛。花单生于叶腋，花梗中上部有对披针形小苞片，均有毛；萼钟形，外面密生锈黄色星状茸毛，内面密生绢毛；花冠橙红色，外面有星状茸毛，上唇宽大，裂片三角形，下唇裂片舌状。蒴果卵圆形，略扁平，有短喙，具星状毛。

地理分布 华中、西南、华南各地。巫山县五里坡自然保护区、大昌镇、平河乡有分布。

主要用途 可入药，祛风利湿、清热解毒，主治风湿筋骨痛、浮肿、泻痢、黄疸、痨伤吐血、骨髓炎、骨膜炎、疮疖。

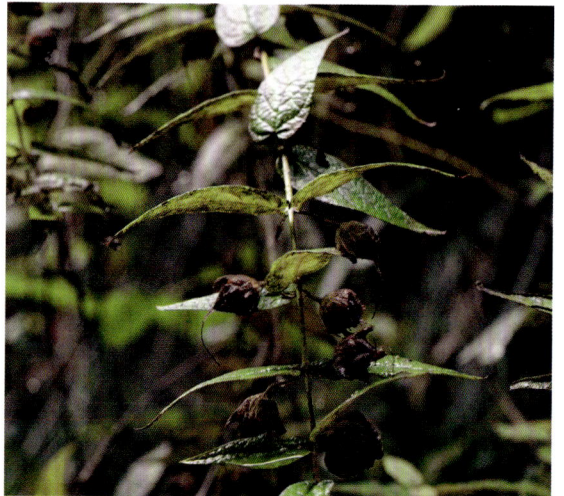

领春木

Euptelea pleiosperma J. D. Hooker & Thomson

形态特征　落叶灌木或小乔木。树皮紫黑色或棕灰色。小枝无毛，紫黑色或灰色。芽卵形，鳞片深褐色，光亮。叶纸质，卵形或近圆形，少数椭圆卵形或椭圆披针形，基部楔形或宽楔形，边缘疏生顶端加厚的锯齿，下部或近基部全缘，上面无毛或散生柔毛后脱落，仅在脉上残存，下面无毛或脉上有伏毛，脉腋具丛毛，侧脉6~11对。花丛生；花药红色，比花丝长。翅果棕色。种子卵形，黑色。

地理分布　河北（武安）、山西（阳城）、河南（伏牛山）、陕西、甘肃、浙江（天目山）、湖北、四川、云南、西藏。巫山县五里坡自然保护区、江南自然保护区、邓家乡、当阳乡、官阳镇等有分布。

主要用途　观赏。

马桑

Coriaria nepalensi Wall.

形态特征　落叶灌木。老枝紫褐色，具显著圆形突起的皮孔。叶对生，纸质至薄革质，椭圆形或阔椭圆形，先端急尖，基部圆形，全缘，两面无毛或沿脉上疏被毛，基出3脉，弧形伸至顶端，在叶面微凹，叶背突起；叶短柄，疏被毛，紫色，基部具垫状突起物。雄花序先叶开放，多花密集，序轴被腺状微柔毛；花瓣极小，卵形，里面龙骨状；花丝线形，开花时伸长，花药长圆形；雌花序与叶同出；花瓣肉质，较小，龙骨状。果球形，成熟时由红色变紫黑色，种子卵状长圆形。

地理分布　云南、贵州、四川、湖北、陕西、甘肃、西藏。巫山县大昌镇、平河乡、当阳乡、福田镇等有分布。

主要用途　观赏。

粗齿铁线莲

Clematis grandidentat (Rehder & E. H. Wilson) W. T. Wang

形态特征　落叶木质藤本。小枝密生白色短柔毛，老时外皮剥落。一回羽状复叶，有时茎端为三出叶；小叶片卵形或椭圆状卵形，顶端渐尖，基部宽楔形，边缘有粗大锯齿状牙齿，上面疏生短柔毛，下面密生白色短柔毛。腋生聚伞花序，或成顶生圆锥状聚伞花序多花；萼片开展，白色，近长圆形，顶端钝，两面有短柔毛，内面较疏至近无毛；雄蕊无毛。瘦果扁卵圆形，有柔毛。

地理分布　云南、贵州、四川、重庆、甘肃、陕西、安徽、浙江、河北、山西。巫山县当阳乡、建平乡、平河乡有分布。

主要用途　根药用，能行气活血、祛风湿、止痛，主治风湿筋骨痛等症；茎藤药用，能杀虫解毒，主治虫疮久烂等症。

小木通

Clematis armandii Franch.

形态特征　落叶木质藤本。茎圆柱形，有纵条纹，小枝有棱，有白色短柔毛，后脱落。三出复叶；小叶片革质，卵状披针形、长椭圆状卵形至卵形，顶端渐尖，基部圆形、心形或宽楔形，全缘，两面无毛。聚伞花序或圆锥状聚伞花序，腋生或顶生；萼片开展，白色，偶带淡红色，长圆形或长椭圆形，外面边缘密生短茸毛至稀疏，雄蕊无毛。瘦果扁，卵形至椭圆形，疏生柔毛，宿存花柱有白色长柔毛。

地理分布　西藏、云南、贵州、四川、甘肃、陕西、湖北、湖南、广东、广西、福建西南部。巫山县建平乡、平河乡有分布。

主要用途　药用，藤茎能利尿消肿、通经下乳。

绣球藤

Clematis montana Buch.-Ham. ex DC.

形态特征 落叶木质藤本。茎圆柱形，有纵条纹。小枝有短柔毛，后变无毛；老时外皮剥落。三出复叶，数叶与花簇生，或对生；小叶片卵形、宽卵形至椭圆形，边缘缺刻状锯齿由多而锐至粗而钝，顶端裂或不明显，两面疏生短柔毛，有时下面较密。萼片开展，白色或外面带淡红色，长圆状倒卵形至倒卵形，外面疏生短柔毛，内面无毛；雄蕊无毛。瘦果扁，卵形或卵圆形，无毛。

地理分布 西藏南部、云南、贵州、四川、江西、福建北部、台湾、安徽南部等。尼泊尔、印度也有分布。巫山县官阳镇、五里坡林场有分布。

主要用途 观赏；入药。

城口猕猴桃

Actinidia chengkouensi C. Y. Chan

形态特征 中型落叶藤本。隔年枝灰褐色，有残存的硬毛，皮孔不显著，几不可见，均密被黄褐色或红褐色长硬毛。髓褐色，片层状。叶纸质，团扇状倒卵形，顶端截平并稍凹陷，基部截平状浅心形，边缘具睫状小齿，腹面遍被小糙伏毛。花白色，萼片长方卵形，内外面均被黄褐色茸毛；花瓣倒卵形；花药黄色，正后面观箭头状卵形。幼果球形或球状卵珠形，密被泥黄色长硬毛，宿存花柱红褐色，宿存萼片外反。成熟果未见。

地理分布 重庆东部巫山、巫溪和城口，陕西岚皋，湖北巴东等。巫山县邓家乡、江南自然保护区有分布。

主要用途 食用。

革叶猕猴桃

Actinidia rubricaulis var. *coriacea* (Fin. & Gagn.) C. F. Liang

形态特征　木质藤本。叶革质，倒披针形，顶端急尖，上部有若干粗大锯齿。花红色。果具有斑点。

地理分布　四川、贵州、云南、广西西北部、湖南西部、湖北西部等。巫山县龙溪乡有分布。

主要用途　观赏。

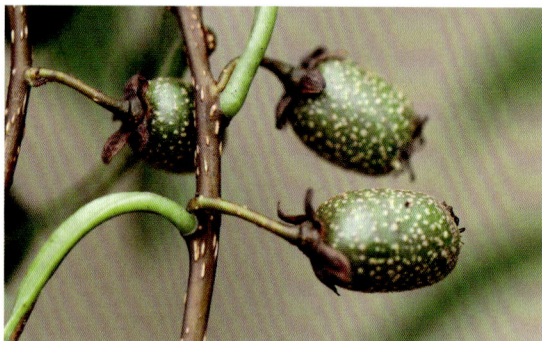

葛枣猕猴桃

Actinidia polygama (Sieb. et Zucc.) Maxim.

形态特征　大型落叶藤本。髓白色，实心。叶膜质至薄纸质，椭圆卵形，顶端急渐尖至渐尖，基部圆形或阔楔形，边缘有细锯齿，腹面绿色，散生少数小刺毛，叶脉比较发达，在背面呈圆线形，侧脉其上段常分叉。花柄被微茸毛；花白色，芳香；萼片卵形至长方卵形，两面薄被微茸毛或近无毛。花瓣片，倒卵形至长方倒卵形；花丝线形，花药黄色，卵形箭头状。果成熟时淡橘色，卵珠形或柱状卵珠形，无毛，无斑点，顶端有喙，基部有宿存萼片。

地理分布　黑龙江、吉林、辽宁、甘肃、河南、山东、湖北、四川、云南、贵州等。俄罗斯、朝鲜也有分布。巫山县当阳乡有分布。

主要用途　食用。

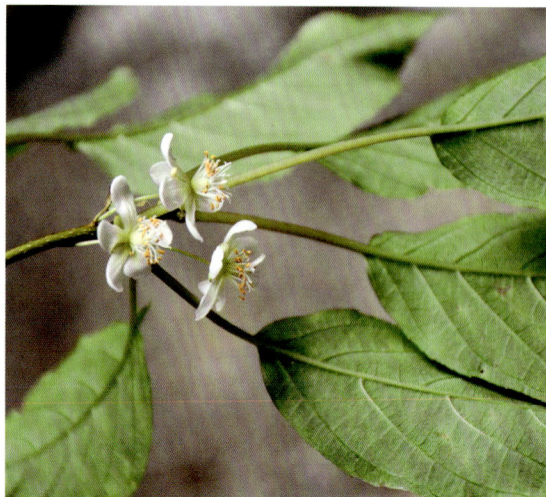

狗枣狝猴桃

Actinidia kolomikta (Maxim. et Rupr.) Maxim.

形态特征　大型落叶藤本。小枝紫褐色，有较显著的带黄色的皮孔。髓褐色，片层状。叶膜质或薄纸质，阔卵形、长方卵形至长方倒卵形，顶端急尖至短渐尖，基部心形，边缘有单锯齿或重锯齿，上部往往变为白色，后渐变为紫红色，两面近洁净或沿中脉及侧脉略被一些尘埃状柔毛，腹面散生软弱的小刺毛，叶脉不发达，近扁平状。聚伞花序，雄性的有花朵，雌性的通常花单生，花序柄纤弱，被黄褐色微茸毛；花白色或粉红色，芳香；花瓣长方倒卵形；花丝丝状，花药黄色，长方箭头状。果熟时花萼脱落。

地理分布　黑龙江、吉林、辽宁、河北、四川、云南等地。巫山县邓家乡有分布。

主要用途　食用。

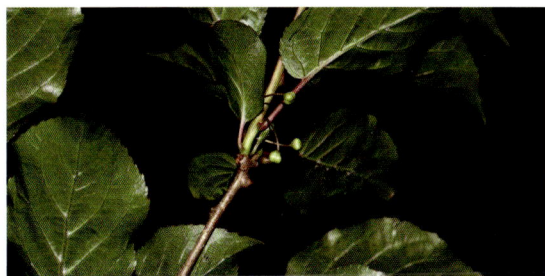

京梨狝猴桃

Actinidia callosa var. *henryi* Maxim.

形态特征　大型落叶藤本。着花小枝洁净无毛，个别有极少量硬毛，皮孔相当显著。髓淡褐色，片层状或实心。小枝较坚硬，干后土黄色，洁净无毛。叶卵形或卵状椭圆形至倒卵形，边缘锯齿细小，背面脉腋上有髯毛。果乳头状至矩圆柱状。

地理分布　长江以南各地。四川、重庆、湖北、湖南等地最盛，华东较少，甘肃、陕西也有少量分布。巫山当阳乡有分布。

主要用途　食用。

毛蕊猕猴桃

Actinidia trichogyna Franch.

形态特征　中型落叶藤本。着花小枝洁净无毛，芽体被锈色茸毛，皮孔不显著至较显著。叶纸质至软革质（成熟叶），卵形至长卵形，顶端急尖至渐尖，基部钝形至圆形乃至浅心形，两侧基本对称或稍不对称，边缘有小锯齿，腹面绿色，背面粉绿色，两面完全无毛。花序 1~3 花，洁净无毛，花序柄短；花白色，萼片 5 片，长圆形，外面的边缘部分和内面全部薄被灰黄色短茸毛；花瓣 5 片，倒卵形，基本平展；花丝丝状，花药黄色，长圆形。果成熟时暗绿色，秃净具褐色斑点，近球形、卵珠形或柱状长圆形；果大多数单生，少数一序 2 果甚至有 3 果的。

地理分布　重庆巫溪、巫山、城口，湖北利川、鹤峰，江西黎川、景德镇等地。

主要用途　食用。

美味猕猴桃

Actinidia chinensis var. *deliciosa* (A. Chevalier) A. Chevalier

形态特征　大型落叶藤本。花枝多数较长，被黄褐色长硬毛，毛落后仍可见到硬毛残迹。叶倒阔卵形至倒卵形，顶端常具突尖，叶柄被黄褐色长硬毛。花较大；子房被刷毛状糙毛。果近球形、圆柱形或倒卵形，被常分裂为 2~3 数束状的刺毛状长硬毛。

地理分布　甘肃（天水）、陕西（秦岭）、四川、重庆、贵州、云南、河南、湖北、湖南、广西（北部）等。巫山县邓家乡有分布。

主要用途　食用。

| 猕猴桃科 | Actinidiaceae | | 猕猴桃属 *Actinidia* |

中华猕猴桃

Actinidia chinensis Planch.

形态特征 大型落叶藤本。髓白色至淡褐色，片层状。叶纸质，倒阔卵形至倒卵形，顶端截平并中间凹入或具突尖、急尖至短渐尖，基部钝圆形，边缘具脉出的直伸睫状小齿，腹面深绿色，背面苍绿色，密被灰白色或淡褐色星状茸毛；叶柄被灰白色茸毛或黄褐色长硬毛或铁锈色硬毛状刺毛。聚伞花序，花初放时白色，放后变淡黄色，有香气，花瓣阔倒卵形，有短距，雄蕊极多，花丝狭条形，花药黄色，长圆形。果黄褐色，近球形、倒卵形或椭圆形，被茸毛、长硬毛或刺毛状长硬毛，成熟时秃净或不秃净，具小而多的淡褐色斑点；宿存萼片反折。

地理分布 原产于我国。广泛分布于长江流域。日本、法国等也有栽培。巫山县笃坪乡、五里坡林场、官阳镇、两坪乡、平河乡、曲尺乡等有分布。

主要用途 食用。

| 猕猴桃科 | Actinidiaceae | | 藤山柳属 *Clematoclethra* |

猕猴桃藤山柳

Clematoclethra scandens subsp. *actinidioides* (Maximowicz) Y. C. Tang & Q. Y. Xiang

形态特征 木质藤本。小枝无毛或被微柔毛。叶卵形或椭圆形，先端渐尖，基部宽楔形或微心形，具睫毛状细齿，稀全缘，上面无毛，下面无毛或脉腋具髯毛；叶柄无毛或稍被柔毛。花序具单花，花序梗被微柔毛；小苞片披针形，花白色；萼片倒卵形，无毛或稍被柔毛。果近球形，熟时紫红色至黑色。

地理分布 陕西、甘肃、四川、重庆等。巫山县五里坡自然保护区有分布。

主要用途 科研。

荷花木兰

Magnolia grandiflora L.

形态特征　常绿乔木。树皮淡褐色或灰色，薄鳞片状开裂。小枝粗壮，具横隔的髓心；小枝、芽、叶下面，叶柄、均密被褐色或灰褐色短茸毛。叶厚革质，椭圆形、长圆状椭圆形先端钝或短钝尖，基部楔形，叶面深绿色，有光泽；叶柄无托叶痕，具深沟。花白色，有芳香，花丝扁平，紫色，花药内向，药隔伸出成短尖。聚合果圆柱状长圆形或卵圆形，密被褐色或淡灰黄色茸毛。种子近卵圆形或卵形，外种皮红色。

地理分布　原产北美洲东南部。我国长江流域以南有栽培。本种广泛栽培，超过150个栽培品系。巫山县巫峡镇有分布。

主要用途　观赏。

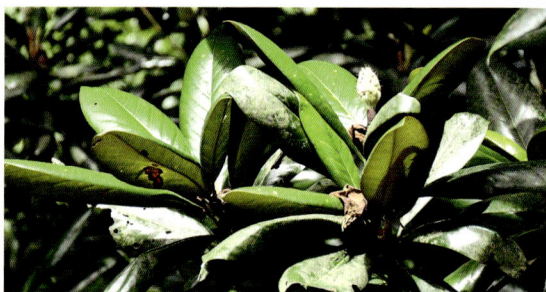

鹅掌楸

Liriodendron chinense (Hemsl.) Sarg.

形态特征　落叶乔木。小枝灰色或灰褐色。叶马褂状，近基部每边具侧裂片，先端具浅裂，下面苍白色。花杯状，花被片，外轮片绿色，萼片状，向外弯垂，内两轮片，花瓣状、倒卵形、绿色，具黄色纵条纹。

地理分布　陕西（镇巴）、安徽（歙县、休宁）、浙江（龙泉）、江西（庐山）、福建（武夷山）、湖北（房县、巴东）、湖南（桑植）、广西（融水、临桂）、四川（万源、叙永、古蔺）、重庆（秀山、万州）、贵州（绥阳）、云南（彝良、大关）。越南北部也有分布。巫山县梨子坪林场有引种栽培。

主要用途　观赏；木材是建筑、家具的优良用材，亦可制胶合板；叶和树皮入药。

含笑花

Michelia figo (Lour.) Spreng.

形态特征　常绿灌木。树皮灰褐色。芽、嫩枝，叶柄，花梗均密被黄褐色茸毛。叶革质，狭椭圆形或倒卵状椭圆形，先端钝短尖，基部楔形或阔楔形，上面有光泽，无毛，下面中脉上留有褐色平伏毛，余脱落无毛。花直立，淡黄色而边缘有时红色或紫色，具甜浓的芳香，花被片，肉质，较肥厚，长椭圆形。菁葖卵圆形或球形，顶端有短尖的喙。

地理分布　原产华南南部各地，广东鼎湖山有野生，现广植于全国各地，在长江流域各地需在温室越冬。巫山县渝东珍稀植物园有引种栽培。

主要用途　观赏。

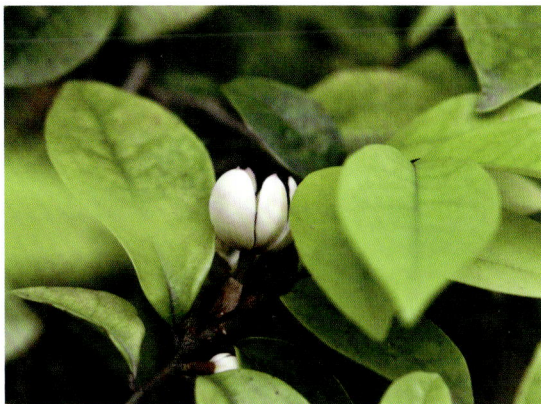

厚朴

Houpoea officinalis (Rehder & E. H. Wilson) N. H. Xia & C. Y. Wu

形态特征　落叶乔木。树皮厚，褐色，不开裂。小枝粗壮，淡黄色或灰黄色，幼时有绢毛。叶大，近革质，7~9 片聚生于枝端，长圆状倒卵形，先端具短急尖或圆钝，基部楔形，全缘而微波状，上面绿色，无毛，下面灰绿色，被灰色柔毛，有白粉。花白色，芳香；花梗粗短，被长柔毛，花被片9~12（17），厚肉质，外轮 3 片淡绿色，长圆状倒卵形，盛开时常向外反卷，内两轮白色，倒卵状匙形，基部具爪，花盛开时中内轮直立；花丝红色。聚合果长圆状卵圆形。种子三角状倒卵形。

地理分布　陕西、甘肃、河南（商城、新县）、湖北、湖南、四川、贵州、广西、江西庐山及浙江。巫山县官阳镇、当阳镇、平河乡等有引种栽培。

主要用途　观赏；药用。

武当玉兰

Yulania sprengeri (Pampanini) D. L. Fu

形态特征 落叶乔木。树皮淡灰褐色或黑褐色，老干皮具纵裂沟呈小块片状脱落。小枝淡黄褐色，后变灰色，无毛。叶倒卵形，先端急尖或急短渐尖，基部楔形，上面仅沿中脉及侧脉疏被平伏柔毛，下面初被平伏细柔毛；托叶痕细小。花蕾直立，被淡灰黄色绢毛，花先叶开放，杯状，有芳香，花被片12（14），外面玫瑰红色，有深紫色纵纹，倒卵状匙形或匙形，花丝紫红色，宽扁。聚合果圆柱形；蓇葖扁圆，成熟时褐色。

地理分布 陕西（略阳、留坝）、甘肃、河南西、湖北、湖南（桑植）、重庆。巫山县五里坡自然保护区、梨子坪林场有分布。

主要用途 观赏。

玉兰

Yulania denudata ((Desr.) D. L. Fu

形态特征 落叶乔木。树皮深灰色，粗糙开裂。小枝稍粗壮，灰褐色。叶纸质，倒卵形、宽倒卵形或、倒卵状椭圆形，基部徒长枝叶椭圆形，先端宽圆、平截或稍凹，具短突尖，中部以下渐狭成楔形，叶上面深绿色，嫩时被柔毛，后仅中脉及侧脉留有柔毛，下面淡绿色，沿脉上被柔毛，网脉明显；叶柄被柔毛，上面具狭纵沟。蕾卵圆形，花先叶开放，直立，芳香；花梗显著膨大，密被淡黄色长绢毛；花被片白色，基部常带粉红色，长圆状倒卵形。种子心形，侧扁，外种皮红色，内种皮黑色。

地理分布 江西（庐山）、浙江（天目山）、湖南（衡山）、贵州。巫山县红椿乡、骡坪镇、巫峡镇、两坪乡等有引种栽培。

主要用途 观赏；木材供家具、图板、细木工等用；花蕾入药与"辛夷"功效相同；花含芳香油，可提取配制香精或制浸膏；花被片食用或用以熏茶；种子榨油供工业用。

紫玉兰

Yulania liliiflora (Desr.) D. L. Fu

形态特征　落叶灌木。常丛生。树皮灰褐色。小枝绿紫色或淡褐紫色。叶椭圆状倒卵形或倒卵形，先端急尖或渐尖，基部渐狭沿叶柄下延至托叶痕，上面深绿色，幼嫩时疏生短柔毛，下面灰绿色，沿脉有短柔毛。花蕾卵圆形，被淡黄色绢毛；花叶同时开放，直立于粗壮、被毛的花梗上，稍有香气；花被片 9~12，外轮 3 片萼片状，紫绿色，披针形常早落，内两轮肉质，外面紫色或紫红色，内面带白色，花瓣状，椭圆状倒卵形。聚合果深紫褐色，变褐色，圆柱形；成熟蓇葖近圆球形，顶端具短喙。

地理分布　福建、湖北、四川、云南西北部。巫山有引种栽培。

主要用途　观赏。

八月瓜

Holboellia latifolia Wall.

形态特征　常绿木质藤本。茎与枝具明显的线纹。掌状复叶，叶柄稍纤细。小叶近革质，卵形、卵状长圆形、狭披针形或线状披针形，先端渐尖或尾状渐尖，基部圆或阔楔形，有时近截平，上面暗绿色，有光泽，下面淡绿色。花数朵组成伞房花序式的总状花序；雄花绿白色，外轮萼片长圆形，先端钝，内轮的较狭，长圆状披针形，先端急尖；花瓣极小，倒卵形；花丝线形，稍粗；雌花紫色，外轮萼片卵状长圆形，内轮的较狭和较短；花瓣小。果为不规则的长圆形或椭圆形，熟时红紫色。种子多数，倒卵形，种皮褐色。

地理分布　四川（宝兴）。巫山县当阳乡、官阳镇、竹贤乡等有分布。

主要用途　根药用，治跌打损伤、风湿骨痛；果治疝气、子宫脱垂，可食用。

猫儿屎

Decaisnea insignis (Griffith) J. D. Hooker et Thomsonl

形态特征　直立落叶灌木。茎有圆形或椭圆形的皮孔。枝粗而脆，易断，渐变黄色，有粗大的髓部。羽状复叶，小叶膜质，卵形至卵状长圆形，先端渐尖或尾状渐尖，基部圆或阔楔形，上面无毛，下面青白色，初时被粉末状短柔毛，渐变无毛。总状花序腋生，或数个再复合为疏松、下垂顶生的圆锥花序。果下垂，圆柱形，蓝色。种子倒卵形，黑色，扁平。

地理分布　我国西南部至中部地区。喜马拉雅山脉地区也有分布。巫山县官阳镇、五里坡自然保护区、笃坪乡、当阳乡、骡坪镇、梨子坪林场等有分布。

主要用途　果皮含橡胶，可制橡胶用品；果肉可食，亦可酿酒；种子可榨油；根和果药用，有清热解毒之效，可治疝气。

白木通

Akebia trifoliate subsp. *australis* (Diels) T. Shimizu

形态特征　半常绿木质藤本。小叶革质，卵状长圆形或卵形，先端狭圆，顶微凹入而具小凸尖，基部圆形、阔楔形、截平或心形，通常全缘，有时略具少数不规则的浅缺刻。总状花序腋生或生于短枝上；雄花萼片紫色；雄蕊 6，离生，红色或紫红色，干后褐色或淡褐色；雌花萼片暗紫色；心皮 5~7，紫色；果长圆形，熟时黄褐色。种子卵形，黑褐色。

地理分布　长江流域各地，向北分布至河南、山西和陕西。巫山各乡镇均有分布。

主要用途　果可食和药用；茎、根可入药，利尿、通乳，有舒筋活络之效，治风湿关节痛。

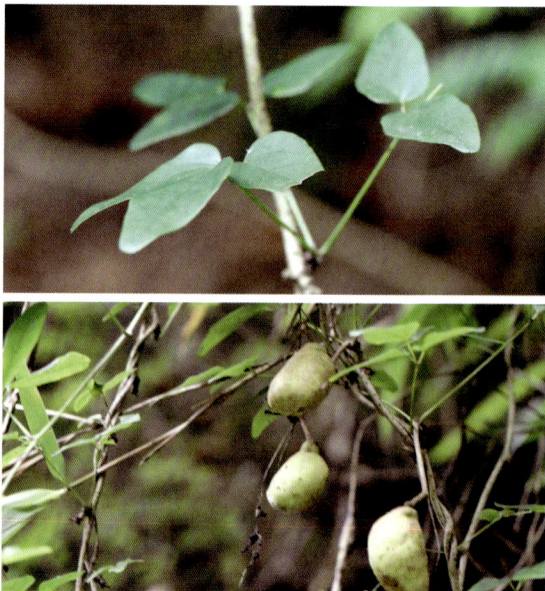

三叶木通

Akebia trifoliata (Thunb.) Koidz.

形态特征 落叶木质藤本。茎皮灰褐色，有稀疏的皮孔及小疣点。掌状复叶互生或在短枝上的簇生；小叶片，纸质或薄革质，卵形至阔卵形，先端通常钝或略凹入，具小凸尖，基部截平或圆形，边缘具波状齿或浅裂，上面深绿色，下面浅绿色。总状花序自短枝上簇生叶中抽出；雄花花梗丝状，萼片3，淡紫色，阔椭圆形；雌花花梗稍较雄花的粗，萼片3，紫褐色，近圆形。果长圆形，成熟时灰白略带淡紫色。种子扁卵形，种皮红褐色或黑褐色，稍有光泽。

地理分布 河北、山西、山东、河南、陕西、甘肃。日本也有分布。巫山县官渡镇、官阳镇、骡坪镇等有分布。

主要用途 根、茎和果均入药，有舒筋活络之效，治风湿关节痛；果可食及酿酒；种子可榨油。

光蜡树

Fraxinus griffithii C. B. Clarke

形态特征 半落叶乔木。树皮灰白色，粗糙，呈薄片状剥落。芽裸露，在枝梢两侧平展，被锈色糠秕状毛。小枝灰白色，稀为棕色，被细短柔毛或无毛，具疣点状凸起的皮孔。羽状复叶，基部略扩大；叶轴具浅沟或平坦；小叶革质或薄革质，干后呈褐色或橄榄绿色，卵形至长卵形，先端斜骤尖至渐尖，基部钝圆、楔形或歪斜不对称，近全缘，叶缘略反卷，上面无毛，光亮，下面具细小腺点。圆锥花序顶生于当年生枝端，伸展，多花；花序梗圆柱形被细柔毛；花梗细，花冠白色，裂片舟形，钝头并卷曲。翅果阔披针状匙形，钝头，翅下延至坚果中部以下，坚果圆柱形。

地理分布 福建、台湾、湖北、海南、四川、云南等地。日本、菲律宾、印度也有分布。巫山县五里坡自然保护区、当阳乡有分布。

主要用途 园林绿化。

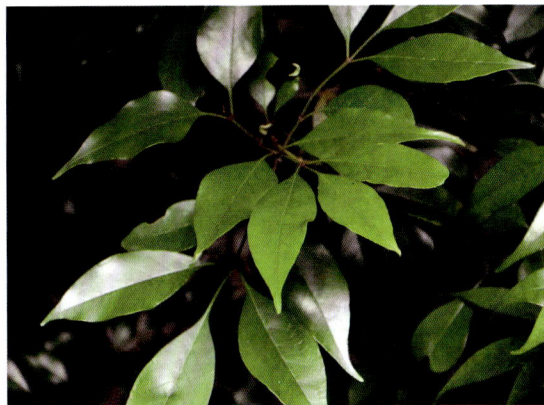

苦枥木

Fraxinus insularis Hemsl.

形态特征　落叶大乔木。树皮灰色，平滑。嫩枝扁平，棕色至褐色，皮孔细小，白色或淡黄色，节膨大。羽状复叶，叶柄基部稍增厚，变黑色；叶轴平坦，具不明显浅沟；小叶嫩时纸质，后期变硬纸质或革质，长圆形或椭圆状披针形，叶缘具浅锯齿，或中部以下近全缘，两面无毛，上面深绿色，下面淡白色，散生微细腺点。圆锥花序生于当年生枝端，顶生及侧生叶腋，分枝细长，多花，叶后开放；花序梗扁平而短，基部有时具叶状苞片；花梗丝状；花芳香；花冠白色，裂片匙形。翅果红色至褐色，长匙形，先端钝圆，微凹头并具短尖，翅下延至坚果上部，坚果近扁平；花萼宿存。

地理分布　长江以南、台湾至西南各地。巫山县巫峡镇、建平乡等有分布。

主要用途　可作建筑、家具等用材；树皮可入药，具有清热燥湿、消炎镇痛等功效，外用治风湿痛。

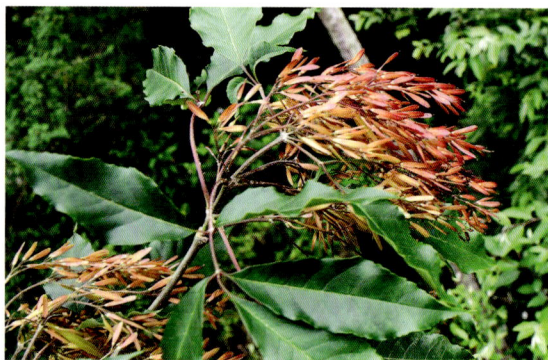

连翘

Forsythia suspensa (Thunb.) Vahl

形态特征　落叶灌木。小枝土黄色或灰褐色，略呈四棱形，疏生皮孔，节间中空，节部具实心髓。叶通常为单叶，或裂至三出复叶，叶片宽卵形至椭圆形，先端锐尖，基部圆形、宽楔形至楔形，叶缘除基部外具锐锯齿或粗锯齿，上面深绿色，下面淡黄绿色，两面无毛；叶柄无毛。花通常单生或至数朵着生于叶腋，先于叶开放；花萼绿色；花冠黄色，裂片倒卵状长圆形或长圆形。果卵球形或长椭圆形，先端喙状渐尖，表面疏生皮孔。

地理分布　河北、山西、陕西、山东、安徽西部、河南、湖北、四川。巫山县、江南自然保护区、当阳乡、竹贤乡有分布。

主要用途　果入药，可清热解毒、消结排脓；药用其叶，可治疗高血压、咽喉痛等病症。

流苏树

Chionanthus retusu Lindl. et Paxt.

形态特征 落叶灌木或乔木。小枝灰褐色，开展，无毛，幼枝褐色，疏被或密被短柔毛。叶片革质或薄革质，长圆形或圆形，先端圆钝，有时凹入或锐尖，基部圆或宽楔形至楔形，稀浅心形，全缘或有小锯齿，叶缘稍反卷，幼时上面沿脉被长柔毛，下面密被或疏被长柔毛，叶缘具睫毛，老时上面沿脉被柔毛，下面沿脉密被长柔毛，稀被疏柔毛。聚伞状圆锥花序，顶生于枝端，近无毛；花单性而雌雄异株或为两性花。果椭圆形，被白粉，呈蓝黑色。

地理分布 甘肃、山西以南至云南、福建、台湾各地。朝鲜、日本也有分布。巫山县巫峡镇有分布。

主要用途 花、嫩叶晒干可代茶，味香；果可榨芳香油；木材可制器具；可作园林观赏植物。

红柄木樨

Osmanthus armatus Diels

形态特征 常绿灌木或乔木。小枝灰白色，稍有皮孔，幼时被柔毛，老时光滑。叶片厚革质，长圆状披针形至椭圆形，先端渐尖，有锐尖头，基部近圆形至浅心形，稀宽楔形，叶缘具硬而尖的刺状牙齿6~10对，稀全缘，两面无毛，仅上面中脉被柔毛，近叶柄处尤密；叶柄短，密被柔毛。聚伞花序簇生于叶腋，花芳香；花冠白色，花冠管与裂片等长。果黑色。

地理分布 四川、湖北等地。巫山县官阳镇、五里坡自然保护区有分布。

主要用途 可作园林观赏植物。

木樨

Osmanthus fragrans (Thunb.) Loureiro

形态特征 常绿乔木或灌木。树皮灰褐色。小枝黄褐色，无毛。叶片革质，椭圆形、长椭圆形或椭圆状披针形，先端渐尖，基部渐狭呈楔形或宽楔形，全缘或通常上半部具细锯齿，两面无毛，腺点在两面连成小水泡状突起。聚伞花序簇生于叶腋，或近于帚状，每腋内有花多朵；苞片宽卵形，质厚，具小尖头，无毛；花梗细弱，无毛；花极芳香；花冠黄色或橘红色。果歪斜，椭圆形，呈紫黑色。

地理分布 原产我国西南部，现各地广泛栽培。巫山县大昌镇、大溪乡、培石乡、曲尺乡、巫峡镇等有分布。

主要用途 花为名贵香料，并作食品香料；为优美的观赏树种。

金桂

Osmanthus fragrans var. *thunbergii* Makino

形态特征 常绿阔叶乔木。树皮灰色，皮孔数量中等。腋芽的芽体较大。叶深绿色，革质，富有光泽；叶片椭圆形，叶面不平整，叶肉凸起；网脉两面均明显；叶尖短尖至长尖；叶基宽楔形，两边常不对称。花冠斜展，裂片微内扣，卵圆形；花黄色。

地理分布 原产于我国西南喜马拉雅山东段。印度、尼泊尔、柬埔寨也有分布。巫山县大溪乡有分布。

主要用途 花为名贵香料，并作食品香料；为优美的观赏树种。

矮探春

Jasminum humile L.

形态特征　落叶灌木或小乔木，有时攀缘。小枝无毛或疏被短柔毛，棱明显。叶互生，复叶；叶柄具沟，无毛或被短柔毛；叶片和小叶片革质或薄革质，无毛或上面疏被短刚毛，下面脉上被短柔毛；小叶片卵形至卵状披针形，或椭圆状披针形至披针形，稀为倒卵形，先端锐尖至尾尖，基部圆形或楔形，全缘，叶缘反卷，有时多少具紧贴的刺状睫毛。伞状、伞房状或圆锥状聚伞花序顶生；稀有苞片，苞片线形；花梗无毛或被微柔毛；花多少芳香；花冠黄色，近漏斗状。果椭圆形或球形，成熟时呈紫黑色。

地理分布　四川西南部、贵州西部、云南、西藏。伊朗、阿富汗、喜马拉雅山区等也有分布。巫山县各乡镇广泛分布。

主要用途　园林观赏。

清香藤

Jasminum lanceolaria Roxburgh

形态特征　大型攀缘灌木。叶对生或近对生，三出复叶，叶柄具沟，小叶片卵形至披针形，先端钝至或尾尖，基部圆形或楔形。复聚伞花序常排列呈圆锥状，顶生或腋生，有花多朵，花芳香，花萼筒状，果时增大，花冠白色，高脚碟状，花柱异长。果球形或椭圆形，黑色，干时呈橘黄色。

地理分布　长江流域以南各地以及台湾、陕西、甘肃。印度至中南半岛北部也有分布。巫山县当阳乡有分布。

主要用途　可入药，主治腰痛、腿痛，具去骨中风寒之效；还可用于风湿痹痛、跌打损伤、头痛、外伤出血、无名毒疮、蛇伤等症。

迎春花

Jasminum nudiflorum Lindl.

形态特征　落叶灌木。直立或匍匐，枝条下垂。枝稍扭曲，光滑无毛，小枝四棱形，棱上多少具狭翼。叶对生，三出复叶，小枝基部常具单叶；叶轴具狭翼，叶柄无毛；叶片和小叶片幼时两面稍被毛，老时仅叶缘具睫毛；小叶片卵形、长卵形或椭圆形，狭椭圆形，稀倒卵形，先端锐尖或钝，具短尖头，基部楔形，叶缘反卷。花单生于去年生小枝的叶腋，稀生于小枝顶端；苞片小叶状，披针形、卵形或椭圆形；花冠黄色。

地理分布　甘肃、陕西、四川、云南西北部、西藏东南部。巫山县铜鼓镇、巫峡镇

等有引种栽培。

主要用途　观赏。

蜡子树

Ligustrum leucanthum (S. Moore) P. S. Green

形态特征　落叶灌木或小乔木。树皮灰褐色。小枝通常呈水平开展，被硬毛、柔毛、短柔毛至无毛。叶片纸质或厚纸质，椭圆形、椭圆状长圆形至狭披针形、宽披针形，或为椭圆状卵形，先端锐尖、短渐尖而具微凸头，或钝，基部楔形、宽楔形至近圆形，上面疏被短柔毛至无毛，或仅沿中脉被短柔毛，下面疏被柔毛或硬毛至无毛，常沿中脉被硬毛或柔毛；叶柄被硬毛、柔毛或无毛。圆锥花序着生于小枝顶端；花序轴被硬毛、柔毛、短柔毛至无毛；花梗被微柔毛或无毛。果近球形至宽长圆形，呈蓝黑色。

地理分布　陕西南部、甘肃南部、江苏、安徽、浙江、江西、福建、湖北、湖南、四川。巫山县笃坪乡、龙溪镇有分布。

主要用途　园林绿化。

丽叶女贞

Ligustrum henryi Hemsley

形态特征 常绿灌木。树皮灰褐色。枝灰色，无毛或被短柔毛，具圆形皮孔，小枝紫红色或褐色，密被锈色或灰色短柔毛，有时具短硬毛。叶片薄革质，宽卵形、椭圆形，先端锐尖至渐尖，或短尾状渐尖，有时圆钝，基部圆形或宽楔形，叶缘平或微反卷，上面光亮，中脉常被极短微柔毛；叶柄被微柔毛或无毛。圆锥花序圆柱形，顶生；花序轴圆柱形或具棱，密被短柔毛；花序基部苞片有时呈小叶状，小苞片呈披针形；花梗极短，无毛；花萼无毛；内藏，柱头微裂。果近肾形，弯曲，呈黑色或紫红色。

地理分布 陕西、甘肃、湖北、湖南、四川、云南。巫山县五里坡自然保护区、当阳乡、官渡镇、平河乡等有分布。

主要用途 园林绿化。

女贞

Ligustrum lucidum Ait.

形态特征 常绿灌木或乔木。树皮灰褐色。枝黄褐色、灰色或紫红色，圆柱形，疏生圆形或长圆形皮孔。叶片常绿，革质，卵形、长卵形或椭圆形至宽椭圆形，先端锐尖至渐尖或钝，基部圆形或近圆形，有时宽楔形或渐狭，叶缘平坦，上面光亮，两面无毛；叶柄上面具沟，无毛。圆锥花序顶生，花序轴及分枝轴无毛，紫色或黄棕色，果时具棱；花无梗或近无梗。果肾形或近肾形，深蓝黑色，成熟时呈红黑色，被白粉。

地理分布 长江以南各地区，向西北分布至陕西、甘肃。朝鲜也有分布。巫山县平河乡、大溪乡、官渡镇、建平乡、骡坪镇、庙宇镇等有引种栽培。

主要用途 种子油可制肥皂；花可提取芳香油；果可供酿酒或制酱油；果入药称女贞子，为强壮剂；叶药用，具有解热镇痛之效。

水蜡树

Ligustrum obtusifolium Sieb. et Zucc.

主要用途　园林绿化。

形态特征　落叶多分枝灌木。树皮暗灰色。小枝淡棕色或棕色，圆柱形，被较密微柔毛或短柔毛。叶片纸质，披针状长椭圆形、长椭圆形，先端钝或锐尖，有时微凹而具微尖头，萌发枝上叶较大，长圆状披针形，两面无毛，稀疏被短柔毛或仅沿下面中脉疏被短柔毛；叶柄无毛或被短柔毛。圆锥花序着生于小枝顶端；花序轴、花梗、花萼均被微柔毛或短柔毛。果近球形或宽椭圆形。

地理分布　黑龙江、辽宁、山东及江苏沿海地区至浙江舟山群岛。巫山县笃坪乡、建平乡等有引种栽培。

金叶女贞

Ligustrum × vicaryi Rehder

形态特征　落叶灌木。叶薄革质，单叶对生，椭圆形或卵状椭圆形，先端尖，基部楔形，全缘；新叶金黄色，老叶黄绿色至绿色。总状花序，花为两性，呈筒状白色小花。核果椭圆形，内含一粒种子，颜色为黑紫色。

地理分布　原产于美国加利福尼亚州。主要分布于华北南部至华东北部及以南的暖温带、北亚热带和中亚热带的广大地区。现各地广为栽培。

主要用途　园林观赏。

小蜡
Ligustrum sinense Lour.

形态特征　落叶灌木或小乔木，小枝圆柱形，幼时被淡黄色短柔毛或柔毛，老时近无毛。叶片纸质或薄革质，卵形、椭圆状卵形，先端锐尖、短渐尖至渐尖，或钝而微凹，基部宽楔形至近圆形，或为楔形，上面深绿色，疏被短柔毛或无毛，或仅沿中脉被短柔毛，下面淡绿色，疏被短柔毛或无毛，常沿中脉被短柔毛；叶柄被短柔毛。圆锥花序顶生或腋生，塔形；花序轴被较密淡黄色短柔毛或柔毛以至近无毛；花梗被短柔毛或无毛；花萼无毛。果近球形。

地理分布　江苏、江西、福建、台湾、湖北、湖南、广东、广西、贵州、四川、云南。越南也有分布。巫山县官阳镇、平河乡有分布。

主要用途　园林绿化。

小叶女贞
Ligustrum quihoui Carr.

主要用途　园林绿化。

形态特征　落叶灌木。叶片薄革质，形状和大小变异较大，披针形、长圆状椭圆形、椭圆形，先端锐尖、钝或微凹，基部狭楔形至楔形，叶缘反卷，上面深绿色，下面淡绿色，常具腺点，两面无毛，稀沿中脉被微柔毛；叶柄无毛或被微柔毛。圆锥花序顶生，近圆柱形。果倒卵形、宽椭圆形或近球形，呈紫黑色。

地理分布　陕西南部、山东、江苏、安徽、浙江、江西、河南、湖北、四川、贵州西北部、云南、西藏察隅。巫山县平河乡、庙宇镇、渝东珍稀植物园等有引种栽培。

宜昌女贞

Ligustrum strongylophyllum Hemsley

形态特征　常绿灌木。树皮灰褐色或灰黑色。枝褐色或灰褐色，圆柱形，被短柔毛或近无毛，疏生皮孔，小枝黄褐色，纤细，圆柱形或稍具棱，密被短柔毛。叶片厚革质、卵形、卵状椭圆形，先端钝或近锐尖，基部近圆形、宽楔形至楔形，叶缘反卷，上面光亮，干时常具横皱纹，下面淡绿色，两面无毛或上面中脉被微柔毛；叶柄被微柔毛。圆锥花序疏松，开展，顶生；花序轴和分枝轴具棱，果时尤明显，主轴被微柔毛，向上渐疏，分枝轴无毛。果倒卵形，两侧不对称，略弯，呈黑色。

地理分布　陕西、甘肃、湖北、四川。巫山县大昌镇、五里坡自然保护区、平河乡、竹贤乡等有分布。

主要用途　观赏。

毛泡桐

Paulownia tomentosa (Thunb.) Steud.

形态特征　落叶乔木。树冠宽大伞形。树皮褐灰色。小枝有明显皮孔，幼时常具黏质短腺毛。叶片心脏形，顶端锐尖头，全缘或波状浅裂，上面毛稀疏，下面毛密或较疏，老叶下面的灰褐色树枝状毛常具柄和一条细长丝状分枝，新枝上的叶较大，其毛常不分枝，有时具黏质腺毛；叶柄常有黏质短腺毛。花序枝的侧枝不发达，花序为金字塔形或狭圆锥形，小聚伞花序；萼浅钟形，面茸毛不脱落；花冠紫色，漏斗状钟形，外面有腺毛，内面几无毛，檐部唇形。蒴果卵圆形，幼时密生黏质腺毛，宿萼不反卷。

地理分布　辽宁南部、河北、河南、山东、江苏、安徽、湖北、江西等地。日本、朝鲜、欧洲和北美洲也有引种栽培。巫山县官阳镇、当阳乡有分布。

主要用途　园林绿化。

五叶地锦

Parthenocissus quinquefolia (L.) Planch.

主要用途　立体绿化。

形态特征　落叶木质藤本。小枝圆柱形，无毛。卷须顶端嫩时尖细卷曲，后遇附着物扩大成吸盘。叶为掌状 5 小叶，小叶倒卵圆形、倒卵椭圆形或外侧小叶椭圆形，顶端短尾尖，基部楔形或阔楔形，边缘有粗锯齿，上面绿色，下面浅绿色，两面均无毛或下面脉上微被疏柔毛。花序假顶生形成主轴明显的圆锥状多歧聚伞花序；花序梗无毛；花蕾椭圆形，顶端圆形；花瓣 5，长椭圆形，无毛。果球形。种子倒卵形。

地理分布　原产北美。东北、华北各地栽培。巫山县巫峡镇有栽培。

刺葡萄

Vitis davidii (Roman. Du Caill.) Foex.

地理分布　陕西、安徽、浙江、江西、湖北、四川、贵州、云南。巫山县五里坡自然保护区、平河乡有分布。

主要用途　果可食用。

形态特征　落叶木质藤本。小枝圆柱形，被皮刺，无毛。叶卵圆形或卵椭圆形，顶端急尖或短尾尖，基部心形，边缘每侧有锯齿 12~33 个，齿端尖锐，不分裂或微三浅裂，上面绿色，无毛，下面浅绿色，无毛；托叶近草质，绿褐色，卵披针形，无毛，早落。花杂性异株；圆锥花序基部分枝发达，与叶对生，花序梗无毛；花梗无毛；花蕾倒卵圆形，顶端圆形；花瓣呈帽状黏合脱落；花药黄色，椭圆形。果球形，成熟时紫红色。种子倒卵椭圆形，顶端圆钝，基部有短喙，腹面中棱脊突起，两侧洼穴狭窄。

葛藟葡萄

Vitis flexuosa Thunb.

形态特征 落叶木质藤本。小枝圆柱形，有纵棱纹，嫩枝疏被蛛丝状茸毛，以后脱落无毛。叶卵形卵椭圆形，顶端渐尖，基部浅心形或近截形，心形者基缺顶端凹成钝角。圆锥花序疏散，与叶对生；花蕾倒卵圆形，顶端圆形或近截形；花瓣呈帽状黏合脱落；花药黄色，卵圆形。果球形。种子倒卵椭圆形，顶端近圆形，基部有短喙，种脐在种子背面中部呈狭长圆形，种脊微突出，表面光滑，腹面中棱脊微突起，两侧洼穴宽沟状。

地理分布 甘肃、安徽、江苏、浙江、湖南、四川等。巫山县当阳乡、官渡镇、官阳镇、巫峡镇等有分布。

主要用途 根、茎和果供药用，可治关节酸痛；种子可炸油。

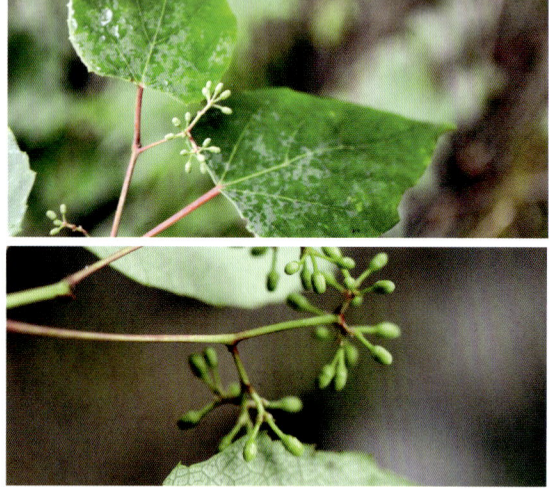

桦叶葡萄

Vitis betulifolia Diels & Gilg

形态特征 落叶木质藤本。小枝圆柱形，有显著纵棱纹。卷须叉分枝，每隔节间断与叶对生。叶卵椭圆形，不分裂或浅裂，基部心形或近截形，稀上部叶基部近圆形，每侧边缘锯齿 15~25 个，齿急尖，上面绿色，下面灰绿色；叶柄嫩时被蛛丝状茸毛，以后脱落无毛；托叶膜质，褐色，条状披针形，顶端急尖或钝，边缘全缘，无毛。圆锥花序疏散，与叶对生，下部分枝发达；花梗无毛；花蕾倒卵圆形，顶端圆形；花瓣，呈帽状黏合脱落。果圆球形，成熟时紫黑色。种子倒卵形，顶端圆形，基部有短喙，种脐在种子背面中部呈圆形或椭圆形，腹面中棱脊突起，两侧洼穴狭窄呈条形。

地理分布 陕西、甘肃、湖南、四川、云南。巫山县笃坪乡、邓家乡、培石乡、曲尺乡、五里坡林场等有分布。

主要用途 果可食用。

毛葡萄

Vitis heyneana Roem. et Schult.

形态特征　落叶木质藤本。小枝圆柱形，有纵棱纹，被灰色或褐色蛛丝状茸毛。叶长卵椭圆形，顶端急尖或渐尖，基部心形或微心形，基缺顶端凹成钝角，边缘每侧有尖锐锯齿，上面绿色，下面密被灰色或褐色茸毛；叶柄密被蛛丝状茸毛；托叶膜质，褐色，卵披针形，顶端渐尖，边缘全缘，无毛。花杂性异株；圆锥花序疏散，与叶对生，分枝发达，花蕾倒卵圆形或椭圆形，顶端圆形；花瓣呈帽状黏合脱落。果圆球形，成熟时紫黑色。种子倒卵形，顶端圆形，基部有短喙，种脐在背面中部呈圆形，腹面中

棱脊突起，两侧洼穴狭窄呈条形。

地理分布　山西、陕西、甘肃、山东、河南等。尼泊尔和印度也有分布。巫山县建平乡、三溪乡有分布。

主要用途　果可食用。

葡萄

Vitis vinifera L.

形态特征　落叶木质藤本。小枝圆柱形，有纵棱纹，无毛或被稀疏柔毛。叶卵圆形，显著 3~5 浅裂或中裂，中裂片顶端急尖，裂缺狭窄，基部深心形，基缺凹成圆形，两侧常靠合，边缘有锯齿，齿深而粗大，齿端急尖，上面绿色，下面浅绿色，无毛或被疏柔毛。圆锥花序密集或疏散，与叶对生，基部分枝发达；花梗无毛；花蕾倒卵圆形，顶端近圆形；花瓣呈帽状黏合脱落，花药黄色，卵圆形。果球形或椭圆形。种子倒卵椭圆形，顶短近圆形，基部有短喙，种脐在种子背面中部呈椭圆形，种脊微突出，

腹面中棱脊突起，两侧洼穴宽沟状。

地理分布　原产亚洲西部。我国各地栽培。巫山县笃坪乡、培石乡有分布。

主要用途　果可食用，酿酒。

| 桤叶树科 | Clethraceae | | 桤叶树属 | *Clethra* |

城口桤叶树

Clethra fargesii Franch.

形态特征 落叶灌木或小乔木。小枝圆柱形，黄褐色，嫩时密被星状茸毛，有时杂有单毛，老时无毛。叶硬纸质，披针状椭圆形，先端尾状渐尖或渐尖，基部钝或近于圆形，两侧稍不对称，嫩叶两面疏被星状柔毛，其后上面无毛，下面沿脉疏被长柔毛及星状毛，侧脉腋内有白色髯毛，边缘具锐尖锯齿，齿尖稍向内弯。总状花序；花序轴和花梗均密被灰白色，花瓣，白色，倒卵形，顶端近于截平，稍具流苏状缺刻，外侧无毛，内侧近基部疏被疏柔毛。蒴果近球形，疏被短柔毛，向顶部有长毛。种子黄褐色，不规则卵圆形，种皮上有网状浅凹槽。

地理分布 江西、湖北、湖南、四川、贵州等。巫山县五里坡自然保护区、平河乡、竹贤乡有分布。

主要用途 园林绿化。

| 漆树科 | Anacardiaceae | | 黄连木属 | *Pistacia* |

黄连木

Pistacia chinensis Bunge

形态特征 落叶乔木。树干扭曲。树皮暗褐色。幼枝灰棕色，具细小皮孔，疏被微柔毛。奇数羽状复叶互生，叶轴具条纹，被微柔毛，叶柄上面被微柔毛；小叶对生或近对生，纸质，卵状披针形，先端渐尖或长渐尖，基部偏斜，全缘，两面沿中脉和侧脉被卷曲微柔毛，侧脉和细脉两面突起。花单性异株，先花后叶，圆锥花序腋生，雄花序排列紧密，雌花序排列疏松，均被微柔毛；花被微柔毛。核果倒卵状球形，成熟时紫红色，干后具纵向细条纹，先端细尖。

地理分布 长江以南各地及华北、西北地区。菲律宾也有分布。巫山县抱龙镇、大昌镇、平河乡、巫峡镇等有分布。

主要用途 观赏；木材可作家具和细工用材；种子榨油可作润滑油或制皂；幼叶可充蔬菜，并可代茶。

黄栌

Cotinus coggygria var. *cinerea* Engl.

形态特征　落叶灌木。叶倒卵形或卵圆形，先端圆形或微凹，基部圆形或阔楔形，全缘，两面或尤其叶背显著被灰色柔毛。圆锥花序被柔毛。花杂性，花萼无毛，裂片卵状三角形；花瓣卵形或卵状披针形，无毛；雄蕊，花药卵形，与花丝等长，花盘裂，紫褐色；子房近球形，花柱，分离，不等长。果肾形，无毛。

地理分布　河北、山东、河南、湖北、四川。巫山县两坪乡、曲尺乡有分布。

主要用途　木材黄色，古代作黄色染料；树皮和叶可提栲胶。叶含芳香油，为调香原料；嫩芽可炸食；叶秋季变红，为著名的红叶观赏植物。

四川黄栌

Cotinus szechuanensis A. Penzes

形态特征　落叶灌木。小枝圆柱形，灰褐色，无毛。叶互生，薄纸质，近圆形或阔卵形，先端圆形，稀微凹或略急尖，基部圆形，叶面无毛，叶背脉腋显著具髯毛，侧脉在叶背突起。圆锥花序顶生，无毛；花梗被淡紫色长柔毛；花萼无毛，裂片卵状三角形；花瓣椭圆状长圆形，无毛，在雌花中雄蕊较短，花药卵形；花盘无毛；子房肾形，无毛。核果肾形，外果皮无毛，具脉纹。

地理分布　河南、湖北、重庆、四川、陕西和甘肃。巫山县广泛分布。

主要用途　木材黄色，古代作黄色染料；树皮和叶可提栲胶；叶含芳香油，为调香原料；嫩芽可炸食；叶秋季变红，为著名的红叶观赏植物。

毛脉南酸枣

Choerospondias axillaris var. *pubinervis* (Rehd. et Wils.) Burtt et Hill

形态特征　落叶乔木。树皮灰褐色，片状剥落。小枝粗壮，暗紫褐色，无毛，具皮孔。小叶膜质至纸质，卵形或卵状披针形或卵状长圆形，小叶背面脉上以及小叶柄、叶轴及幼枝被灰白色微柔毛。花瓣长圆形，无毛，具褐色脉纹，开花时外卷。核果椭圆形或倒卵状椭圆形，成熟时黄色。

地理分布　四川、贵州（东部）、湖南（西部）、湖北（西部）、甘肃（东南部）。巫山县江南自然保护区、邓家乡有分布。

主要用途　入药，治腹泻、疝气、烫火伤等症。

漆

Toxicodendron vernicifluum (Stokes) F. A. Barkl.

形态特征　落叶乔木。树皮灰白色，被棕黄色柔毛，后变无毛，具圆形或心形的大叶痕。奇数羽状复叶互生，叶轴圆柱形，被微柔毛；叶柄被微柔毛，近基部膨大，半圆形，上面平；小叶膜质至薄纸质，卵状椭圆形形，先端急尖或渐尖，基部偏斜，圆形或阔楔形，全缘，叶面通常无毛，叶背沿脉上被平展黄色柔毛。圆锥花序被灰黄色微柔毛，序轴及分枝纤细，疏化；花黄绿色，雄花花梗纤细，雌花花梗短粗；花瓣长圆形，具细密的褐色羽状脉纹。核果肾形或椭圆形，先端锐尖，基部截形，外果皮黄色，无毛，成熟后不裂，中果皮蜡质，具树脂道条纹，果核棕色，与果同形，坚硬。

地理分布　除黑龙江、吉林、内蒙古和新疆外，其余地区均产。巫山县平河乡、红椿乡、梨子坪林场等有分布。

主要用途　树干韧皮部割取生漆；种子油可制油墨、肥皂；木材供建筑用；干漆在中药上有通经、驱虫等功效。

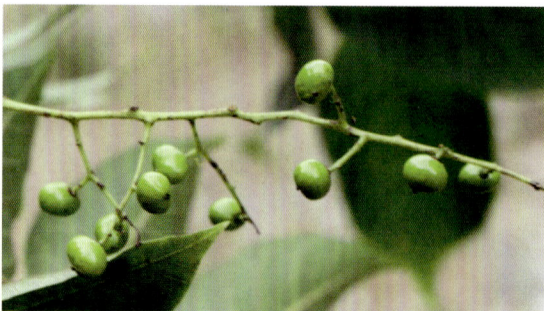

红麸杨

Rhus punjabensis var. *sinica* (Diels) Rehd. et Wils.

形态特征　落叶乔木或小乔木。树皮灰褐色。小枝被微柔毛。奇数羽状复叶叶轴上部具狭翅；叶卵状长圆形，先端渐尖或长渐尖，基部圆形或近心形，全缘，叶背疏被微柔毛，侧脉较密，在叶背明显突起；叶无柄或近无柄。圆锥花序，密被微茸毛；花白色；花梗短；花瓣长圆形，两面被微柔毛，边缘具细睫毛，开花时先端外卷；花丝线形，中下部被微柔毛，在雌花中较短，花药卵形。核果近球形，略压扁，成熟时暗紫红色，被具节柔毛和腺毛。种子小。

地理分布　云南（东北至西北部）、贵州、湖南等。巫山县红椿乡、庙宇镇、骡坪镇、笃坪乡等有分布。

主要用途　可作家具和农具用材。

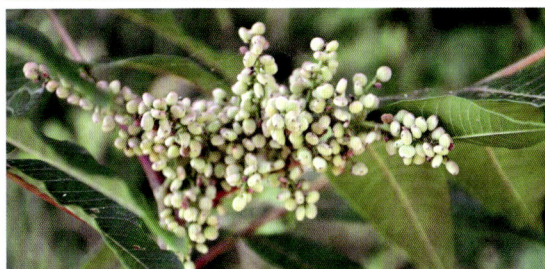

盐麸木

Rhus chinensis Mill.

形态特征　落叶小乔木或灌木。小枝棕褐色，被锈色柔毛，具圆形小皮孔。奇数羽状复叶，叶轴具宽的叶状翅，叶轴和叶柄密被锈色柔毛；小叶多形，椭圆状卵形或长圆形，顶生小叶基部楔形，边缘具粗锯齿或圆齿，叶面暗绿色，叶背粉绿色，被白粉，叶面沿中脉疏被柔毛，叶背被锈色柔毛；小叶无柄。圆锥花序宽大，雌花序较短，密被锈色柔毛；花白色，花梗被微柔毛。核果球形，被具节柔毛和腺毛，成熟时红色。

地理分布　我国除东北、内蒙古和新疆外，其余地区均有分布。中南半岛和日本等也有分布。巫山县笃坪乡、大昌镇、福田镇等有分布。

主要用途　五倍子蚜虫寄主植物；幼枝和叶可作土农药；果泡水代醋用；种子可榨油；根、叶、花及果均可供药用。

石榴

Punica granatum L.

形态特征 落叶灌木或乔木。枝顶常成尖锐长刺，幼枝具棱角，无毛，老枝近圆柱形。叶通常对生，纸质，矩圆状披针形，顶端短尖或微凹，基部短尖至稍钝形，上面光亮，侧脉稍细密。花大，萼筒通常红色或淡黄色，裂片略外展，卵状三角形，外面近顶端有黄绿色腺体，边缘有小乳突；花瓣通常大，红色、黄色或白色；花柱长超过雄蕊。浆果近球形，通常为淡黄褐色或淡黄绿色，有时白色，稀暗紫色。种子多数，钝角形，红色至乳白色，肉质的外种皮供食用。

地理分布 原产巴尔干半岛至伊朗及其邻近地区，全世界广泛种植。巫山县巫峡镇、大昌镇等有引种栽培。

主要用途 观赏、食用。

紫薇

Lagerstroemia indica L.

形态特征 落叶灌木或小乔木。树皮平滑，灰色或灰褐色。枝干多扭曲，小枝纤细，具棱，略成翅状。叶互生或有时对生，纸质、椭圆形、阔矩圆形或倒卵形，顶端短尖或钝形，有时微凹，基部阔楔形或近圆形，无毛或下面沿中脉有微柔毛，侧脉3~7对，小脉不明显。花淡红色或紫色、白色；花梗中轴及花梗均被柔毛；花瓣，皱缩，具长爪。蒴果椭圆状球形或阔椭圆形，幼时绿色至黄色，成熟时或干燥时呈紫黑色，室背开裂。种子有翅。

地理分布 广东、浙江、河南、山东、陕西、四川等。巫山县建平乡、培石乡、渝东珍稀植物园有引种栽培。

主要用途 观赏。

白马骨

Serissa serissoides (DC.) Druce

形态特征　落叶小灌木。枝粗壮，灰色，被短毛，后毛脱落变无毛，嫩枝被微柔毛。叶通常丛生，薄纸质，倒卵形或倒披针形，顶端短尖或近短尖，基部收狭成一短柄，除下面被疏毛外，其余无毛。侧脉每边2~3条，上举，在叶片两面均凸起，小脉疏散不明显；托叶具锥形裂片，基部阔，膜质，被疏毛。花无梗，生于小枝顶部，有苞片；花托无毛。

地理分布　江苏、安徽、台湾、广东、香港、广西等地。日本也有分布。巫山县巫峡镇有分布。

主要用途　园林绿化。

鸡屎藤

Paederia foetida L.

形态特征　藤状灌木。无毛或被柔毛。叶对生，膜质，卵形或披针形，顶端短尖或削尖，基部浑圆，有时心形，叶上面无毛，在下面脉上被微毛；侧脉每边4~5条，在上面柔弱，在下面突起；托叶卵状披针形，顶部裂；圆锥花序腋生或顶生，扩展；小苞片微小，卵形或锥形，有小睫毛；花有小梗，生于柔弱的三歧常作蝎尾状的聚伞花序上；花萼钟形，萼檐裂片钝齿形；花冠紫蓝色，通常被茸毛，裂片短。果阔椭圆形，压扁，光亮，顶部冠以圆锥形的花盘和微小宿存的萼檐裂片。小坚果浅黑色，具阔翅。

地理分布　福建、广东等地。越南也有分布。巫山县平河乡、曲尺乡有分布。

主要用途　可入药，具有消食健胃、化痰止咳、清热解毒、止痛之效。

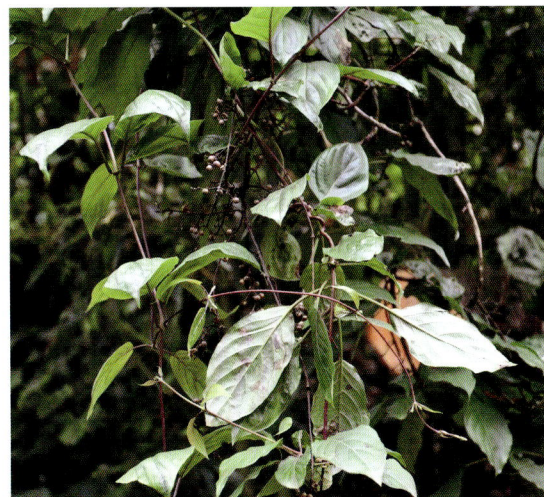

鸡仔木

Sinoadina racemosa (Siebold & Zucc.) Ridsdale

形态特征　半常绿或落叶乔木。树皮灰色，粗糙。小枝无毛。叶对生，薄革质，宽卵形、卵状长圆形或椭圆形，顶端短尖至渐尖，基部心形或钝，上面无毛，间或有稀疏的毛，下面无毛或有白色短柔毛；侧脉 6~12 对，脉腋窝陷无毛或有稠密的毛。头状花序常约 10 个排成聚伞状圆锥花序式；花具小苞片；花萼管密被苍白色长柔毛，萼裂片密被长柔毛；花冠淡黄色，外面密被苍白色微柔毛，花冠裂片三角状，外面密被细绵毛状微柔毛。小蒴果倒卵状楔形，有稀疏的毛。

地理分布　四川、台湾、浙江、江西、江苏等地。巫山县巫峡镇有分布。

主要用途　可入药，具有清热解毒、消肿、止痒、杀虫止痒、散瘀消肿等功效。

水晶棵子

Wendlandia longidens (Hance) Hutchins.

形态特征　落叶小灌木。小枝被糙伏毛。叶纸质，小，椭圆状披针形或卵形，顶端短尖或短渐尖，稀钝，基部渐狭或短尖，常下延，两面均被糙伏毛；侧脉稀疏，纤细，在下面稍明显。叶柄有糙伏毛；托叶披针形或卵状三角形，顶端锐尖，有糙伏毛。圆锥状的聚伞花序顶生，小，被硬毛；花梗、花萼有硬毛；花冠管状，白色，外面无毛，裂片线状长圆形，开放时下弯；花药线状披针形，花丝长伸出，下弯。蒴果球形，有硬毛。

地理分布　湖北宜昌，四川宁南、金阳、布拖，贵州赤水，云南永善、盐津。巫山县平河乡、两坪乡、培石乡、大溪乡等有分布。

主要用途　园林观赏。

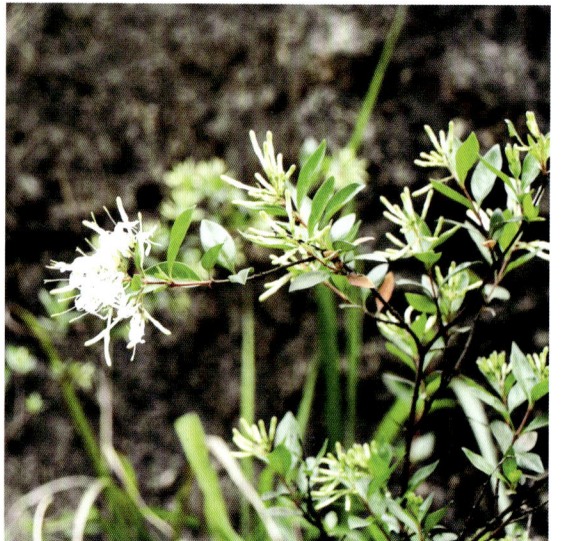

栀子

Gardenia jasminoides Ellis.

形态特征 落叶灌木。嫩枝常被短毛，枝圆柱形，灰色。叶对生，革质，稀为纸质，少为 3 枚轮生，叶形多样，通常为长圆状披针形、倒卵状长圆形、倒卵形或椭圆形，顶端渐尖、骤然长渐尖或短尖而钝，基部楔形或短尖，两面常无毛，上面亮绿色，下面色较暗；托叶膜质。花芳香，通常单朵生于枝顶；花冠白色或乳黄色，高脚碟状，喉部有疏柔毛，冠管狭圆筒形；花丝极短，花药线形伸出。果卵形、近球形、椭圆形或长圆形，黄色或橙红色。种子多数，扁，近圆形而稍有棱角。

地理分布 山东、江苏、安徽、浙江、江西、福建、台湾、等地有栽培。巫山县巫峡镇、大溪乡、培石乡等有引种栽培。

主要用途 观赏；花可提制芳香浸膏。

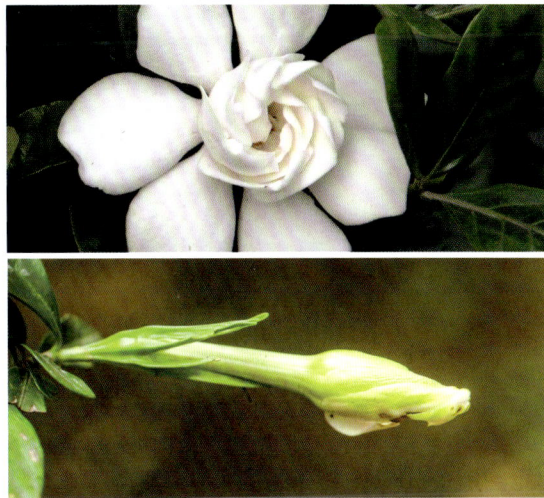

棣棠

Kerria japonica (L.) DC.

形态特征 落叶灌木。小枝绿色，圆柱形，无毛，常拱垂，嫩枝有棱角。叶互生，三角状卵形或卵圆形，顶端长渐尖，基部圆形、截形或微心形，边缘有尖锐重锯齿，两面绿色，上面无毛或有稀疏柔毛，下面沿脉或脉腋有柔毛。单花，着生在当年生侧枝顶端，花梗无毛；萼片卵状椭圆形，顶端急尖，有小尖头，全缘，无毛，果时宿存；花瓣黄色，宽椭圆形，顶端下凹。瘦果倒卵形至半球形，褐色或黑褐色，表面无毛，有皱褶。

地理分布 甘肃、浙江、福建、四川、贵州、云南等地。巫山县五里坡自然保护区、江南自然保护区、梨子坪林场有分布。

主要用途 观赏；髓可入药，有催乳利尿之效。

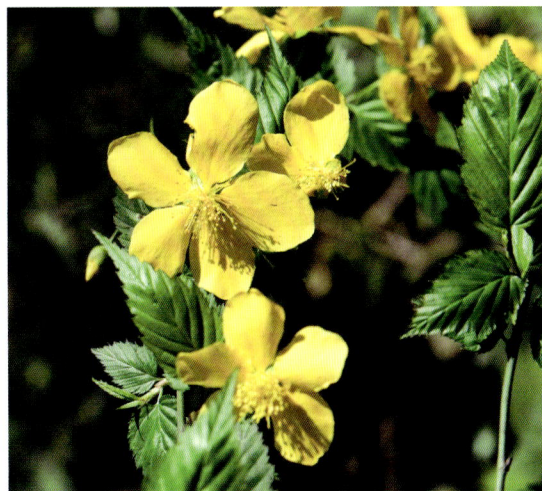

波叶红果树

Stranvaesia davidiana var. *undulata* (Dcne.) Rehd. &.Wils.

形态特征　常绿灌木或小乔木。叶片较小，椭圆长圆形至长圆披针形，边缘波皱起伏。花序近无毛；花瓣近圆形，基部有短爪，白色。果橘红色。

地理分布　陕西、湖北、湖南、江西、浙江、广西、四川、贵州、云南。巫山县巫峡镇、五里坡自然保护区、江南自然保护区、邓家乡、福田镇、官渡镇、官阳镇等有分布。

主要用途　园林绿化。

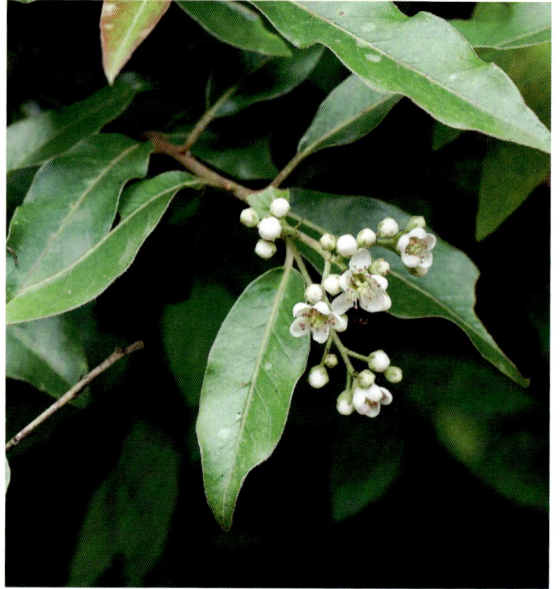

湖北花楸

Sorbus hupehensis Schneid.

主要用途　园林观赏。

形态特征　落叶乔木。小枝圆柱形，暗灰褐色，具少数皮孔，幼时微被白色茸毛，不久脱落。奇数羽状复叶，小叶片基部和顶端的小叶片较中部的稍长，长圆披针形或卵状披针形，先端急尖、圆钝或短渐尖，边缘有尖锐锯齿；上面无毛，下面沿中脉有白色茸毛，逐渐脱落无毛；叶轴上面有沟，初期被茸毛，以后脱落。复伞房花序具多数花朵，总花梗和花梗无毛或被稀疏白色柔毛；花瓣卵形，先端圆钝，白色。果球形，白色，有时带粉红晕，先端具宿存闭合萼片。

地理分布　湖北、四川、贵州、甘肃、青海等地。巫山县梨子坪林场、五里坡林场有分布。

石灰花楸

Sorbus folgneri (Schneid.) Rehd.

形态特征 落叶乔木。小枝圆柱形，具少数皮孔，黑褐色，幼时被白色茸毛。叶片卵形至椭圆卵形，先端急尖或短渐尖，基部宽楔形或圆形，上面深绿色，无毛，下面密被白色茸毛，中脉和侧脉上也具茸毛，侧脉通常 8~15 对，直达叶边锯齿顶端；叶柄密被白色茸毛。复伞房花序具多花，总花梗和花梗均被白色茸毛；萼筒钟状，外被白色茸毛，内面稍具茸毛；花瓣卵形，先端圆钝，白色。果椭圆形，红色，有极少数不显明的细小斑点，先端萼片脱落后留有圆穴。

地理分布 湖北、四川、贵州、甘肃、青海等地。巫山县梨子坪林场、五里坡林场有分布。

主要用途 可入药，用于治疗咳嗽、咳痰、喘息等病症。

水榆花楸

Sorbus alnifolia (Sieb. et Zucc.) C. Koch

形态特征 落叶乔木。小枝圆柱形，具灰白色皮孔。叶片卵形至椭圆卵形，先端短渐尖，基部宽楔形至圆形，边缘有不整齐的尖锐重锯齿，上下两面无毛，侧脉 6~10（14）对，直达叶边齿尖；叶柄无毛或微具稀疏柔毛。复伞房花序较疏松，总花梗和花梗具稀疏柔毛；花瓣卵形或近圆形，先端圆钝，白色。果椭圆形或卵形，红色或黄色，不具斑点或具极少数细小斑点，萼片脱落后果先端残留圆斑。

地理分布 黑龙江、河北、陕西、甘肃、山东、安徽、四川等地。巫山县五里坡自然保护区、当阳乡有分布。

主要用途 观赏；木材可作器具、车辆及模型用材；树皮可作染料；纤维供造纸原料。

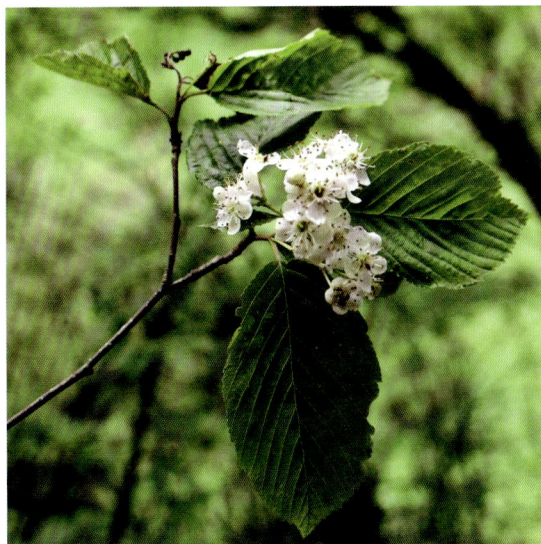

火棘
Pyracantha fortuneana (Maxim.) Li

形态特征　常绿灌木。侧枝短，先端成刺状，嫩枝外被锈色短柔毛，老枝暗褐色，无毛。叶片倒卵形或倒卵状长圆形，先端圆钝或微凹，基部楔形，下延连于叶柄，边缘有钝锯齿，齿尖向内弯，近基部全缘，两面皆无毛。花集成复伞房花序，花梗和总花梗近于无毛；萼筒钟状，无毛；花瓣白色，近圆形。果近球形，橘红色或深红色。

地理分布　陕西、河南、浙江、福建、湖北、西藏等地。巫山县大昌镇、大溪乡、当阳乡、官渡镇、官阳镇有分布。

主要用途　果磨粉可作代食品；可作观赏植物。

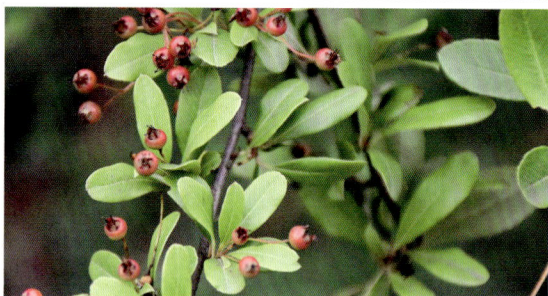

全缘火棘
Pyracantha loureiroi (Kostel.) Merr.

形态特征　常绿灌木或小乔木。常有枝刺。幼枝被黄褐色或灰色柔毛。叶椭圆形或长圆形，稀长圆状倒卵形，先端微尖或圆钝，有时刺尖，基部楔形或圆，全缘或有不明显细齿，幼时有黄褐色柔毛，老时无毛，下面微带白霜；叶柄无毛或有时有柔毛。花多数组成复伞房花序，花序梗和花梗被黄褐色柔毛；萼片宽卵形，花瓣白色，卵形。梨果扁球形，亮红色。

地理分布　陕西、湖北、湖南、四川、贵州、广东、广西。巫山县梨子坪林场、大昌镇、当阳乡、福田镇、平河乡等地有分布。

主要用途　果磨粉可作代食品；可作观赏植物。

蔷薇科 Rosaceae — 火棘属 Pyracantha

细圆齿火棘
Pyracantha crenulata (D. Don) Roem.

形态特征 常绿灌木或小乔木。有时具短枝刺。嫩枝有锈色柔毛，老时脱落，暗褐色，无毛。叶片长圆形或倒披针形，稀卵状披针形，先端通常急尖或钝，有时具短尖头，基部宽楔形或稍圆形，边缘有细圆锯齿，或具稀疏锯齿，两面无毛，上面光滑。复伞房花序生于主枝和侧枝顶端，总花梗幼时基部有褐色柔毛，老时无毛；花梗无毛；萼筒钟状，无毛；花瓣圆形，有短爪；花药黄色。梨果几球形，熟时橘黄色至橘红色。

地理分布 陕西、江苏、湖北、湖南、广东、广西、贵州、四川、云南。印度、不丹、尼泊尔也有分布。巫山县笃坪乡、大昌镇、当阳乡、官阳镇等有分布。

主要用途 果磨粉可作代食品；可作观赏植物。

蔷薇科 Rosaceae — 梨属 Pyrus

川梨
Pyrus pashia Buch.-Ham. ex D. Don

形态特征 落叶乔木。常具枝刺。小枝圆柱形，幼嫩时有绵状毛，以后脱落，2年生枝条紫褐色或暗褐色。叶片卵形至长卵形，稀椭圆形，先端渐尖或急尖，基部圆形，边缘有钝锯齿。伞形总状花序，总花梗和花梗均密被茸毛，逐渐脱落，果期无毛；花瓣倒卵形，先端圆或啮齿状，基部具短爪，白色。果近球形，褐色，有斑点，萼片早落。

地理分布 四川、云南、贵州。印度、缅甸、不丹、尼泊尔、老挝、越南、泰国也有分布。巫山县官阳镇、平河乡有分布。

主要用途 作栽培品种梨的砧木。

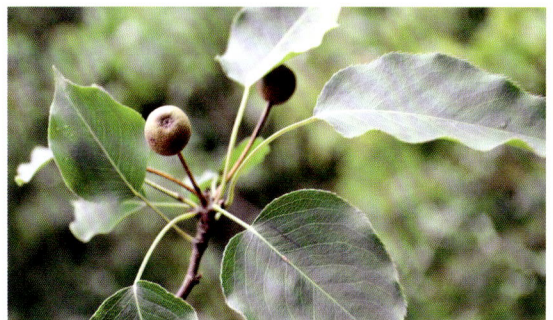

第六章　巫山县主要树种特征、地理分布及用途　155

沙梨

Pyrus pyrifolia (Burm. F.) Nakai

形态特征 落叶乔木。小枝嫩时具黄褐色长柔毛或茸毛，不久脱落，2 年生枝紫褐色或暗褐色，具稀疏皮孔。冬芽长卵形，先端圆钝，鳞片边缘和先端稍具长茸毛。叶片卵状椭圆形或卵形，先端长尖，基部圆形或近心形，稀宽楔形，边缘有刺芒锯齿；微向内合拢，上下两面无毛或嫩时有褐色绵毛。伞形总状花序；花瓣卵形，先端啮齿状，基部具短爪，白色。果近球形，浅褐色，有浅色斑点，先端微向下陷，萼片脱落。种子卵形，微扁，深褐色。

地理分布 安徽、江苏、湖南、贵州、四川等地。巫山县官渡镇有大型栽培基地。

主要用途 观赏；食用。

臭樱

Prunus hypoleuca (Koehne) J. Wen

形态特征 落叶小乔木或灌木。叶卵状长圆形、长圆形或椭圆形，叶柄无毛或幼时上部有柔毛，托叶草质，披针形。总状花序密集多花，生于侧枝顶端；花梗和花序梗均无毛；苞片三角状披针形；萼片小，10 裂，三角状卵形，全缘；花两性。

地理分布 湖北（兴山和神农架）、重庆（巫山）。巫山县五里坡林场有分布。

主要用途 花和叶药用，有清热解毒、消肿止痛等功效；可作园林绿化植物。

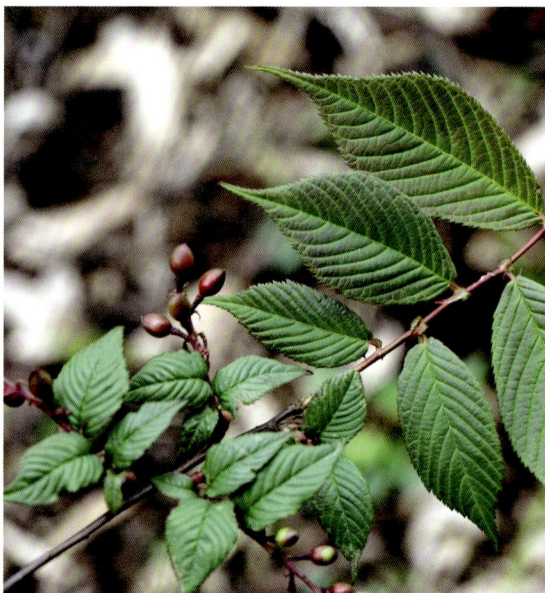

东京樱花

Prunus yedoensis Matsum.

形态特征 落叶乔木。树皮灰色。小枝淡紫褐色，无毛，嫩枝绿色，被疏柔毛。冬芽卵圆形，无毛。叶片椭圆卵形或倒卵形，先端渐尖或骤尾尖，基部圆形，稀楔形，边有尖锐重锯齿，齿端渐尖，有小腺体，上面深绿色，无毛，下面淡绿色，沿脉被稀疏柔毛；托叶披针形，有羽裂腺齿，被柔毛，早落。花序伞形总状，总梗极短，总苞片褐色，椭圆卵形，两面被疏柔毛；花瓣白色或粉红色，椭圆卵形，先端下凹。核果近球形，黑色；核表面略具棱纹。

地理分布 原产日本。北京、青岛、南昌等城市庭园栽培。巫山县骡坪镇、曲尺乡、巫峡镇有分布。

主要用途 观赏。

短梗稠李

Padus brachypoda (Batal.) Schneid.

形态特征 落叶乔木。树皮黑色。叶片长圆形，先端急尖或渐尖，基部圆形或微心形，叶边有贴生或开展锐锯齿，齿尖带短芒，上面深绿色，无毛，中脉和侧脉均下陷，下面淡绿色，无毛或在脉腋有髯毛，中脉和侧脉均突起；托叶膜质，线形，先端渐尖，边缘有带腺锯齿，早落。总状花序具有多花，花瓣白色，倒卵形，中部以上啮蚀状或波状，基部楔形有短爪。核果球形，幼时紫红色，老时黑褐色，无毛；果梗被短柔毛；萼片脱落，萼筒基部宿存；核光滑。

地理分布 河南、陕西、甘肃、湖北、四川、贵州、云南。巫山县江南自然保护区、官渡镇、铜鼓镇等有分布。

主要用途 观赏。

李

Prunus salicina Lindl.

形态特征 落叶乔木或灌木。树皮灰褐色，起伏不平。叶片长圆倒卵形、长椭圆形，先端渐尖、急尖或短尾尖，基部楔形，边缘有圆钝重锯齿，常混有单锯齿，幼时齿尖带腺，上面深绿色，有光泽，两面均无毛。花通常3朵并生；花梗通常无毛；花瓣白色，长圆倒卵形，先端啮蚀状，基部楔形，有明显带紫色脉纹，具短爪，着生在萼筒边缘。核果球形、卵球形或近圆锥形，黄色或红色，有时为绿色或紫色，顶端微尖，基部有纵沟，外被蜡粉。

地理分布 陕西、甘肃、四川、湖南、湖北、江苏、台湾等地。巫山县广泛栽培，尤其以巫峡镇的'巫山脆李'品种为佳。

主要用途 观赏；食用。

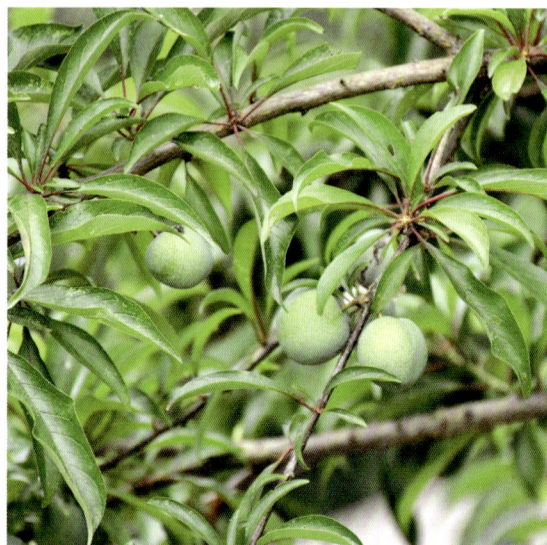

毛樱桃

Cerasus tomentosa Wall.

形态特征 落叶灌木。稀呈小乔木状。小枝紫褐色或灰褐色，嫩枝密被茸毛到无毛。叶片卵状椭圆形或倒卵状椭圆形，先端急尖或渐尖，基部楔形，边有急尖或粗锐锯齿，上面暗绿色或深绿色，被疏柔毛，下面灰绿色，密被灰色茸毛或以后变为稀疏；叶柄被茸毛或脱落稀疏；托叶线形，被长柔毛。花单生或朵簇生，花叶同开，近先叶开放或先叶开放；花瓣白色或粉红色，倒卵形，先端圆钝。核果近球形，红色；核表面除棱脊两侧有纵沟外，无棱纹。

地理分布 黑龙江、内蒙古、陕西、甘肃、宁夏、青海、四川、云南、西藏等地。巫山县建平乡、两坪乡等有分布。

主要用途 观赏；果可食及酿酒；种子可制肥皂及润滑油用；种仁入药，有润肠利水之效。

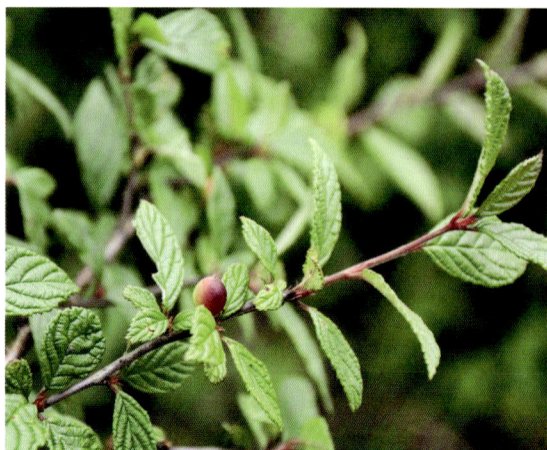

四川樱桃

Prunus szechuanica (Batal.) Yü et Li

形态特征　落叶乔木或灌木。叶片卵状椭圆形、倒卵状椭圆形或长椭圆形，先端尾尖或骤尖，基部圆形或宽楔形，边有重锯齿或单锯齿，齿端有小盘状、圆头状或锥状腺体，上面绿色，通常无毛或中脉被疏柔毛，下面淡绿色，无毛或被疏柔毛。花序近伞房总状，花梗无毛或被稀疏柔毛，花瓣白色或淡红色，近圆形，先端啮蚀状。核果紫红色，卵球形。

地理分布　陕西、河南、湖北、四川。巫山县官阳镇、邓家乡、笃坪乡、梨子坪林场、五里坡林场、竹贤乡等有分布。

主要用途　果可食用；为优良的园林观赏植物。

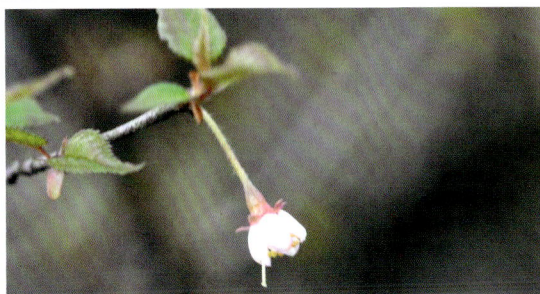

桃

Prunus persica L.

形态特征　落叶乔木。树冠宽广而平展。树皮暗红褐色，老时粗糙呈鳞片状。小枝细长，无毛，绿色，具大量小皮孔。叶片长圆披针形、椭圆披针形或倒卵状披针形，先端渐尖，基部宽楔形，上面无毛，下面在脉腋间具少数短柔毛或无毛，叶边具细锯齿或粗锯齿。花单生，先于叶开放；花瓣长圆状椭圆形至宽倒卵形，粉红色，罕为白色。果卵形、宽椭圆形或扁圆形，色泽变化由淡绿白色至橙黄色，外面密被短柔毛，稀无毛，腹缝明显，果梗短而深入果洼；果肉多汁有香味；核大，椭圆形或近圆形，两侧扁平，顶端渐尖，表面具纵、横沟纹和孔穴。种仁味苦，稀味甜。

地理分布　原产我国。世界各地均有栽植。巫山县平河乡、曲尺乡、龙溪镇、培石乡、巫峡镇等有分布。

主要用途　观赏；果可食用。

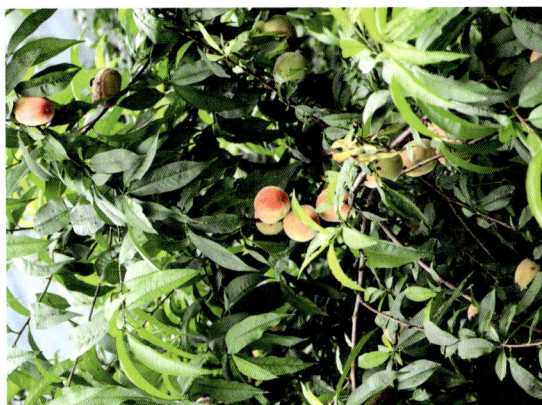

托叶樱桃

Prunus stipulacea (Maxim.) Yü et Li

形态特征　落叶灌木或小乔木。叶卵形、卵状椭圆形或倒卵状椭圆形，先端渐尖或骤尾尖，基部圆，有缺刻状尖锐重锯齿。花梗无毛；花瓣淡红或白色，倒卵形。核果椭圆形，熟时红色；核稍有棱纹；果柄先端肥厚，无毛。

地理分布　陕西、甘肃、青海、四川。巫山县五里坡自然保护区、当阳乡有分布。

主要用途　观赏。

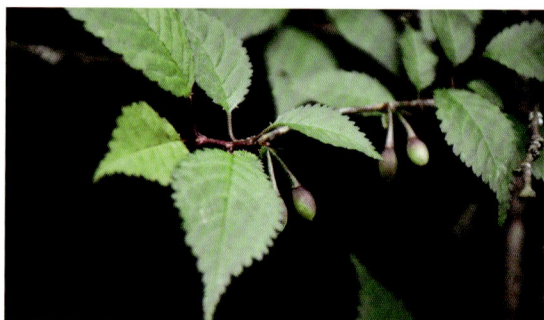

尾叶樱桃

Prunus dielsiana (Schneid.) Yü et Li

形态特征　落叶乔木或灌木。小枝灰褐色。冬芽卵圆形，无毛。叶片长椭圆形或倒卵状长椭圆形，先端尾状渐尖，基部圆形至宽楔形，叶边有尖锐单齿或重锯齿，齿端有圆钝腺体，上面暗绿色，无毛，下面淡绿色，中脉和侧脉密被开展柔毛，其余被疏柔毛，有侧脉 10~13 对；叶柄长密被开展柔毛，以后脱落变疏；托叶狭带形，边有腺齿。花序伞形或近伞形，先叶开放或近先叶开放；花瓣白色或粉红色，卵圆形，先端裂。核果红色，近球形；核卵形表面较光滑。

地理分布　江西、安徽、湖北、湖南、四川、广东、广西等地。巫山县笃坪乡、官阳镇、建平乡、骡坪镇等有分布。

主要用途　食用；园林观赏。

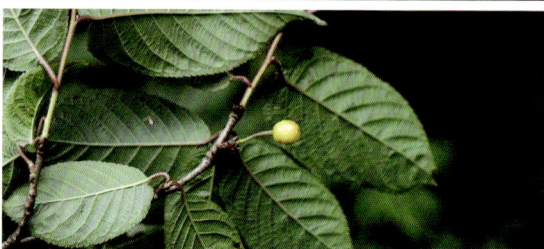

杏

Prunus armeniaca L.

形态特征　落叶乔木。树冠圆形、扁圆形或长圆形。树皮灰褐色，纵裂。叶片宽卵形或圆卵形，先端急尖至短渐尖，基部圆形至近心形，叶边有圆钝锯齿，两面无毛或下面脉腋间具柔毛。花单生，先于叶开放；花梗短，被短柔毛；花瓣圆形至倒卵形，白色或带红色，具短爪。果球形，稀倒卵形，白色、黄色至黄红色，常具红晕，微被短柔毛；果肉多汁，成熟时不开裂。核卵形或椭圆形，两侧扁平，顶端圆钝，基部对称，表面稍粗糙或平滑，腹棱较圆，常稍钝。

地理分布　产全国各地，多数为栽培。

巫山县平河乡、大昌镇、官渡镇、曲尺乡、铜鼓镇、巫峡镇等有引种栽培。

主要用途　观赏；食用。

樱桃

Prunus pseudocerasus (Lindl.) G. Don

形态特征　落叶乔木。树皮灰白色。小枝灰褐色，嫩枝绿色，无毛或被疏柔毛。冬芽卵形，无毛。叶片卵形或长圆状卵形，先端渐尖或尾状渐尖，基部圆形，边有尖锐重锯齿，齿端有小腺体，上面暗绿色，近无毛，下面淡绿色，沿脉或脉间有稀疏柔毛；叶柄被疏柔毛，托叶早落，披针形，有羽裂腺齿。花序伞房状或近伞形，先叶开放；花瓣白色，卵圆形，先端下凹或二裂。核果近球形，红色。

地理分布　辽宁、河北、陕西、甘肃、山东等地。巫山县曲尺乡、庙宇镇、巫峡镇等有分布。

主要用途　观赏；食用。

紫叶李

Prunus cerasifera 'Atropurpurea'

形态特征　落叶灌木或小乔木。多分枝，枝条细长，开展，暗灰色，有时有棘刺。小枝暗红色，无毛。叶片椭圆形、卵形或倒卵形，先端急尖，叶紫红色。花1朵，花瓣白色，长圆形或匙形，边缘波状，基部楔形，着生在萼筒边缘。核果近球形或椭圆形，红色，微被蜡粉，具有浅侧沟，黏核。

地理分布　亚洲西南部。现在我国华北及其以南地区广为栽培。巫山县巫峡镇、平河乡、两坪乡等有引种栽培。

主要用途　观赏。

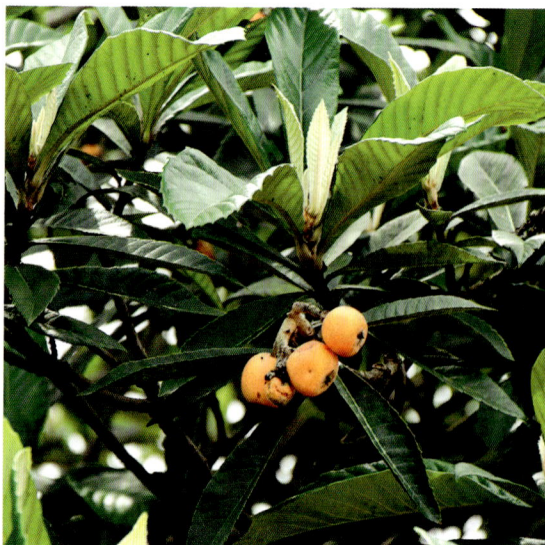

枇杷

Eriobotrya japonica (Thunb.) Lindl.

形态特征　常绿小乔木。小枝粗壮，黄褐色，密生锈色或灰棕色茸毛。叶片革质，披针形、倒披针形、倒卵形或椭圆长圆形，先端急尖或渐尖，基部楔形或渐狭成叶柄，上部边缘有疏锯齿，基部全缘，上面光亮，多皱，下面密生灰棕色茸毛。圆锥花序顶生，具多花；总花梗和花梗密生锈色茸毛；花瓣白色，长圆形或卵形，基部具爪，有锈色茸毛。果球形或长圆形，黄色或橘黄色，外有锈色柔毛，不久脱落。种子球形或扁球形，褐色，光亮，种皮纸质。

地理分布　甘肃、浙江、江西、湖北、四川、云南、广西、台湾等地。巫山县抱龙镇、曲尺乡、大溪乡等有引种栽培。

主要用途　观赏。

湖北海棠

Malus hupehensis (Pamp.) Rehd.

形态特征　落叶乔木或灌木。小枝最初有短柔毛，不久脱落，老枝紫色至紫褐色。叶片卵形至卵状椭圆形，先端渐尖，基部宽楔形，边缘有细锐锯齿，嫩时具稀疏短柔毛，不久脱落无毛，常呈紫红色。伞房花序，无毛或稍有长柔毛；花瓣倒卵形，基部有短爪，粉白色或近白色。果椭圆形或近球形，黄绿色稍带红晕，萼片脱落。

地理分布　湖北、湖南、江西、江苏、浙江、安徽、福建等地。巫山县笃坪乡、梨子坪林场、当阳乡、官阳镇、龙溪镇等有分布。

主要用途　叶可制作茶叶；为优美的观赏植物。

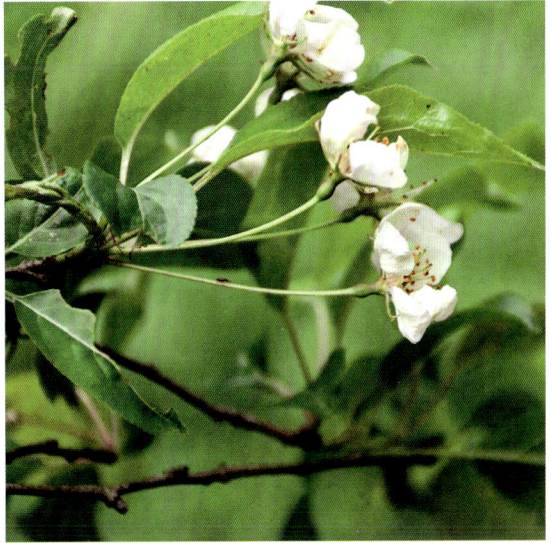

陇东海棠

Malus kansuensis (Batal.) Schneid.

形态特征　落叶灌木至小乔木。小枝粗壮，圆柱形。老时紫褐色或暗褐色。叶片卵形或宽卵形，先端急尖或渐尖，基部圆形或截形，边缘有细锐重锯齿，稀有不规则分裂或不裂，裂片三角卵形，先端急尖，下面有稀疏短柔毛；叶柄长有疏生短柔毛；托叶草质，线状披针形，先端渐尖，边缘有疏生腺齿，稍有柔毛。伞形总状花序，总花梗和花梗嫩时有稀疏柔毛，不久即脱落；花瓣宽倒卵形，基部有短爪，内面上部有稀疏长柔毛，白色。果椭圆形或倒卵形，黄红色，有少数石细胞，萼片脱落。

地理分布　甘肃、河南、陕西、四川。巫山县五里坡自然保护区、当阳乡有分布。

主要用途　观赏。

苹果

Malus pumila Mill.

形态特征 落叶乔木。多具有圆形树冠和短主干。小枝短而粗，圆柱形，幼嫩时密被茸毛，老枝紫褐色，无毛。冬芽卵形，先端钝，密被短柔毛。叶片椭圆形、卵形至宽椭圆形，先端急尖，基部宽楔形或圆形，边缘具有圆钝锯齿，幼嫩时两面具短柔毛，长成后上面无毛；叶柄粗壮，被短柔毛。伞房花序，花梗密被茸毛；花瓣倒卵形，基部具短爪，白色，含苞未放时带粉红色。果扁球形，先端常有隆起，萼洼下陷，萼片永存，果梗短粗。

地理分布 原产欧洲及亚洲中部。辽宁、山西、甘肃、四川、云南、西藏等地常见栽培。巫山县巫峡镇、红椿乡、曲尺乡等有引种栽培。

主要用途 主要的食用水果。

单瓣木香花

Rosa banksiae var. *normalis* Regel

形态特征 攀缘落叶小灌木。小叶片椭圆状卵形或长圆披针形，先端急尖或稍钝，基部近圆形或宽楔形，边缘有紧贴细锯齿。花白色，单瓣，味香。果球形至卵球形，红黄色至黑褐色，萼片脱落。

地理分布 河南、甘肃、陕西、湖北、四川、云南、贵州。巫山县笃坪乡、梨子坪林场、当阳乡、官阳镇、龙溪镇等有分布。

主要用途 优良的园林观赏植物。

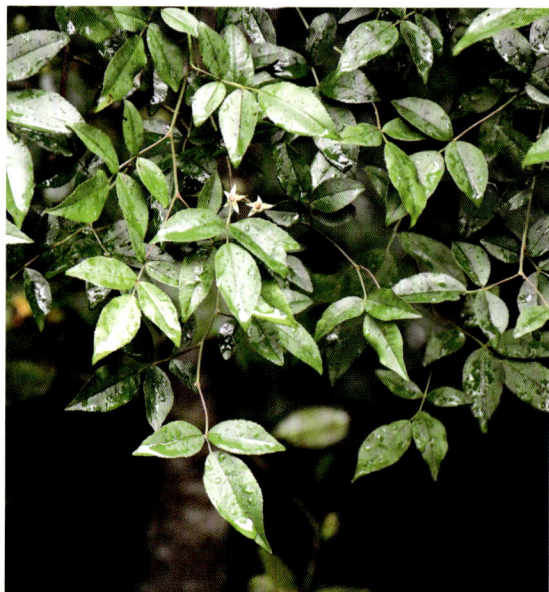

单瓣月季花
Rosa chinensis var. *spontanea* (Rehd. et Wils.) Yü et Ku

形态特征　落叶直立灌木。枝条圆筒状，有宽扁皮刺。小叶片 3~5，小叶片宽卵形至卵状长圆形，先端长渐尖或渐尖，基部近圆形或宽楔形，边缘有锐锯齿，两面近无毛，上面暗绿色，常带光泽，下面颜色较浅，顶生小叶片有柄，侧生小叶片近无柄，总叶柄较长，有散生皮刺和腺毛。花瓣红色，单瓣，萼片常全缘，稀具少数裂片。果卵球形或梨形。

地理分布　湖北、四川、贵州。巫山县官阳镇、大昌镇有分布。

主要用途　优良的园林观赏植物。

峨眉蔷薇
Rosa omeiensis Rolfe

形态特征　落叶直立灌木。小枝细弱，无刺或有扁而基部膨大皮刺，幼嫩时常密被针刺或无针刺。小叶片长圆形或椭圆状长圆形，先端急尖或圆钝，基部圆钝或宽楔形，边缘有锐锯齿，上面无毛，中脉下陷，下面无毛或在中脉有疏柔毛，中脉突起；叶轴和叶柄有散生小皮刺；托叶大部贴生于叶柄，顶端离生部分呈三角状卵形，边缘有齿或全缘，有时有腺。花单生于叶腋，无苞片；花梗无毛；花瓣白色，倒三角状卵形，先端微凹，基部宽楔形。果倒卵球形或梨形，亮红色，果成熟时果梗肥大，萼片直立宿存。

地理分布　云南、四川、湖北、陕西、宁夏、甘肃、青海、西藏。巫山县五里坡自然保护区、梨子坪林场、当阳乡有分布。

主要用途　园林观赏。

粉团蔷薇

Rosa multiflora var. *cathayensis* Rehd. et Wils.

形态特征　攀缘落叶灌木。小枝圆柱形，通常无毛，有短、粗稍弯曲皮刺。小叶5~9，倒卵形、长圆形或卵形，有尖锐单锯齿。花为粉红色，单瓣。果近球形。

地理分布　地理分布　河北、河南、山东、安徽、浙江、甘肃、陕西、江西、湖北、广东、福建。巫山县笃坪乡、邓家乡、官渡镇、官阳镇、红椿乡、建平乡等有分布。

主要用途　园林观赏。

金樱子

Rosa laevigata Michx.

形态特征　常绿攀缘灌木。小枝粗壮，散生扁弯皮刺，无毛，幼时被腺毛，老时逐渐脱落减少。小叶革质，为三出复叶；小叶片椭圆状卵形、倒卵形或披针状卵形，先端急尖或圆钝，稀尾状渐尖，边缘有锐锯齿，上面亮绿色，无毛，下面黄绿色；小叶柄和叶轴有皮刺和腺毛；托叶离生或基部与叶柄合生，披针形，边缘有细齿，齿尖有腺体，早落。花单生于叶腋；花梗和萼筒密被腺毛，随果成长变为针刺；花瓣白色，宽倒卵形，先端微凹。果梨形、倒卵形，稀近球形，紫褐色，外面密被刺毛。

地理分布　陕西、安徽、江西、江苏、浙江等地。巫山县巫峡镇、两坪乡、平河乡、庙宇镇等地有零星分布。

主要用途　果可食用；酿酒；入药。

软条七蔷薇

Rosa henryi Boulenger

形态特征　落叶灌木。有长匍枝；小枝有短扁、弯曲皮刺或无刺。小叶片长圆形、卵形、椭圆形或椭圆状卵形，先端长渐尖或尾尖，基部近圆形或宽楔形，边缘有锐锯齿，两面均无毛，下面中脉突起；小叶柄和叶轴无毛，有散生小皮刺；托叶大部贴生于叶柄，离生部分披针形，先端渐尖，全缘，无毛，或有稀疏腺毛。花成伞形伞房状花序；花梗和萼筒无毛，花瓣白色，宽倒卵形，先端微凹，基部宽楔形。果近球形成熟后褐红色，有光泽，果梗有稀疏腺点；萼片脱落。

地理分布　江西、福建、广东、广西、湖北、湖南、四川、云南、贵州等地。巫山县笃坪乡、竹贤乡有分布。

主要用途　园林观赏。

伞房蔷薇

Rosa corymbulosa Rolfe

形态特征　落叶攀缘小灌木。小枝圆柱形，无毛，无刺或有散生小皮刺。小叶片卵状长圆形或椭圆形，先端急尖或圆钝，基部楔形或近圆形，边缘有重锯齿或单锯齿，上面深绿色，无毛，下面灰白色，有柔毛，沿中脉和侧脉较密；小叶柄和叶轴有稀疏短柔毛和腺毛，有散生小皮刺；托叶扁平，大部贴生于叶柄，离生部分卵形，边缘有腺毛。花多朵或数朵，排列成伞形的伞房花序，稀单生；花瓣红色，基部白色，宽倒心形，先端有凹缺，比萼片短。果近球形或卵球形，猩红色或暗红色，萼片直立宿存。

地理分布　湖北、四川、陕西、甘肃。巫山县官阳镇、笃坪乡、梨子坪林场、官阳镇、红椿乡等有分布。

主要用途　观赏。

铁杆蔷薇

Rosa prattii Hemsl.

形态特征 落叶灌木。小枝圆柱形，细弱，稍弯曲，紫褐色或红褐色，散生黄色直立的皮刺，常混生细密针刺。小叶片椭圆形或、长圆形，先端急尖，基部近圆形或宽楔形，边缘有浅细锯齿，中脉下陷，下面中脉突起，沿中脉有短柔毛；叶柄和叶轴有柔毛和腺毛或偶有针刺；托叶大部贴生于叶柄，离生部分卵形，先端渐尖，边缘有带腺锯齿。花常 2~7 朵簇生，近伞形伞房状花序，稀单生；花瓣粉红色，宽倒卵形，先端微凹，基部宽楔形。果卵球形至椭圆形，有短颈，猩红色。

地理分布 甘肃、四川、云南等地。巫山县五里坡自然保护区、竹贤乡有分布。

主要用途 观赏。

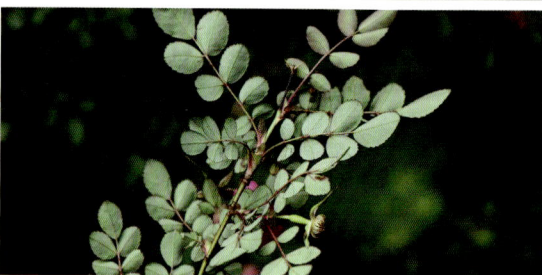

小果蔷薇

Rosa cymosa Tratt.

形态特征 落叶攀缘灌木。小枝圆柱形，无毛或稍有柔毛，有钩状皮刺。小叶片卵状披针形或椭圆形，稀长圆披针形，先端渐尖，基部近圆形，边缘有紧贴或尖锐细锯齿，两面均无毛，上面亮绿色，下面颜色较淡，中脉突起，沿脉有稀疏长柔毛；小叶柄和叶轴无毛或有柔毛，有稀疏皮刺和腺毛；托叶膜质，离生，线形，早落。花多朵成复伞房花序；花瓣白色，倒卵形，先端凹，基部楔形。果球形，红色至黑褐色，萼片脱落。

地理分布 江西、安徽、湖南、四川、广西、台湾等地。巫山县大溪乡、官渡镇、金坪乡、曲尺乡、巫峡镇等有分布。

主要用途 观赏。

悬钩子蔷薇

Rosa rubus Lévl. et Vant.

形态特征 落叶匍匐灌木。小枝圆柱形，通常被柔毛；皮刺短粗、弯曲。小叶片卵状椭圆形、倒卵形或和圆形，先端尾尖、急尖或渐尖，基部近圆形或宽楔形，边缘有尖锐锯齿，向基部浅而稀，上面深绿色，通常无毛或偶有柔毛，下面密被柔毛或有稀疏柔毛；小叶柄和叶轴有柔毛和散生的小沟状皮刺；托叶大部贴生于叶柄，离生部分披针形，全缘常带腺体，有毛。花10~25朵，排成圆锥状伞房花序；总花梗和花梗均被柔毛和稀疏腺毛；花瓣白色，倒卵形，先端微凹，基部宽楔形。果近球形，猩红色至紫褐色，有光泽，花后萼片反折，以后脱落。

地理分布 甘肃、陕西、湖北、四川、云南、贵州等地。巫山县大昌镇、大溪乡、官阳镇、龙溪镇等有分布。

主要用途 观赏。

月季花

Rosa chinensis Jacq.

形态特征 直立落叶灌木。小枝粗壮，圆柱形，近无毛，有短粗的钩状皮刺或无刺。小叶片宽卵形至卵状长圆形，先端长渐尖或渐尖，基部近圆形或宽楔形，边缘有锐锯齿，两面近无毛，上面暗绿色，常带光泽，下面颜色较浅，顶生小叶片有柄，侧生小叶片近无柄，总叶柄较长，有散生皮刺和腺毛；托叶大部贴生于叶柄，仅顶端分离部分成耳状，边缘常有腺毛。花瓣重瓣至半重瓣，红色、粉红色至白色，倒卵形，先端有凹缺，基部楔形。果卵球形或梨形，红色、粉红色，栽培品种花色繁多，萼片脱落。

地理分布 我国各地普遍栽培。巫山县广泛栽培，如骡坪镇、培石乡、曲尺乡、巫峡镇等。

主要用途 观赏。

长尖叶蔷薇

Rosa longicuspis Bertol.

形态特征　攀缘落叶灌木。枝弓曲，常有短粗钩状皮刺。小叶革质，小叶片卵形、椭圆形或卵状长圆形，先端渐尖或长渐尖，基部近圆形或宽楔形，边缘有尖锐锯齿，两面无毛，上面有光泽，下面中脉突起；小叶柄和叶轴均无毛，有散生小钩状皮刺；托叶大部贴生于叶柄，离生部分披针形，无毛，常有腺毛。花多数，排成伞房状，花瓣白色，宽倒卵形，先端凹凸不平，基部宽楔形，外面有平铺绢毛。果倒卵球形，暗红色。

地理分布　云南、四川、贵州。印度北部也有分布。巫山县五里坡自然保护区、当阳乡、红椿乡有分布。

主要用途　观赏。

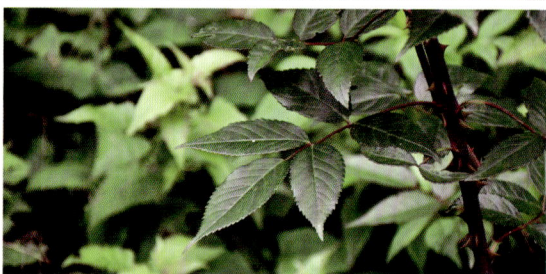

华中山楂

Crataegus wilsonii Sarg.

形态特征　落叶灌木。刺粗壮，光滑，直立或微弯曲。小枝圆柱形，稍有棱角。冬芽三角卵形，先端急尖，无毛，紫褐色。叶片卵形或倒卵形，先端急尖或圆钝，基部圆形、楔形或心脏形，边缘有尖锐锯齿；叶柄有窄叶翼，幼时被白色柔毛，以后脱落；托叶披针形、镰刀形或卵形，边缘有腺齿，脱落很早。伞房花序具多花；总花梗和花梗均被白色茸毛；花瓣近圆形，白色；花药玫瑰紫色。果椭圆形，红色，肉质，外面光滑无毛。

地理分布　河南、湖北、陕西、甘肃、浙江、云南、四川。巫山县当阳乡有分布。

主要用途　观赏；食用。

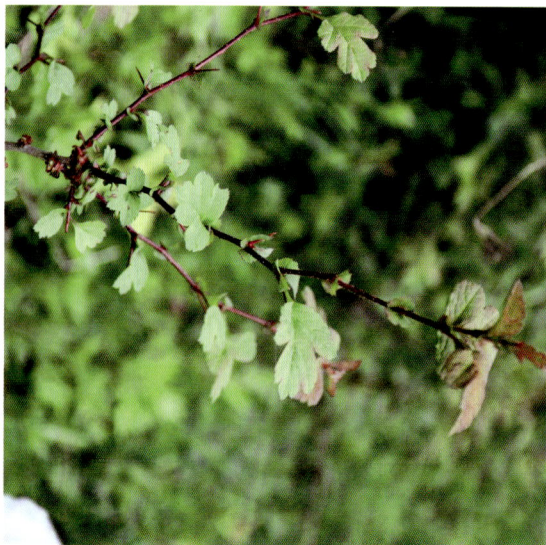

毛山楂

Crataegus maximowiczii Schneid.

形态特征 落叶灌木或小乔木。无刺或有刺。小枝粗壮,圆柱形。冬芽卵形,先端圆钝,无毛,有光泽,紫褐色。叶片宽卵形或菱状卵形,先端急尖,基部楔形,边缘每侧各有 3~5 浅裂和疏生重锯齿,上面散生短柔毛,下面密被灰白色长柔毛,沿叶脉较密;叶柄被稀疏柔毛;托叶膜质,半月形或卵状披针形,先端渐尖,边缘有深锯齿,脱落很早。复伞房花序,多花,总花梗和花梗均被灰白色柔毛;花瓣近圆形,白色。果球形,红色,幼时被柔毛,以后脱落无毛。

地理分布 黑龙江、吉林、辽宁、内蒙古。西伯利亚东部到萨哈林岛(库页岛)、朝鲜及日本也有分布。巫山县五里坡自然保护区、官阳镇有分布。

主要用途 观赏;食用。

红叶石楠

Photinia × *fraseri* Dress

形态特征 常绿灌木或小乔木。小枝灰褐色,无毛。叶互生,长椭圆形或倒卵状椭圆形,边缘有疏生腺齿,无毛。复伞房花序顶生,花白色。果球形,红色或褐紫色。

地理分布 亚洲东南部与东部和北美洲的亚热带与温带地区,我国已广泛引种栽培。巫山县广泛引种栽培。

主要用途 观赏。

石楠

Photinia serratifolia (Desfontaines) Kalkman

形态特征　常绿灌木或小乔木。枝褐灰色，无毛。叶片革质，长椭圆形、长倒卵形或倒卵状椭圆形，先端尾尖，基部圆形或宽楔形，边缘有疏生具腺细锯齿，近基部全缘，上面光亮；叶柄粗壮。复伞房花序顶生；总花梗和花梗无毛；花密生；花瓣白色，近圆形，内外两面皆无毛。果球形，红色，后成褐紫色。种子卵形棕色，平滑。

地理分布　陕西、甘肃、河南、江苏、安徽、浙江、江西、湖南、湖北、福建、台湾、广东、广西、四川、云南、贵州。巫山县巫峡镇有引种栽培，在官阳镇、巫峡镇、渝东珍稀植物园有分布。

主要用途　观赏。

唐棣

Amelanchier sinica (Schneid.) Chun

形态特征　落叶小乔木。小枝细长，圆柱形，无毛或近于无毛，紫褐色或黑褐色，疏生长圆形皮孔。叶片卵形或长椭圆形，先端急尖，基部圆形；叶柄偶有散生柔毛；托叶披针形，早落。总状花序，多花；花瓣细长，长圆披针形或椭圆披针形，白色。果近球形或扁圆形，蓝黑色。

地理分布　河南、甘肃、陕西、湖北、四川。巫山县官阳镇有分布。

主要用途　观赏。

渐尖叶粉花绣线菊

Spiraea japonica var. *acuminata* Franch.

形态特征 落叶灌木。叶片长卵形至披针形，先端渐尖，基部楔形，边缘有尖锐重锯齿，下面沿叶脉有短柔毛。复伞房花序花粉红色。

地理分布 河南、陕西、甘肃、湖北、湖南、江西、浙江、安徽、贵州、四川、云南、广西。巫山县五里坡自然保护区、江南自然保护区有分布。

主要用途 观赏。

南川绣线菊

Spiraea rosthornii Pritz.

形态特征 落叶灌木。叶片卵状长圆形至卵状披针形，先端急尖或短渐尖。复伞房花序生在侧枝先端，被短柔毛，有多数花朵；花瓣卵形至近圆形，先端钝，白色。蓇葖果开张，被短柔毛。

地理分布 河南、陕西、甘肃、青海、安徽、四川、云南。巫山县五里坡自然保护区有分布。

主要用途 观赏。

土庄绣线菊

Spiraea pubescens Turcz.

主要用途　观赏。

形态特征　落叶灌木。小枝开展，稍弯曲。先端急尖或圆钝，具短柔毛。叶片菱状卵形至椭圆形，先端急尖，基部宽楔形，边缘自中部以上有深刻锯齿；叶柄被短柔毛。伞形花序具总梗，花梗无毛；花瓣卵形、宽倒卵形或近圆形，先端圆钝或微凹，白色。蓇葖果开张，仅在腹缝微被短柔毛。

地理分布　黑龙江、吉林、辽宁、内蒙古、河北、河南、山西、陕西、甘肃、山东、湖北、安徽。巫山县大昌镇、邓家乡、笃坪乡、红椿乡、巫峡镇、两坪乡、龙溪镇、骡坪镇等有分布。

无毛粉花绣线菊

Spiraea japonica var. *glabra* (Regel) Koidz.

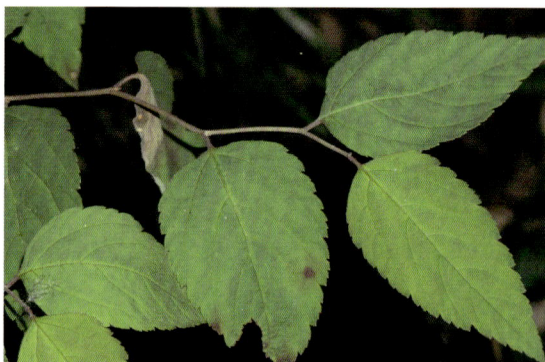

形态特征　落叶灌木。叶片卵形、卵状长圆形或长椭圆形，先端急尖或短渐尖，基部楔形至圆形，边缘有尖锐重锯齿，两面无毛。复伞房花序无毛，花粉红色。

地理分布　安徽、浙江、四川、云南。巫山县五里坡自然保护区有分布。

主要用途　观赏。

中华绣线菊

Spiraea chinensis Maxim.

形态特征 落叶灌木。小枝呈拱形弯曲，红褐色。叶片菱状卵形至倒卵形，先端急尖或圆钝，基部宽楔形或圆形，边缘有缺刻状粗锯齿，上面暗绿色，被短柔毛，脉纹深陷，下面密被黄色茸毛，脉纹突起；叶柄被短茸毛。伞形花序，花梗具短茸毛；花瓣近圆形，先端微凹或圆钝，白色。蓇葖果开张，全体被短柔毛。

地理分布 内蒙古、河北、河南、陕西、湖北、湖南、安徽、江西、江苏、浙江、贵州、四川、云南、福建、广东、广西。巫山县大溪乡、官渡镇、官阳镇、建平乡、三溪乡、铜鼓镇等有分布。

主要用途 观赏。

中华绣线梅

Neillia sinensis Oliv.

形态特征 落叶灌木。小枝无毛。叶卵形或卵状长椭圆形，先端长渐尖，基部圆形或近心形，稀宽楔形，具重锯齿及不规则缺裂，稀不裂；无毛或下面脉腋被柔毛。总状花序花梗无毛；萼片三角形；花瓣倒卵形，粉红色。蓇葖果长椭圆形，萼筒疏被长腺毛。

地理分布 河南、陕西、甘肃、湖北、湖南、江西、广东、广西、四川、云南、贵州。巫山县官阳镇、五里坡自然保护区、当阳乡、竹贤乡等有分布。

主要用途 观赏。

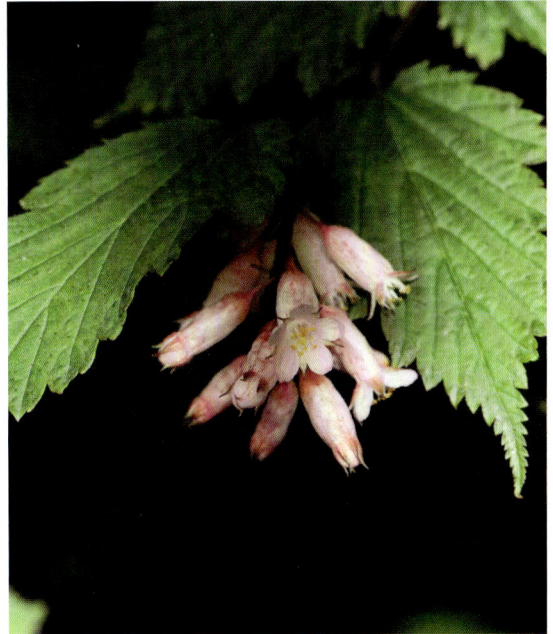

桉叶悬钩子

Rubus eucalyptus Focke

形态特征　落叶灌木。小枝深紫褐色，无毛，疏生粗壮钩状皮刺。小叶3~5枚，顶生小叶卵形、菱状卵形或菱状披针形，侧生小叶菱状卵形或椭圆形，顶生小叶顶端常渐尖，侧生小叶急尖，基部宽楔形至圆形，稀近心形，上面无毛，下面密被灰白色茸毛，边缘有不整齐粗锯齿或缺刻状重锯齿；叶柄与叶轴均疏生柔毛、腺毛和小皮刺；托叶线形，具柔毛。花1~2朵，常着生于侧生短枝顶端，稀腋生；花梗具柔毛、腺毛和针刺；花瓣匙形，白色，基部渐狭成宽爪，短于萼片。果近球形，密被灰白色长茸毛，萼片开展或有时反折；核具浅皱纹。

地理分布　陕西、甘肃、湖北、四川、贵州。巫山县五里坡自然保护区、当阳乡、官阳镇等有分布。

主要用途　观赏。

插田藨

Rubus coreanus Miq.

形态特征　落叶灌木。枝粗壮，红褐色，被白粉，具近直立或钩状扁平皮刺。小叶通常5枚，宽卵形，顶端急尖，基部楔形至近圆形，上面无毛或仅沿叶脉有短柔毛，下面被稀疏柔毛或仅沿叶脉被短柔毛，边缘有不整齐粗锯齿或缺刻状粗锯齿，顶生小叶顶端有时3浅裂；叶柄与叶轴均被短柔毛和疏生钩状小皮刺；托叶线状披针形，有柔毛。伞房花序生于侧枝顶端，总花梗和花梗均被灰白色短柔毛；花瓣倒卵形，淡红色至深红色。果近球形，深红色至紫黑色，无毛或近无毛；核具皱纹。

地理分布　陕西、甘肃、河南、江西、湖北、湖南、江苏、浙江、福建、安徽、四川、贵州、新疆。巫山县当阳乡、两坪乡等有分布。

主要用途　果可食用。

川莓

Rubus setchuenensis Bureau et Franch.

形态特征　落叶灌木。小枝圆柱形，密被淡黄色茸毛状柔毛。单叶，近圆形或宽卵形，顶端圆钝或近截形，基部心形，上面粗糙，无毛或仅沿叶脉稍具柔毛，下面密被灰白色茸毛，叶脉突起，基部具掌状5出脉，边缘5~7浅裂，裂片圆钝或急尖并再浅裂，有不整齐浅钝锯齿；叶柄具浅黄色茸毛状柔毛，常无刺；托叶离生，卵状披针形，顶端条裂，早落。花成狭圆锥花序，顶生或腋生或花少数簇生于叶腋；总花梗和花梗均密被浅黄色茸毛状柔毛；花瓣倒卵形或近圆形，紫红色，基部具爪。果半球形，黑色，无毛，常包藏在宿萼内；核较光滑。

地理分布　湖北、湖南、广西、四川、云南、贵州等地。巫山县庙宇镇、官渡镇、龙溪镇、庙宇镇等有分布。

主要用途　果可食用。

光滑高粱藨

Rubus lambertianus var. *glaber* Hemsl.

形态特征　半落叶藤状灌木。小枝和叶片两面均光滑无毛或仅在叶片上面沿叶脉稍具柔毛。花序和花萼无毛或近无毛。果黄色或橙黄色。

地理分布　陕西、甘肃、湖北、江西、四川、云南、贵州。巫山县广泛分布。

主要用途　果可食用。

红花悬钩子

Rubus inopertus (Diels) Focke

形态特征　攀缘灌木。小枝紫褐色，无毛，疏生钩状皮刺。小叶 7~11 枚，卵状披针形或卵形，顶端渐尖，基部圆形或近截形，上面疏生柔毛，下面沿叶脉具柔毛，边缘具粗锐重锯齿；叶柄紫褐色，侧生小叶几无柄，与叶轴均具稀疏小钩刺，无毛或微具柔毛；托叶线状披针形。花数朵簇生或成顶生伞房花序；总花梗和花梗均无毛；花瓣倒卵形，粉红色至紫红色，基部具短爪或微具柔毛。果球形，熟时紫黑色，外面被柔毛；核有细皱纹。

地理分布　陕西、湖北、湖南、广西、四川、云南、贵州。越南也有分布。巫山县笃坪乡、邓家乡、福田镇等有分布。

主要用途　果可食用。

鸡爪茶

Rubus henryi Hemsl. et Ktze.

形态特征　常绿攀缘灌木。枝疏生微弯小皮刺，褐色或红褐色。单叶，革质，基部较狭窄，宽楔形至近圆形，稀近心形，叶脉突起；叶柄细，有茸毛；托叶长圆形或长圆披针形，离生，膜质。花常 9~20 朵，成顶生和腋生总状花序；总花梗、花梗和花萼密被灰白色或黄白色茸毛和长柔毛，混生少数小皮刺；花瓣狭卵圆形，粉红色，两面疏生柔毛，基部具短爪。果近球形，黑色；核稍有网纹。

地理分布　湖北、湖南。巫山县笃坪乡、竹贤乡有分布。

主要用途　嫩叶可代茶；果可食用。

毛萼莓

Rubus chroosepalu Focke

形态特征　半常绿攀缘灌木。单叶，近圆形或宽卵形，顶端尾状短渐尖，基部心形，上面无毛，下面密被灰白色或黄白色茸毛，沿叶脉有稀疏柔毛，下面叶脉突起，侧脉 5~6 对，基部有 5 条掌状脉，边缘不明显的波状并有不整齐的尖锐锯齿；叶柄无毛，疏生微弯小皮刺；托叶离生，披针形，不分裂或顶端浅裂，早落。圆锥花序顶生，无花瓣。果球形，紫黑色或黑色，无毛；核具皱纹。

地理分布　陕西、湖北、湖南、江西、福建、广东、广西、四川、云南、贵州。越南也有分布。巫山县竹贤乡有分布。

主要用途　果可食用。

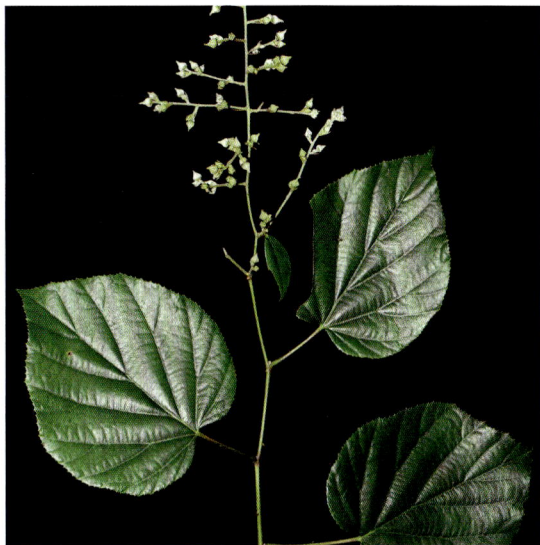

毛叶插田藨

Rubus coreanus var. *tomentosus* Card.

形态特征　落叶灌木。枝粗壮，红褐色，被白粉，具近直立或钩状扁平皮刺。小叶卵形、菱状卵形或宽卵形，顶端急尖，基部楔形至近圆形，叶片下面密被短茸毛。伞房花序，花瓣倒卵形，淡红色至深红色，与萼片近等长或稍短。果近球形。

地理分布　陕西、甘肃、河南、湖北、湖南、安徽、四川、云南、贵州。巫山县笃坪乡、梨子坪林场、大昌镇、笃坪乡、大溪乡、当阳乡、官阳镇、官渡镇等有分布。

主要用途　果可食用。

木莓

Rubus swinhoei Hance

形态特征　落叶或半常绿灌木。茎细而圆，暗紫褐色。单叶，叶形自宽卵形至长圆披针形，顶端渐尖，基部截形至浅心形，上面仅沿中脉有柔毛，下面密被灰色茸毛或近无毛，主脉上疏生钩状小皮刺，边缘有不整齐粗锐锯齿，稀缺刻状，叶脉9~12对；叶柄被灰白色茸毛。花常5~6朵，成总状花序；总花梗、花梗和花萼均被紫褐色腺毛和稀疏针刺；花瓣白色，宽卵形或近圆形，有细短柔毛。果球形，由多数小核果组成，无毛，成熟时由紫红色转变为黑紫色，味酸涩。

地理分布　陕西、湖北、湖南、江西、安徽等地。巫山县大溪乡、当阳乡、官阳镇、官渡镇等有分布。

主要用途　果可食用。

攀枝莓

Rubus flagelliflorus Focke ex Diels

形态特征　攀缘或匍匐落叶小灌木。枝褐色。单叶，革质，叶片卵形或长卵形，顶端急尖至短渐尖，基部深心形，上面无毛，下面密被黄色茸毛，边缘常不分裂或微波状，有不整齐圆钝锯齿，侧脉4~5对；叶柄幼时密被灰白色茸毛，疏生钩状小皮刺；托叶离生，棕色，具黄色柔毛，顶端掌状分裂，裂片披针形。花成腋生短总状花序或数朵簇生；总花梗、花梗和花萼密被黄色茸毛状柔毛；萼片卵状披针形，顶端渐尖，常全缘，内面紫红色，花后常反折；花瓣小，比萼片短很多，早落，近圆形，白色，近基部微具柔毛。果半球形，熟时黑色，无毛。

地理分布　陕西、湖北、湖南、福建、四川、贵州。巫山县梨子坪林场、大昌镇、笃坪乡等有分布。

主要用途　果可食用。

山莓

Rubus corchorifolius L. f.

形态特征　直立落叶灌木。枝具皮刺，幼时被柔毛。单叶，卵形至卵状披针形，顶端渐尖，基部微心形，上面色较浅，沿叶脉有细柔毛，下面色稍深，沿中脉疏生小皮刺，边缘不分裂或3裂；叶柄疏生小皮刺，幼时密生细柔毛；托叶线状披针形，具柔毛。花单生或少数生于短枝上；花梗，具细柔毛；花瓣长圆形或椭圆形，白色，顶端圆钝。果由很多小核果组成，近球形或卵球形，红色，密被细柔毛。核具皱纹。

地理分布　除东北及甘肃、青海、新疆、西藏外，全国均有分布。朝鲜、日本、缅甸、越南也有分布。巫山县笃坪乡、五里坡林场、福田镇、官渡镇等有分布。

主要用途　果可食用。

乌藨子

Rubus parkeri Hance

形态特征　攀缘落叶灌木。枝细长，密被灰色长柔毛，疏生紫红色腺毛和微弯皮刺。单叶，卵状披针形或卵状长圆形，顶端渐尖，基部心形，下面伏生长柔毛，下面密被灰色茸毛，沿叶脉被长柔毛，侧脉5~6对，沿中脉疏生小皮刺，边缘有细锯齿和浅裂片；叶柄密被长柔毛，疏生腺毛和小皮刺。大型圆锥花序顶生，总花梗、花梗和花萼密被长柔毛和长短不等的紫红色腺毛，具稀疏小皮刺；花瓣白色，但常无花瓣。果球形，紫黑色，无毛。

地理分布　陕西、湖北、江苏、四川、云南、贵州。巫山县大昌镇、巫峡镇、龙溪镇、建平乡等有分布。

主要用途　果可食用。

巫山悬钩子

Rubus wushanensis Yü et Lu

形态特征　落叶灌木。枝无毛，棕褐色，疏生皮刺。小叶常 5 枚，顶生小叶椭圆形，常不分裂，侧生小叶长圆形或卵状披针形，顶端渐尖，基部圆形，侧生小叶基部偏斜圆形，上面无毛，下面密被灰白色茸毛，边缘具不整齐粗锯齿；侧生小叶近无柄，和叶轴均无毛或具稀疏柔毛，疏生小皮刺；托叶膜质，浅紫色，近圆形或宽卵形，无毛。花数朵成顶生伞房状花序；花梗无毛，无刺；花瓣长倒卵形，基部具短爪。果近球形，密被灰白色长茸毛和宿存花柱。

地理分布　巫山县特有物种。巫山县五里坡自然保护区有分布。

主要用途　果可食用。

宜昌悬钩子

Rubus ichangensis Hemsl. et Ktze.

形态特征　落叶或半常绿攀缘灌木。枝圆形，浅绿色，无毛或近无毛。单叶，近革质，卵状披针形，顶端渐尖，基部深心形，弯曲较宽大，两面均无毛，下面沿中脉疏生小皮刺，边缘浅波状或近基部有小裂片；叶柄无毛，常疏生腺毛和短小皮刺；托叶钻形或线状披针形，全缘，脱落。顶生圆锥花序狭窄，腋生花序有时形似总状；总花梗、花梗和花萼有稀疏柔毛和腺毛，有时具小皮刺；花瓣直立，椭圆形，白色。果近球形，红色，无毛；核有细皱纹。

地理分布　陕西、甘肃、湖北、湖南、安徽、广东、广西、四川、云南、贵州。巫山县大昌镇、当阳乡等有分布。

主要用途　果可食用。

| 蔷薇科 | Rosaceae | | 悬钩子属 | *Rubus* |

香莓

Rubus pungens var. *oldhamii* (Miq.) Maxim.

形态特征 匍匐灌木。枝圆柱形，枝上针刺较稀少。小叶卵形、三角卵形或卵状披针形。花瓣长圆形、倒卵形或近圆形，白色花萼上具疏密不等的针刺或近无刺。花枝、叶柄、花梗和花萼上无腺毛或仅于局部如花萼或花梗上有稀疏短腺毛。

地理分布 河南、山西、陕西、甘肃、江西、湖北、浙江、福建、台湾、四川、贵州、云南。日本、朝鲜也有分布。巫山县巫峡镇、建平乡、龙溪镇、福田镇、曲尺乡等有分布。

主要用途 果可食用。

| 蔷薇科 | Rosaceae | | 悬钩子属 | *Rubus* |

喜阴悬钩子

Rubus mesogaeus Focke

形态特征 攀缘落叶灌木。老枝有稀疏基部宽大的皮刺，小枝红褐色或紫褐色，具稀疏针状皮刺或近无刺，幼时被柔毛。小叶常3枚，顶生小叶宽菱状卵形或椭圆卵形，顶端渐尖，边缘常羽状分裂，基部圆形至浅心形，侧生小叶斜椭圆形或斜卵形，顶端急尖，基部楔形至圆形，上面疏生平贴柔毛，下面密被灰白色茸毛，边缘有不整齐粗锯齿并常浅裂；托叶线形，被柔毛。伞房花序，总花梗具柔毛，有稀疏针刺；花瓣倒卵形、近圆形或椭圆形，基部稍有柔毛，白色或浅粉红色。果扁球形，紫黑色，无毛。

地理分布 河南、陕西、甘肃、湖北、台湾等地。巫山县笃坪乡、梨子坪林场、邓家乡、大溪乡等有分布。

主要用途 果可食用。

竹叶鸡爪茶
Rubus bambusarum Focke

形态特征　常绿攀缘灌木。枝具微弯小皮刺。掌状复叶具 3 或 5 小叶，革质，小叶片狭披针形或狭椭圆形，顶端渐尖，基部宽楔形，上面无毛，下面密被灰白色或黄灰色茸毛，中脉突起而呈棕色，边缘有不明显的稀疏小锯齿；叶柄幼时具茸毛，逐渐脱落至无毛，小叶几无柄；托叶早落。花成顶生和腋生总状花序，总花梗和花梗具灰白色或黄灰色长柔毛，并有稀疏小皮刺，有时混生腺毛；花瓣紫红色至粉红色，倒卵形或宽椭圆形，基部微具柔毛。果近球形，红色至红黑色。

地理分布　陕西、湖北、四川、贵州。巫山县邓家乡、五里坡林场、两坪乡有分布。

主要用途　果可食用。

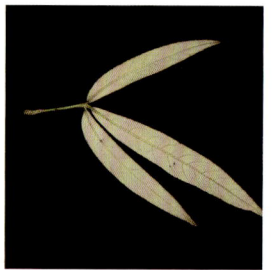

宝兴栒子
Cotoneaster moupinensis Franch.

形态特征　落叶灌木。枝条开张，小枝圆柱形，稍曲折，灰黑色，具显明皮孔。叶片椭圆卵形或菱状卵形，先端渐尖，基部宽楔形或近圆形，全缘，上面微被稀疏柔毛，具皱纹和泡状隆起，下面沿显明网状脉上被短柔毛；叶柄具短柔毛；托叶早落。聚伞花序有多数花朵，通常 9~25 朵，总花梗和花梗被短柔毛；花瓣直立，卵形或近圆形，先端圆钝，粉红色。果近球形或倒卵形，黑色，内具 4~5 小核。

地理分布　陕西、甘肃、四川、贵州、云南。巫山县飞播林场有分布。

主要用途　观赏。

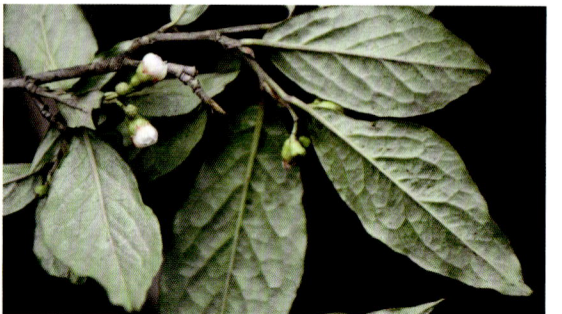

| 蔷薇科 | Rosaceae | | 栒子属 | *Cotoneaster* |

高山栒子
Cotoneaster subadpressus Yü

形态特征 落叶或半常绿矮小灌木。平卧。小枝粗壮，通常灰黑色，幼时密具柔毛，老时无毛。叶片厚，硬革质，近圆形或宽卵形，先端圆钝或急尖，基部宽楔形至圆形；叶柄短，幼时有柔毛。花通常单生，近无梗或具短梗；花瓣直立，倒卵形或近圆形，先端钝，基部有短爪，粉红色。果卵形。

地理分布 四川西南部和云南西北部。巫山县五里坡自然保护区、红椿乡、笃坪乡、梨子坪林场、福田镇等有分布。

主要用途 观赏。

| 蔷薇科 | Rosaceae | | 栒子属 | *Cotoneaster* |

麻核栒子
Cotoneaster foveolatus Rehd. et Wils.

形态特征 落叶灌木。枝条开张，小枝圆柱形，暗红褐色。叶片椭圆形、椭圆卵形或椭圆倒卵形，先端渐尖或急尖，基部宽楔形或近圆形，全缘，上面被稀疏短柔毛，叶脉微下陷，下面被短柔毛，在叶脉上毛较多；叶柄常具短柔毛；托叶线形，具柔毛，部分宿存。聚伞花序有花3~7朵，总花梗和花梗被柔毛；花瓣直立，倒卵形或近圆形，先端圆钝，粉红色。果近球形，黑色；小核3~4个，背部有槽和浅凹点。

地理分布 陕西、甘肃、湖北、湖南、四川、云南、贵州。巫山县笃坪乡、五里坡林场、梨子坪林场、竹贤乡等有分布。

主要用途 观赏。

木帚枸子

Cotoneaster dielsianus Pritz.

主要用途　观赏。

形态特征　落叶灌木。枝条开展下垂；小枝通常细瘦，圆柱形，灰黑色或黑褐色。叶片椭圆形至卵形，先端多数急尖，稀圆钝或缺凹，基部宽楔形或圆形，全缘，上面微具稀疏柔毛，下面密被带黄色或灰色茸毛；叶柄被茸毛。花 3~7 朵，成聚伞花序，总花梗和花梗具柔毛；花瓣直立，几圆形或宽倒卵形，先端圆钝，浅红色。果近球形或倒卵形，红色，具 3~5 小核。

地理分布　湖北、四川、云南、西藏。巫山县飞播林场、当阳乡、福田镇、官阳镇、曲尺乡、竹贤乡等有分布。

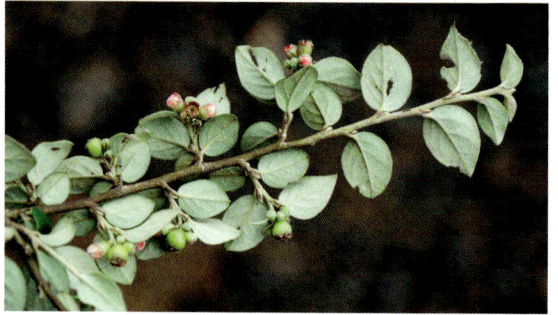

匍匐枸子

Cotoneaster adpressus Bois

地。印度、缅甸、尼泊尔也有分布。巫山县当阳乡、官阳镇等有分布。

主要用途　观赏。

形态特征　落叶匍匐灌木。茎不规则分枝，平铺地上。小枝圆柱形，幼嫩时具糙伏毛，逐渐脱落，红褐色至暗灰色。叶片宽卵形或倒卵形，稀椭圆形，先端圆钝或稍急尖，基部楔形，边缘全缘而呈波状，上面无毛，下面具稀疏短柔毛或无毛。花 1~2 朵，几无梗；萼筒钟状，外具稀疏短柔毛，内面无毛；萼片卵状三角形，先端急尖，外面有稀疏短柔毛，内面常无毛；花瓣直立，倒卵形，先端微凹或圆钝，粉红色。果近球形，鲜红色，无毛，通常有 2 小核。

地理分布　陕西、甘肃、青海、湖北等

平枝枸子
Cotoneaster horizontalis Dcne.

形态特征 落叶或半常绿匍匐灌木。枝水平开张成整齐两列状；小枝圆柱形。叶片近圆形或宽椭圆形，稀倒卵形，先端多数急尖，基部楔形，全缘，上面无毛，下面有稀疏平贴柔毛。花 1~2 朵，近无梗；花瓣直立，倒卵形，先端圆钝，粉红色。果近球形，鲜红色，常具 3 小核。

地理分布 陕西、甘肃、湖北、湖南、四川、贵州、云南。巫山县红椿乡、官阳镇、笃坪乡、三溪乡、竹贤乡等有分布。

主要用途 观赏。

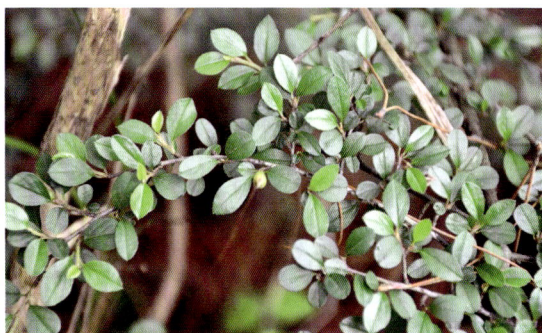

细尖枸子
Cotoneaster apiculatus Rehd. et Wils.

形态特征 落叶直立灌木。呈不规则分枝，小枝圆柱形，暗灰红色。叶片近圆形、圆卵形，先端有细尖，极稀有凹缺，基部宽楔形或圆形，全缘，上面光亮，无毛，中脉及侧脉 2 对，在上面微陷，下面稍隆起。花单生，具短梗；花瓣直立，淡粉色。果单生，近球形，几无柄，直立红色，通常具 3 小核。

地理分布 甘肃、湖北、四川、云南。巫山县大溪乡、官阳镇、建平乡、曲尺乡、巫峡镇等有分布。

主要用途 观赏。

圆叶枸子

Cotoneaster rotundifolius Wall. ex Lindl.

形态特征　常绿灌木。枝条开展，小枝灰褐色至黑褐色。叶片近圆形或广卵形，先端圆钝或微缺，有时急尖，具短凸尖头，基部宽楔形至圆形，上面无毛或微具柔毛，下面被柔毛。花 1~3 朵；花梗短，被柔毛；花瓣平展，宽卵形至倒卵形，先端圆钝或微凹，基部有甚短爪，白色或带粉红色。果倒卵形，红色，具 2~3 小核。

地理分布　四川西部、云南西北部和西藏东南部。巫山县五里坡自然保护区、巫峡镇、邓家乡、铜鼓镇、当阳乡、建平乡、骡坪镇等有分布。

主要用途　观赏。

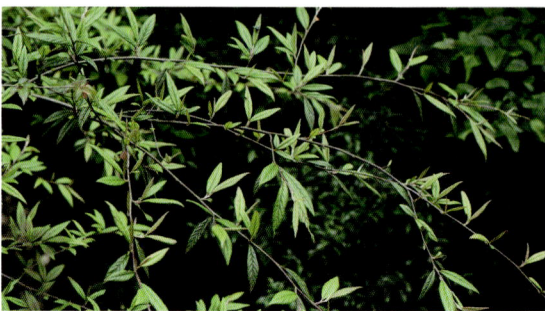

皱叶柳叶枸子

Cotoneaster salicifolius var. *rugosus* (Pritz.) Rehd. & Wils.

形态特征　常绿或半常绿中小型灌木。叶片较宽大，椭圆长圆形，上面暗褐色，具深皱纹，叶脉深陷，叶边反卷，下面叶脉显著突起，密被茸毛。果红色，具 2~3 小核。

地理分布　湖北西部及重庆东部。巫山县邓家乡有分布。

主要用途　观赏。

蔷薇科	Rosaceae		珍珠梅属	*Sorbaria*

高丛珍珠梅

Sorbaria arborea Schneid

形态特征 落叶灌木。枝条开展。小枝圆柱形，稍有棱角。羽状复叶，小叶片13~17枚，微被短柔毛或无毛；小叶片对生，披针形至长圆披针形，先端渐尖，基部宽楔形或圆形，边缘有重锯齿，上下两面无毛或下面微具星状茸毛，羽状网脉。顶生大型圆锥花序，分枝开展，总花梗与花梗微具星状柔毛；花瓣近圆形，先端钝，基部楔形，白色。蓇葖果圆柱形，无毛，果梗弯曲，果下垂。

地理分布 陕西、甘肃、新疆、湖北、江西、四川、云南、贵州、西藏。巫山县五里坡自然保护区、梨子坪林场有分布。

主要用途 观赏。

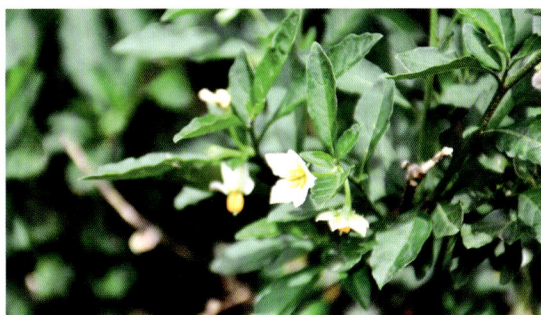

茄科	Solanaceae		茄属	*Solanum*

珊瑚樱

Solanum pseudocapsicum L.

形态特征 直立分枝小灌木。全株光滑无毛。叶互生，狭长圆形至披针形，先端尖或钝，基部狭楔形下延成叶柄，边全缘或波状，两面均光滑无毛，中脉在下面凸出。花多单生，很少成蝎尾状花序，无总花梗或近于无总花梗，腋外生或近对叶生；花小，白色。浆果橙红色，萼宿存，顶端膨大。种子盘状，扁平。

地理分布 原产南美洲。安徽、江西、广东、广西均有栽培。巫山县铜鼓镇有分布。

主要用途 观赏。

青萩叶

Helwingia japonica (Thunb.) Dietr.

形态特征　落叶灌木。幼枝绿色，无毛，叶痕显著。叶纸质，卵形、卵圆形，稀椭圆形，先端渐尖，极稀尾状渐尖，基部阔楔形或近于圆形，边缘具刺状细锯齿；叶上面亮绿色，下面淡绿色；中脉及侧脉在上面微凹陷，下面微突出；托叶线状分裂。花淡绿色，3~5数，花萼小，花瓣镊合状排列。浆果幼时绿色，成熟后黑色。

地理分布　河南、陕西、浙江、安徽等地。日本、缅甸北部、印度北部也有分布。巫山县五里坡自然保护区、笃坪乡、当阳乡、官阳镇、竹贤乡等有分布。

主要用途　观赏。

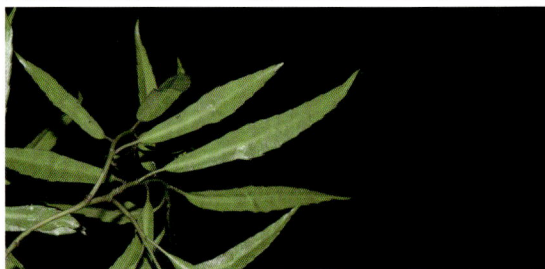

中华青萩叶

Helwingia chinensis Batal.

形态特征　常绿灌木。树皮深灰色或淡灰褐色。幼枝纤细，紫绿色。叶革质、近于革质，稀厚纸质，线状披针形或披针形，先端长渐尖，基部楔形或近于圆形，边缘具稀疏腺状锯齿，叶上面深绿色，下面淡绿色。雄花 4~5 枚成伞形花序，生于叶面中脉中部或幼枝上段，花 3~5 数；花萼小，花瓣卵形；雌花 1~3 枚生于叶面中脉中部，花梗极短。果具分核 3~5 枚，长圆形，幼时绿色，成熟后黑色。

地理分布　陕西南部、甘肃南部、湖北西部、湖南、四川、云南等地。巫山县五里坡自然保护区、官阳镇、平河乡、竹贤乡等有分布。

主要用途　观赏。

青皮木

Schoepfia jasminodora Sieb. et Zucc.

形态特征　落叶小乔木或灌木。树皮灰褐色。叶纸质，卵形或长卵形，顶端近尾状或长尖，基部圆形，稀微凹或宽楔形，叶上面绿色，下面淡绿色；侧脉每边 4~5 条，略呈红色；叶柄红色。总花梗红色；花冠钟形或宽钟形，白色或浅黄色。果椭圆状或长圆形。花叶同放。

地理分布　秦岭以南的甘肃（南部）、陕西（南部）、河南（南部）、四川、安徽、江西、浙江、福建、台湾等地。巫山县邓家乡有分布。

主要用途　观赏。

泡花树

Meliosma cuneifolia Franch.

形态特征　落叶灌木或乔木。树皮黑褐色。小枝暗黑色，无毛。叶为单叶，纸质，倒卵状楔形或狭倒卵状楔形，先端短渐尖，中部以下渐狭，约 3/4 以上具侧脉伸出的锐尖齿，叶面初被短粗毛，叶背被白色平伏毛；侧脉每边 16~20 条，直达齿尖，脉腋具明显髯毛。圆锥花序顶生，直立，被短柔毛；萼片 5，宽卵形，外面 2 片较狭小，具缘毛；外面 3 片花瓣近圆形，有缘毛。核果扁球形。

地理分布　甘肃东部、陕西南部、河南西部、湖北西部、四川、贵州、云南、西藏南部。巫山县梨子坪林场有分布。

主要用途　观赏；木材为良材之一；叶可提单宁；树皮可剥取纤维；根皮药用，治无名肿毒、毒蛇咬伤、腹胀水肿。

多花清风藤

Sabia schumanniana subsp. *pluriflora* (Rehd. et Wils.)
Y. F. Wu

　　形态特征　落叶攀缘木质藤本。叶纸质，叶狭椭圆形或线状披针形。聚伞花序有花 6~20 朵；萼片、花瓣、花丝及花盘中部均有红色腺点；花淡绿色，花瓣长圆形或阔倒卵形。

　　地理分布　湖北西部、四川东部、重庆。巫山县建平乡有分布。

　　主要用途　观赏。

阔叶清风藤

Sabia yunnanensis subsp. *latifolia* (Rehd. et Wils.) Y. F.
Wu

　　形态特征　攀缘落叶藤本。叶片椭圆状长圆形、椭圆状倒卵形或倒卵状圆形。花瓣通常有缘毛，基部无紫红色斑点；花盘中部无凸起的褐色腺点。

　　地理分布　四川中南部及贵州。巫山县五里坡自然保护区、梨子坪林场、笃坪乡等有分布。

　　主要用途　茎皮可作纤维。

四川清风藤
Sabia schumanniana Diels

形态特征　落叶攀缘木质藤本。芽鳞卵形，无毛，边有缘毛。叶纸质，长圆状卵形，先端急尖或渐尖，基部圆或阔楔形，两面均无毛，叶面深绿色，叶背淡绿色。聚伞花序有花 1~3 朵；花淡绿色，萼片 5，三角状卵形，花瓣 5 片，长圆形或阔倒卵形，有 7~9 条脉纹。分果爿倒卵形或近圆形，无毛。

地理分布　四川南部、贵州北部和西部。巫山县竹贤乡有分布。

主要用途　观赏。

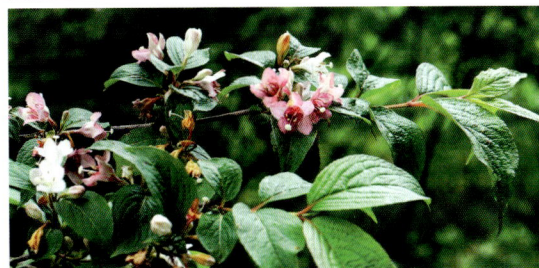

半边月
Weigela japonica var. *sinica* (Rehd.) Bailey

形态特征　落叶灌木。叶长卵形至卵状椭圆形，顶端渐尖至长渐尖，基部阔楔形至圆形，边缘具锯齿，上面深绿色，疏生短柔毛，脉上毛较密，下面浅绿色，密生短柔毛；叶柄有柔毛。单花或具 3 朵花的聚伞花序生于短枝的叶腋或顶端；花冠白色或淡红色，花开后逐渐变红色，漏斗状钟形，外面疏被短柔毛或近无毛；花丝白色，花药黄褐色。果长顶端有短柄状喙，疏生柔毛。种子具狭翅。

地理分布　安徽、湖南、广东、广西、四川、贵州等地。巫山县五里坡自然保护区、江南自然保护区、梨子坪林场、邓家乡、骡坪镇、龙溪镇等有分布。

主要用途　观赏。

二翅糯米条

Abelia macrotera (Graebn. et Buchw.) Rehd.

形态特征　落叶灌木。幼枝红褐色，光滑。叶卵形至椭圆状卵形，顶端渐尖或长渐尖，基部钝圆或阔楔形至楔形，边缘具疏锯齿及睫毛，上面绿色，叶脉下陷，疏生短柔毛，下面灰绿色，中脉及侧脉基部密生白色柔毛。聚伞花序常由未伸展的带叶花枝所构成，含数朵花，生于小枝顶端或上部叶腋；苞片红色，披针形；花冠浅紫红色，漏斗状，外面被短柔毛。果常被短柔毛。

地理分布　陕西、河南、湖北、湖南、四川、贵州、云南。巫山县梨子坪林场、邓家乡、五里坡林场、双龙镇、官阳镇、红椿乡、建平乡、两坪乡等有分布。

主要用途　观赏。

南方六道木

Zabelia dielsii (Graebn.) Makino

主要用途　观赏。

形态特征　落叶灌木。叶对生，卵状披针形、卵形或椭圆形，顶端尖或钝，基部楔形或阔楔形至近圆形，全缘或中部以上具疏齿牙，两面疏被硬毛，下面基部叶脉密被白色长柔毛，边缘被纤毛；叶柄基部膨大且成对相连，成明显突起的节。由4~8朵花组成的复聚伞花序生于侧枝顶端；总花梗被倒生长硬毛或无毛；花冠黄色，高脚碟形。果稍弯曲，压扁。

地理分布　湖北、四川西部、贵州西南部、云南西北部和西藏东部。巫山县邓家乡、竹贤乡有分布。

糯米条

Abelia chinensis R. Br.

形态特征　落叶多分枝灌木。叶有时 3 枚轮生，圆卵形至椭圆状卵形，顶端急尖或长渐尖，基部圆或心形，边缘有稀疏圆锯齿，上面初时疏被短柔毛，下面基部主脉及侧脉密被白色长柔毛，花枝上部叶向上逐渐变小。聚伞花序生于小枝上部叶腋，由多数花序集合成一圆锥状花簇，总花梗被短柔毛，果期光滑；花芳香，具 3 对小苞片；花冠白色至红色，漏斗状，外面被短柔毛，裂片 5，圆卵形；雄蕊着生于花冠筒基部，花丝细长，伸出花冠筒外；花柱细长，柱头圆盘形。

地理分布　浙江、江西、福建、台湾、湖北、湖南、广东、广西、四川、贵州、云南。巫山县巫溪镇有分布。

主要用途　观赏。

蓪梗花

Abelia uniflora R. Brown

形态特征　落叶灌木或小乔木。枝纤细，多分枝。叶革质，卵形、狭卵形或披针形，顶端钝或有小尖头，基部圆至阔楔形，近全缘或具 2~3 对不明显的浅圆齿，边缘内卷，上面暗绿色，下面绿白色，两面疏被硬毛，下面中脉基部密生白色长柔毛；叶柄短。具 1~2 朵花的聚伞花序生于侧枝上部叶腋；萼筒被短柔毛，花冠粉红色至浅紫色，狭钟形，外被短柔毛及腺毛，基部具浅囊，花蕾时花冠弯曲。果被短柔毛。

地理分布　陕西、甘肃、福建、湖北、四川、贵州、云南等地。巫山县大昌镇、金坪乡、两坪乡、竹贤乡等有分布。

主要用途　观赏。

大花忍冬

Lonicera macrantha (D. Don) Spreng.

形态特征　半常绿藤本。幼枝、叶柄和总花梗均被开展的黄白色或金黄色长糙毛和稠密的短糙毛，并散生短腺毛；小枝红褐色或紫红褐色，老枝赭红色。叶近革质或厚纸质，卵状矩圆形或披针形，顶端长渐尖，基部微心形，上面中脉上有长、短两种糙毛，下面网脉隆起。花微香，双花腋生，常于小枝稍密集成多节的伞房状花序；苞片、小苞片和萼齿都有糙毛和腺毛；花冠白色，后变黄色。果黑色，圆形或椭圆形。

地理分布　江西（武宁、德兴）、台湾、湖南（宜章）重庆（南川）、贵州（遵义、榕江）、云南（西畴）、西藏（墨脱）。巫山县笃坪乡、五里坡林场、两坪乡、平河乡、庙宇镇等有分布。

主要用途　观赏。

淡红忍冬

Lonicera acuminata Wall.

形态特征　落叶或半常绿藤本。幼枝、叶柄和总花梗均被疏或密的棕黄色糙毛或糙伏毛。叶薄革质至革质，卵状矩圆形、矩圆状披针形至条状披针形，顶端长渐尖至短尖，基部圆至近心形，两面被疏或密的糙毛，有缘毛。双花在小枝顶集合成近伞房状花序，苞片钻形；萼筒椭圆形或倒壶形，无毛或有短糙毛；花冠黄白色而有红晕，漏斗状，外面无毛或有开展或半开展的短糙毛。果蓝黑色，卵圆形。种子椭圆形至矩圆形，稍扁，有细凹点，两面中部各有一凸起的脊。

地理分布　陕西、甘肃、浙江（龙泉、庆元、遂昌）、江西、福建（崇安）、湖南、广东（乳源）、四川、云南、西藏等地。喜马拉雅东部经缅甸至苏门答腊、菲律宾地区也有分布。巫山县红椿乡等有分布。

主要用途　观赏。

短尖忍冬

Lonicera mucronata Rehd.

形态特征　半常绿藤本。幼枝连同叶柄和总花梗密被微糙毛和倒硬毛。叶薄革质，宽倒卵形至宽椭圆形或近圆形，顶端钝或圆而具短凸尖，边缘稍背卷，有硬睫毛，上面无毛或疏生短硬伏毛，下面有时粉绿色，网脉显著，被硬伏毛或无毛。总花梗生于当年小枝基部苞腋；花白色或带粉红色。相邻两果全部或下半部连合，各具5~10种子。种子浅褐色，矩圆状椭圆形，有细凹点。

地理分布　湖北西部（巴东）和四川东北部。巫山县巫峡镇、两坪乡、五里坡自然保护区、大昌镇、建平乡等有分布。

主要用途　观赏。

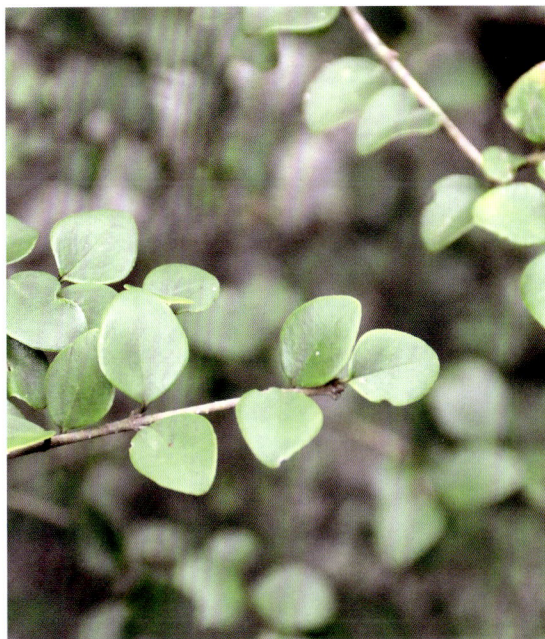

金花忍冬

Lonicera chrysantha Turcz.

形态特征　落叶灌木。幼枝、叶柄和总花梗常被开展的直糙毛、微糙毛和腺毛。叶纸质，菱状卵形、菱状披针形、倒卵形或卵状披针形，顶端渐尖或急尾尖，基部楔形至圆形，两面脉上被直或稍弯的糙伏毛，中脉毛较密，有直缘毛。苞片条形或狭条状披针形，常高出萼筒；花冠先白色后变黄色，外面疏生短糙毛，唇形。果红色，圆形。

地理分布　东北三省及内蒙古南部、河北、宁夏、甘肃、青海、山东（泰山）、江西（庐山）、湖北（武当山）、重庆（巫山）和北部。巫山县五里坡自然保护区、笃坪乡、邓家乡、五里坡林场、官阳镇、梨子坪林场等有分布。

主要用途　观赏；药用。

盘叶忍冬

Lonicera tragophylla Hemsl.

形态特征 落叶灌木。幼枝、叶两面脉上、叶柄、苞片、小苞片及萼檐外面都被短柔毛和微腺毛。叶纸质，通常卵状椭圆形至卵状披针形，稀矩圆状披针形或倒卵状矩圆形，顶端渐尖或长渐尖，基部宽楔形至圆形。花芳香，生于幼枝叶腋；苞片条形；花冠先白色后变黄色，外被短伏毛或无毛，唇形，内被柔毛。果暗红色，圆形。种子具蜂窝状微小浅凹点。

地理分布 东北三省及河北、山西、河南西部、山东、江苏等地。朝鲜、日本及俄罗斯也有分布。巫山县当阳乡、竹贤乡、五里坡自然保护区有分布。

主要用途 观赏；药用。

金银忍冬

Lonicera maackii (Rupr.) Maxim.

形态特征 落叶藤本。叶纸质，矩圆形或卵状矩圆形形，顶端钝或稍尖，基部楔形，被短糙毛，中脉基部有时带紫红色，花序下方 1~2 对叶连合成近圆形或圆卵形的盘，盘两端通常钝形或具短尖头；叶柄很短或不存在。由 3 朵花组成的聚伞花序密集成头状花序生小枝顶端；萼筒壶形，萼齿小，三角形或卵形，顶钝；花冠黄色至橙黄色，上部外面略带红色，外面无毛，唇形，筒稍弓弯，内面疏生柔毛。果成熟时由黄色转红黄色，最后变深红色，近圆形。

地理分布 河北西南部、山西南部、陕西中部至南部、宁夏和甘肃的南部、浙江西北部、四川及贵州北部。巫山县五里坡自然保护区、竹贤乡、笃坪乡有分布。

主要用途 观赏；药用。

忍冬

Lonicera japonica Thunb.

形态特征　半常绿藤本。叶纸质，卵形至矩圆状卵形，顶端尖或渐尖，基部圆或近心形，有糙缘毛，上面深绿色，下面淡绿色，小枝上部叶通常两面均密被短糙毛，下部叶常平滑无毛；叶柄密被短柔毛。总花梗通常单生于小枝上部叶腋，密被短柔毛；花冠白色，有时基部向阳面呈微红，后变黄色，唇形，外被多少倒生的开展或半开展糙毛和长腺毛，上唇裂片顶端钝形，下唇带状而反曲。果圆形，熟时蓝黑色。种子卵圆形或椭圆形，褐色，中部有一凸起的脊，两侧有浅的横沟纹。

地理分布　除黑龙江、内蒙古、宁夏、青海、新疆、海南和西藏无自然生长外，全国各地均有分布。巫山县飞播林场、福田镇、官阳镇、骡坪镇、巫峡镇等有分布。

主要用途　观赏；药用。

蕊被忍冬

Lonicera gynochlamydea Hemsl.

形态特征　落叶灌木。幼枝、叶柄及叶中脉常带紫色，后变灰黄色。幼枝无毛。叶纸质，卵状披针形、矩圆状披针形至条状披针形，顶端长渐尖，基部圆至楔形，两面中脉有毛，上面散生暗紫色腺，下面基部中脉两侧常具白色长柔毛，边缘有短糙毛。花冠白带淡红色或紫红色，内、外两面均有短糙毛，唇形，基部具深囊。果紫红色至白色，具 1~2（4）粒种子。

地理分布　陕西和甘肃的南部、安徽南部（贵池）、湖北西部、湖南西北部（桑植）、四川北部（平武）至东部和东南部、贵州东北部和西部（毕节）。巫山县官阳镇有分布。

主要用途　观赏。

唐古特忍冬

Lonicera tangutica Maxim.

形态特征　落叶灌木。叶纸质，倒披针形至矩圆形或倒卵形至椭圆形，顶端钝或稍尖，基部渐窄，两面常被稍弯的短糙毛或短糙伏毛，上面近叶缘处毛常较密，下面有时脉腋有趾蹼状鳞腺，常具糙缘毛。总花梗生于幼枝下方叶腋，纤细，稍弯垂，被糙毛或无毛；花冠白色、黄白色或有淡红晕，筒状漏斗形，筒基部稍一侧肿大或具浅囊，外面无毛或有时疏生糙毛，裂片近直立，圆卵形。果红色。

地理分布　陕西、宁夏和甘肃的南部、青海东部、湖北西部、四川、云南西北部、西藏东南部。巫山县五里坡自然保护区、梨子坪林场有分布。

主要用途　观赏。

细毡毛忍冬

Lonicera similis Hemsl.

形态特征　落叶藤本。幼枝、叶柄和总花梗均被淡黄褐色、开展的长糙毛和短柔毛；老枝棕色。叶纸质，卵形至卵状披针形或披针形，顶端急尖至渐尖，基部圆或截形至微心形，上面初时中脉有糙伏毛，后变无毛，侧脉和小脉下陷，下面被由细短柔毛组成的灰白色或灰黄色细毡毛，脉上有长糙毛或无毛，老叶毛变稀而网脉明显凸起。双花单生于叶腋或少数集生枝端成总状花序；花冠先白色后变淡黄色，外被开展的长、短糙毛和腺毛或全然无毛，唇形，筒细，超过唇瓣，内有柔毛。果蓝黑色，卵圆形。

地理分布　陕西南部、甘肃南部、浙江西北部和西南部、湖北西部、湖南西部、广西（都安）等地。巫山县平河乡有分布。

主要用途　观赏。

头序荛花

Wikstroemia capitata Rehd

形态特征 落叶小灌木。叶膜质，对生或近对生，椭圆形或倒卵状椭圆形，很少为倒卵状长圆形，先端钝或微钝，基部渐狭，两面均无毛，上面黄绿色，下面稍苍白色。头状花序 3~7 花，着生于纤细的花序轴上，总花梗极细，丝状，花黄色，无梗，外面被绢状糙伏毛，顶端 4 裂，裂片卵形或卵状长圆形。果卵圆形，两端渐尖，黄色，略被糙伏毛，外为宿存花萼所包被。

地理分布 湖北、贵州、四川、陕西。巫山县邓家乡、铜鼓镇、竹贤乡等有分布。

主要用途 观赏。

小黄构

Wikstroemia micrantha Hemsl.

形态特征 落叶灌木。除花萼有时被极稀疏的柔毛外，余部无毛；小枝纤弱，圆柱形，幼时绿色，后渐变为褐色。叶坚纸质，通常对生或近对生，长圆形，椭圆状长圆形或窄长圆形，少有为倒披针状长圆形或匙形，先端钝或具细尖头，基部通常圆形，边缘向下面反卷，叶上面绿色，下面灰绿色。总状花序单生，簇生或为顶生的小圆锥花序，无毛或被疏散的短柔毛；花黄色，疏被柔毛，花萼近肉质，顶端 4 裂，裂片广卵形。果卵圆形，黑紫色。

地理分布 陕西、甘肃、四川、湖北、湖南、云南、贵州。巫山县曲尺乡、当阳乡、巫峡镇等有分布。

主要用途 观赏。

尖瓣瑞香

Daphne acutiloba Rehd.

形态特征　常绿灌木。树皮黄褐色，干燥后具皱纹。密分枝，幼枝贴生淡黄色茸毛，老枝无毛，紫红色和棕红色。叶互生，革质，长圆状披针形至椭圆状倒披针形或披针形，先端渐尖或钝形，稀下陷，基部常下延成楔形，上面深绿色，有光泽，下面淡绿色，两面均无毛；叶柄无毛。花白色，芳香，5~7朵组成顶生头状花序；花梗短，被淡黄色丝状毛。果肉质，椭圆形，幼时绿色，成熟后红色，具1粒种子。种子种皮暗红色，微具光泽。

地理分布　湖北、四川、云南。巫山县五里坡自然保护区、梨子坪林场、当阳乡、铜鼓镇、竹贤乡等有分布。

主要用途　观赏。

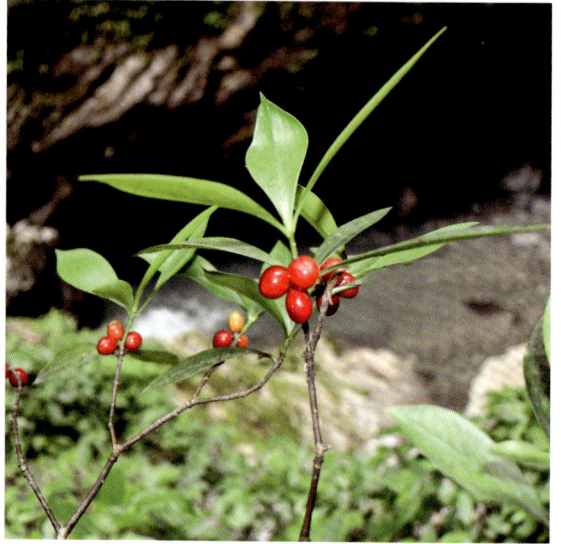

川桑寄生

Taxillus sutchuenensis (Lecomte) Danser

形态特征　落叶灌木。嫩枝、叶密被红褐色星状毛。小枝黑色，具散生皮孔。叶近对生或互生，革质，卵形、长卵形或椭圆形，顶端圆钝，基部近圆形，上面无毛，下面被茸毛；侧脉4~5对，在叶上面明显。总状花序，1~3个生于小枝已落叶腋部或叶腋，具花（2）3~4（5）朵，密集呈伞形，花序和花均密被褐色星状毛，花红色，花托椭圆状；花冠花蕾时管状，稍弯，下半部膨胀，顶部椭圆状。果椭圆状，两端均圆钝，黄绿色，果皮具颗粒状体，被疏毛。

地理分布　云南、四川、甘肃、陕西、山西、河南、贵州、湖北、湖南、广西、等地。巫山县邓家乡有分布。

主要用途　观赏。

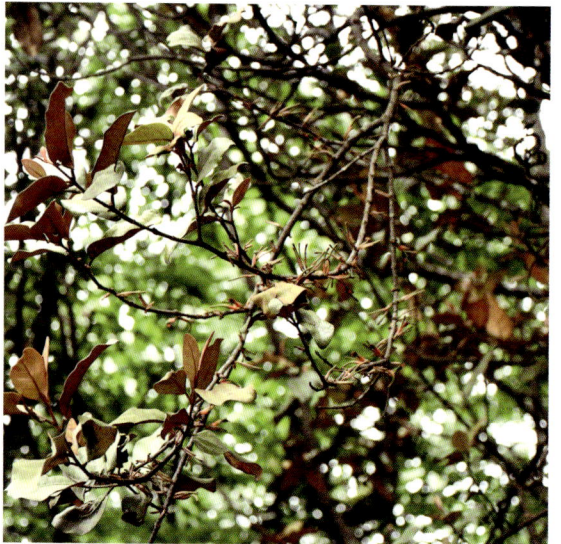

柘

Maclura tricuspidata Carriere

形态特征 落叶灌木或小乔木,高 1~7m。树皮灰褐色。小枝无毛,略具棱,有棘刺。冬芽赤褐色。叶卵形或菱状卵形,先端渐尖,基部楔形至圆形,表面深绿色,背面绿白色,无毛或被柔毛,侧脉 4~6 对;叶柄被微柔毛。雌雄异株,雌雄花序均为球形头状花序,单生或成对腋生,具短总花梗。聚花果近球形,肉质,成熟时橘红色。花期 5~6 月,果期 6~7 月。

地理分布 华北、华东、中南、西南各地(北达陕西、河北)。巫山县五里坡自然保护区、大昌镇、当阳乡、巫峡镇等有分布。

主要用途 茎皮纤维可以造纸;根皮药用;嫩叶可以养幼蚕;果可生食或酿酒;木材心部黄色,质坚硬细致,可以制家具或作黄色染料;良好的绿篱树种。

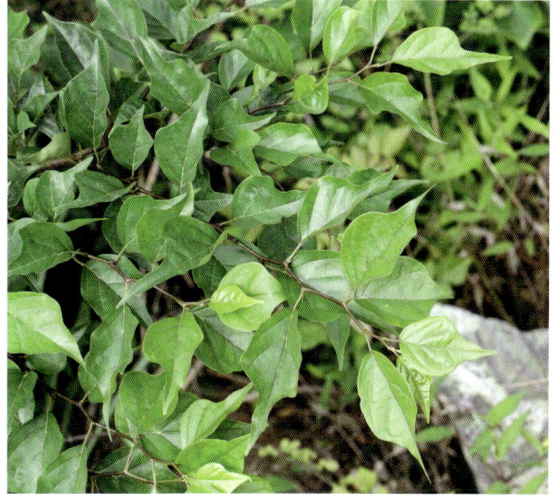

楮构

Broussonetia × kazinoki Siebold

形态特征 落叶灌木。小枝幼时被毛,成长脱落。叶卵形至斜卵形,先端渐尖至尾尖,基部近圆形或斜圆形,边缘具三角形锯齿,不裂或 3 裂,表面粗糙,背面近无毛。花雌雄同株;雄花序球形头状,雄花花被3~4 裂,裂片三角形,外面被毛,花药椭圆形;雌花序球形,被柔毛,花被管状,顶端齿裂,或近全缘,花柱单生,仅在近中部有小突起。聚花果球形;瘦果扁球形,外果皮壳质,表面具瘤体。

地理分布 台湾及华中、华南、西南各地。日本、朝鲜也有分布。巫山县大昌镇、笃坪乡、平河乡等有分布。

主要用途 韧皮纤维可以造纸。

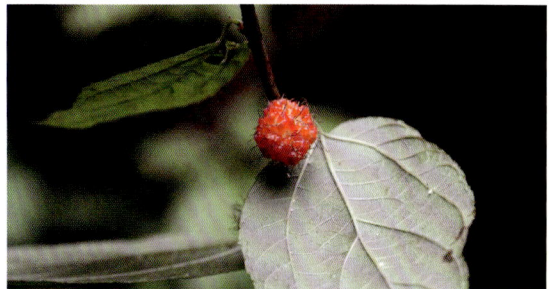

构

Broussonetia papyrifera (Linnaeus) L' Heritier ex Ventenat

形态特征 落叶乔木。树皮暗灰色。小枝密生柔毛。叶螺旋状排列,广卵形至长椭圆状卵形,先端渐尖,基部心形,两侧常不相等,边缘具粗锯齿。花雌雄异株;雄花序为柔荑花序,粗壮,苞片披针形,被毛,花被4裂,裂片三角状卵形,被毛,花药近球形;雌花序球形头状,苞片棍棒状,顶端被毛,花被管状,顶端与花柱紧贴,子房卵圆形,柱头线形,被毛。聚花果成熟时橙红色,肉质;瘦果具与等长的柄,表面有小瘤,龙骨双层,外果皮壳质。

地理分布 我国南北各地。印度、缅甸、泰国等也有分布。巫山县抱龙镇、大昌镇、邓家乡、两坪乡、龙溪镇、平河乡、庙宇镇等有分布。

主要用途 韧皮纤维可以造纸。

藤构

Broussonetia kaempferi var. *australis* Suzuki

形态特征 蔓生藤状灌木。树皮黑褐色。小枝显著伸长,幼时被浅褐色柔毛,成长脱落。叶互生,螺旋状排列,近对称的卵状椭圆形,先端渐尖至尾尖,基部心形或截形,边缘锯齿细,齿尖具腺体,不裂,稀为2~3裂,表面无毛,稍粗糙;叶柄被毛。花雌雄异株,雄花序短穗状,雄花花被片3~4,裂片外面被毛,花药黄色,椭圆球形,退化雌蕊小;雌花集生为球形头状花序。聚花果花柱线形,延长。

地理分布 浙江(龙泉至各地)、湖北、湖南、安徽、江西、福建、广东、广西、云南、四川、贵州、台湾等地。巫山县五里坡林场、骡坪镇有分布。

主要用途 韧皮纤维可以造纸。

鸡桑

Morus australis Poir.

形态特征 落叶灌木或小乔木。树皮灰褐色。冬芽大，圆锥状卵圆形。叶卵形，先端急尖或尾状，基部楔形或心形，边缘具粗锯齿，不分裂或 3~5 裂，表面粗糙，密生短刺毛，背面疏被粗毛。雄花序被柔毛，雄花绿色，具短梗，花被片卵形，花药黄色；雌花序球形，密被白色柔毛，雌花花被片长圆形，暗绿色，花柱很长，内面被柔毛。聚花果短椭圆形，成熟时红色或暗紫色。

地理分布 辽宁、河北、陕西、甘肃、山东、安徽、浙江、江西、福建、四川、贵州、云南、西藏等地。巫山县五里坡林场、当阳乡有分布。

主要用途 韧皮纤维可以造纸；果成熟时味甜可食。

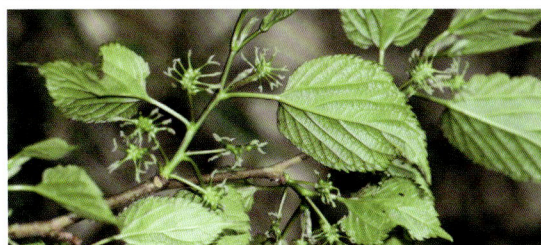

蒙桑

Morus mongolica (Bur.) Schneid.

形态特征 落叶小乔木或灌木。树皮灰褐色，纵裂。小枝暗红色，老枝灰黑色。叶长椭圆状卵形，先端尾尖，基部心形，边缘具三角形单锯齿，稀为重锯齿，齿尖有长刺芒，两面无毛。雄花花被暗黄色，外面及边缘被长柔毛，花药 2 室，纵裂；雌花序短圆柱状，总花梗纤细；雌花花被片外面上部疏被柔毛，或近无毛；花柱长，柱头 2 裂，内面密生乳头状突起。聚花果成熟时红色至紫黑色。

地理分布 东北三省、内蒙古、新疆、青海、河北、安徽、江苏、湖北、四川、贵州、云南等地。巫山县五里坡自然保护区、五里坡林场、平河乡等有分布。

主要用途 韧皮纤维可以造纸；果成熟时味甜可食。

桑

Morus alba L.

形态特征 落叶乔木或为灌木。树皮厚，灰色，具不规则浅纵裂。叶卵形或广卵形，先端急尖、渐尖或圆钝，基部圆形至浅心形，边缘锯齿粗钝，表面鲜绿色，无毛，背面沿脉有疏毛，脉腋有簇毛；叶柄具柔毛；托叶披针形，早落，外面密被细硬毛。花单性，腋生或生于芽鳞腋内，与叶同时生出；雄花序下垂，密被白色柔毛；雌花序被毛，总花梗被柔毛，雌花无梗，花被片倒卵形，顶端圆钝，外面和边缘被毛。聚花果卵状椭圆形，成熟时红色或暗紫色。

地理分布 原产我国中部和北部，现东北至西南各地均有栽培。朝鲜、日本、蒙古国、俄罗斯等均有栽培。巫山县抱龙镇、大昌镇、笃坪乡、龙溪镇等有分布。

主要用途 韧皮纤维可以造纸；果成熟时味甜可食；可养蚕。

地果

Ficus tikoua Bur.

形态特征 匍匐木质藤本。茎上生细长不定根。叶坚纸质，倒卵状椭圆形，先端急尖，基部圆形至浅心形，边缘具波状疏浅圆锯齿，侧脉 3~4 对，表面被短刺毛，背面沿脉有细毛；托叶披针形，被柔毛。榕果成对或簇生于匍匐茎上，常埋于土中，球形至卵球形，基部收缩成狭柄，成熟时深红色，表面多圆形瘤点，基生苞片 3，细小；雄花生榕果内壁孔口部，无柄，花被片 2~6；雌花生另一植株榕果内壁，有短柄。无花被，有黏膜包被子房。瘦果卵球形，表面有瘤体，花柱侧生，长，柱头 2 裂。

地理分布 湖北（南漳）、广西（大苗山）、贵州（纳雍）、西藏（东南部）、四川（木里等）等地。巫山县大溪乡、双龙镇、建平乡、巫峡镇、两坪乡、庙宇镇、铜鼓镇等有分布。

主要用途 果可食用。

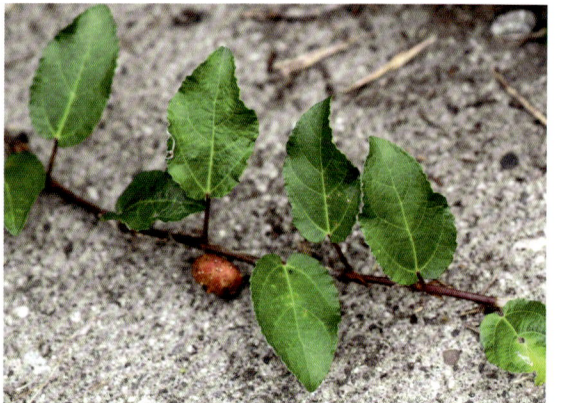

黄葛树

Ficus virens Aiton

形态特征 落叶或半落叶乔木。有板根或支柱根，幼时附生。叶薄革质或皮纸质，卵状披针形至椭圆状卵形，先端短渐尖，基部钝圆或楔形至浅心形，全缘，侧脉 7~10 对，背面突起，网脉稍明显；托叶披针状卵形，先端急尖。榕果单生或成对腋生，球形，成熟时紫红色，基生苞片 3，细小；有总梗。雄花、瘿花、雌花生于同一榕果内；雄花，无柄，少数，生榕果内壁近口部，花被片 4~5，披针形，雄蕊 1 枚，花药广卵形，花丝短；瘿花具柄，花被片 3~4，花柱侧生，短于子房；雌花与瘿花相似，花柱长于子房。瘦果表面有皱纹。

地理分布 云南（墨江、巍山等）、广东、海南、广西、福建、台湾、浙江。巫山县曲尺乡、大溪乡、培石乡等有分布。

主要用途 观赏。

爬藤榕

Ficus sarmentosa var. *impressa* (Champ.) Corner

形态特征 落叶藤状匍匐灌木。叶革质，披针形，先端渐尖，基部钝，背面白色至浅灰褐色，侧脉 6~8 对，网脉明显。榕果成对腋生或生于落叶枝叶腋，球形，幼时被柔毛。

地理分布 华东（至浙江、安徽）、华南（至广东、广西、海南）、西南（至贵州、云南）常见，北至河南、陕西、甘肃。巫山县五里坡自然保护区、平河乡有分布。

主要用途 观赏。

琴叶榕

Ficus pandurata Hance

形态特征 落叶小灌木。小枝及叶柄幼时生短柔毛，后变无毛。叶纸质，提琴形或倒卵形，先端急尖有短尖，基部圆形至宽楔形，表面无毛，背面叶脉有疏毛和小瘤点，基生侧脉 2，侧脉 3~5 对；叶柄疏被糙毛。雄花有柄，生榕果内壁口部，花被片 4，线形；瘿花有柄或无柄，花被片 3~4，倒披针形至线形，子房近球形，花柱侧生，很短；雌花花被片 3~4，椭圆形，花柱侧生，细长，柱头漏斗形。榕果单生叶腋，鲜红色，椭圆形或球形，顶部脐状突起。

地理分布 广东、海南、广西、福建、湖南、湖北、江西、安徽（南部）、浙江。巫山县五里坡自然保护区、当阳乡龙溪镇等有分布。

主要用途 观赏。

无花果

Ficus carica L.

形态特征 落叶灌木。树皮灰褐色，皮孔明显。叶互生，厚纸质，广卵圆形，通常 3~5 裂，小裂片卵形，边缘具不规则钝齿，表面粗糙，背面密生细小钟乳体及灰色短柔毛，基部浅心形。雌雄异株，雄花和瘿花同生于一榕果内壁，雄花生内壁口部，花被片 4~5，瘿花花柱侧生，短；雌花花被与雄花同，子房卵圆形，光滑，花柱侧生，柱头 2 裂，线形。榕果单生叶腋，大而梨形，顶部下陷，成熟时紫红色或黄色，基生苞片 3，卵形；瘦果透镜状。

地理分布 原产地中海沿岸，分布于土耳其至阿富汗。巫山县大溪乡、官渡镇、庙宇镇、曲尺乡、巫峡镇等有分布。

主要用途 观赏。

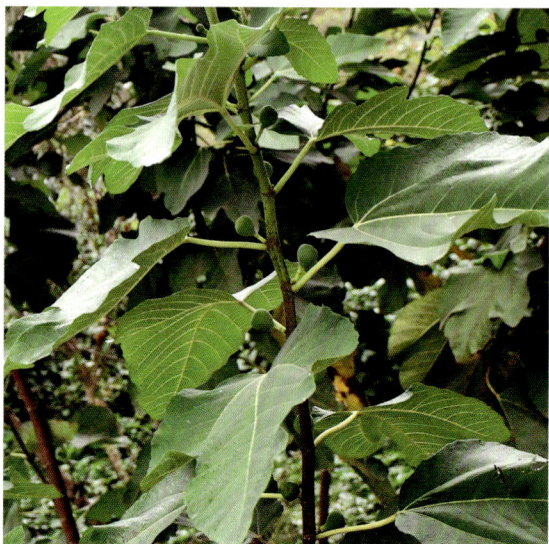

雅榕

Ficus concinna Miq.

形态特征　常绿乔木。树皮深灰色，有皮孔。小枝粗壮，无毛。叶狭椭圆形，全缘，先端短尖至渐尖，基部楔形，两面光滑无毛，干后灰绿色。榕果成对腋生或 3~4 个簇生于无叶小枝叶腋，球形。雄花、瘿花、雌花同生于一榕果内壁；雄花极少数，生于榕果内壁近口部，花被片 2，披针形，子房斜卵形，花柱侧生，柱头圆形；瘿花相似于雌花，花柱线形而短。榕果无总梗或不超过 0.5 毫米。

地理分布　广东、广西、贵州、云南（北至双柏、玉溪、弥渡）。巫山县广泛栽培，尤其以巫峡镇、培石乡栽培较多。

主要用途　观赏。

异叶榕

Ficus heteromorpha Hemsl.

形态特征　落叶灌木或小乔木。树皮灰褐色。小枝红褐色，节短。叶多形，琴形、椭圆形、椭圆状披针形，先端渐尖或为尾状，基部圆形或浅心形，表面略粗糙，背面有细小钟乳体，全缘或微波状。榕果成对生短枝叶腋，稀单生，无总梗，球形或圆锥状球形，光滑，成熟时紫黑色，顶生苞片脐状，基生苞片 3 枚，卵圆形，雄花和瘿花同生于一榕果中。雄花散生内壁，花被片 4~5，匙形；瘿花花被片 5~6，子房光滑，花柱短；雌花花被片 4~5，包围子房，花柱侧生，柱头画笔状，被柔毛。瘦果光滑。

地理分布　长江流域中下游及华南地区，北至陕西、湖北、河南。巫山县当阳乡、平河乡、铜鼓镇、竹贤乡等有分布。

主要用途　观赏。

茶

Camellia sinensis (L.) O. Ktze.

形态特征 常绿灌木或小乔木。嫩枝无毛。叶革质，长圆形或椭圆形，先端钝或尖锐，基部楔形，上面发亮，下面无毛或初时有柔毛。花 1~3 朵腋生，白色；花瓣 5~6 片，阔卵形。蒴果 3 球形或 1~2 球形。

地理分布 野生种遍见于长江以南各地的山区，现广泛栽培。巫山县福田镇、大昌镇、大溪乡、龙溪镇、平河乡等有分布。

主要用途 观赏；叶作茶饮。

尖连蕊茶

Camellia cuspidata (Kochs) Wright ex Gard.

主要用途 观赏。

形态特征 常绿灌木。叶革质，卵状披针形或椭圆形，先端渐尖至尾状渐尖，基部楔形或略圆，上面干后黄绿色，发亮，下面浅绿色，无毛；边缘密具细锯齿，叶柄略有残留短毛。花单独顶生，花冠白色，无毛；花瓣 6~7 片，基部并与雄蕊的花丝贴生，外侧 2~3 片较小，革质。蒴果圆球形，果皮薄。种子圆球形。

地理分布 江西、广西、湖南、贵州、安徽、陕西、湖北、云南、广东、福建。巫山县五里坡自然保护区、当阳乡、官阳镇、平河乡、巫峡镇、渝东珍稀植物园等有分布。

山茶

Camellia japonica L.

形态特征 常绿灌木或小乔木。嫩枝无毛。叶革质，椭圆形，先端略尖，或急短尖而有钝尖头，基部阔楔形，上面深绿色，干后发亮，无毛，下面浅绿色，无毛，边缘有相隔 2~3.5 厘米的细锯齿。花顶生，红色，无柄；花瓣 6~7 片，外侧 2 片近圆形，几离生，外面有毛，内侧 5 片基部连生，倒卵圆形，无毛；花丝管无毛。蒴果圆球形。

地理分布 四川、台湾、山东、江西等地。巫山县福田镇、龙溪镇、平河乡等有分布。

主要用途 观赏。

油茶

Camellia oleifera Abel.

形态特征 常绿灌木或中乔木。嫩枝有粗毛。叶革质，椭圆形，长圆形或倒卵形，先端尖而有钝头，基部楔形，上面深绿色，发亮，中脉有粗毛或柔毛，下面浅绿色，无毛或中脉有长毛，侧脉在上面能见，在下面不太明显，边缘有细锯齿，有时具钝齿，叶柄有粗毛。花顶生，近于无柄，阔卵形，背面有贴紧柔毛或绢毛，花后脱落，花瓣白色，倒卵形，花药黄色，背部着生。蒴果球形或卵圆形，果爿木质，中轴粗厚。花期冬春间。

地理分布 广东、香港、广西、湖南、江西。巫山县福田镇有引种栽培。

主要用途 种子可榨油。

光叶山矾

Symplocos lancifolia Sieb. et Zucc.

主要用途 观赏。

形态特征 常绿小乔木。芽、嫩枝、嫩叶背面脉上、花序均被黄褐色柔毛，小枝细长，黑褐色，无毛。叶纸质或近膜质，干后有时呈红褐色，卵形至阔披针形，先端尾状渐尖，基部阔楔形或稍圆，边缘具稀疏的浅钝锯齿。穗状花序；苞片椭圆状卵形，小苞片三角状阔卵形，背面均被短柔毛，有缘毛；花冠淡黄色，裂片椭圆形。核果近球形，顶端宿萼裂片直立。

地理分布 浙江、台湾、福建、广东、海南、广西、江西、湖南、湖北、四川、贵州、云南。巫山县当阳乡有分布。

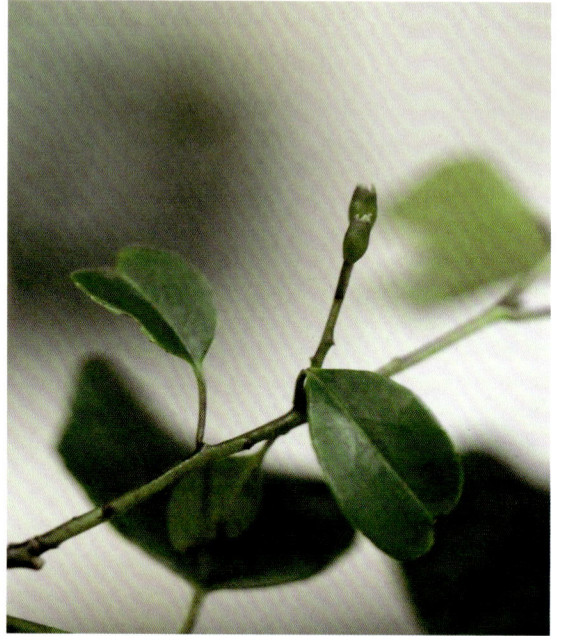

日本白檀

Symplocos paniculata (Thunb.) Miq.

坡林场等有分布。

主要用途 观赏。

形态特征 落叶灌木或小乔木。嫩枝、叶柄、叶背均被灰黄色皱曲柔毛。叶纸质，椭圆形或倒卵形，先端急尖或短尖，基部楔形或圆形，边缘有细尖锯齿，叶面有短柔毛。圆锥花序顶生或腋生，花序轴、苞片、萼外面均密被灰黄色皱曲柔毛；苞片早落；花萼裂片长圆形，长于萼筒；花冠白色，芳香。核果卵状圆球形，歪斜，被紧贴的柔毛，熟时蓝色。

地理分布 浙江、福建、台湾、安徽、广东、广西、云南、贵州、四川等地。巫山县官阳镇、江南自然保护区、笃坪乡、五里

山矾

Symplocos sumuntia Buch.-Ham. ex D. Don

形态特征　常绿乔木。嫩枝褐色。叶薄革质，卵形、狭倒卵形、倒披针状椭圆形，先端常呈尾状渐尖，基部楔形或圆形，边缘具浅锯齿或波状齿。总状花序被展开的柔毛；苞片早落，阔卵形至倒卵形，密被柔毛；花冠白色，5 深裂几达基部，裂片背面有微柔毛。核果卵状坛形，外果皮薄而脆，顶端宿萼裂片直立，有时脱落。

地理分布　江苏、浙江、福建、台湾、广东、海南、广西、江西、湖南、湖北、四川、贵州、云南。尼泊尔、不丹、印度也有分布。巫山县邓家乡有分布。

主要用途　观赏。

八角枫

Alangium chinense (Lour.) Harms

形态特征　落叶乔木或灌木。叶纸质，近圆形或椭圆形、卵形，顶端短锐尖或钝尖，基部一侧微向下扩张，另一侧向上倾斜，阔楔形、稀近于心脏形，叶上面深绿色，无毛，下面淡绿色。聚伞花序腋生，被稀疏微柔毛，有 7~30（50）花；总花梗长常分节；花冠圆筒形，花瓣 6~8，线形，基部黏合，上部开花后反卷，外面有微柔毛，初为白色，后变黄色。核果卵圆形，幼时绿色，成熟后黑色，顶端有宿存的萼齿和花盘。

地理分布　河南、陕西、甘肃、江苏、浙江、四川、西藏等地。巫山县建平乡、骡坪镇、庙宇镇、平河乡等有分布。

主要用途　可作药用，根名白龙须，茎名白龙条，治风湿、跌打损伤、外伤止血等；树皮纤维可编绳索；木材可作家具及天花板。

稀花八角枫

Alangium chinense subsp. *pauciflorum* W. P. Fang

形态特征　纤细的灌木或小乔木。叶较小，卵形，顶端锐尖，常不分裂，稀 3（5）微裂。花较稀少，每花序仅 3~6 花，花瓣、雄蕊均 8 枚，花丝有白色疏柔毛。

地理分布　河南、陕西、甘肃、湖北、湖南、四川、贵州及云南等地。巫山县平河乡、竹贤乡有分布。

主要用途　可作药用，根名白龙须，茎名白龙条，治风湿、跌打损伤、外伤止血等；树皮纤维可编绳索；木材可作家具及天花板用材。

小花八角枫

Alangium faberi Oliv.

形态特征　落叶灌木。树皮平滑，灰褐色或深褐色。叶薄纸质至膜质，顶端渐尖或尾状渐尖，基部倾斜，近圆形或心脏形，上面绿色，叶脉上较密，下面淡绿色。聚伞花序短而纤细，有淡黄色粗伏毛，有 5~10 花；花瓣 5~6，外面有紧贴的粗伏毛，内面疏生疏柔毛，开花时向外反卷。核果近卵圆形或卵状椭圆形，幼时绿色，成熟时淡紫色，顶端有宿存的萼齿。

地理分布　四川、湖北、湖南、贵州、广东、广西等地。巫山县大昌镇有分布。

主要用途　根作药用，有清热、消积食、解毒之功效。

山茱萸科	Cornaceae		八角枫属 *Alangium*

瓜木

Alangium platanifolium (Sieb. et Zucc.) Harms

形态特征　落叶灌木或小乔木。树皮平滑，灰色或深灰色。叶纸质，近圆形，稀阔卵形或倒卵形，顶端钝尖，基部近于心脏形或圆形，边缘呈波状或钝锯齿状，上面深绿色，下面淡绿色。聚伞花序生叶腋，花梗几无毛；花瓣6~7，线形，紫红色，外面有短柔毛，近基部较密，基部黏合，上部开花时反卷。核果长卵圆形或长椭圆形，顶端有宿存的花萼裂片，有短柔毛或无毛。

地理分布　吉林、辽宁、河北、山西、河南、陕西、甘肃、山东、浙江、台湾、江西、湖北、四川、贵州、云南东北部。巫山县红椿乡有分布。

主要用途　皮含鞣质，纤维可作人造棉；根、叶药用，治风湿和跌打损伤等病，又可以作农药。

山茱萸科	Cornaceae		山茱萸属 *Cornus*

灯台树

Cornus controversa Hemsley

形态特征　落叶乔木。树皮光滑，暗灰色或带黄灰色。叶互生，纸质，阔卵形、阔椭圆状卵形或披针状椭圆形，先端突尖，基部圆形或急尖，全缘，上面黄绿色，无毛，下面灰绿色，密被淡白色平贴短柔毛；叶柄紫红绿色，无毛，上面有浅沟，下面圆形。伞房状聚伞花序，总花梗淡黄绿色；花小，白色，花瓣4，长圆披针形，先端钝尖，外侧疏生平贴短柔毛。核果球形，成熟时紫红色至蓝黑色；果梗无毛。

地理分布　辽宁、河北、陕西、甘肃以及长江以南等地。巫山县五里坡自然保护区、邓家乡、当阳乡、官渡镇、红椿乡、梨子坪林场、竹贤乡等有分布。

主要用途　果可以榨油，为木本油料植物；树冠形状美观，夏季花序明显，可作行道树。

梾木

Cornus macrophylla Wallich

形态特征　落叶乔木或灌木。树皮黑灰色，纵裂。叶对生，厚纸质，椭圆形、长圆椭圆形或长圆卵形，先端急尖或突然渐尖，基部圆形或宽楔形，边缘微波状，上面暗绿色，下面微带白色。伞房状聚伞花序顶生，密被黄色短柔毛，花小，白色，花瓣舌状长圆形或长卵形，先端短渐尖，上面近于无毛，下面有褐色及灰白色贴生短柔毛。核果近于球形，黑色，被有灰褐色平贴短柔毛。

地理分布　云南独龙江、怒江流域和贡山、维西等高山地区。巫山县邓家乡、笃坪乡、建平乡、龙溪镇、平河乡、竹贤乡等有分布。

主要用途　观赏。

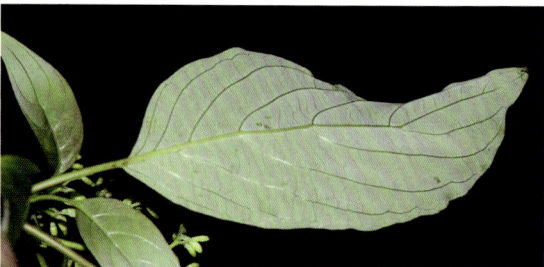

毛梾

Cornus walteri Wangerin

形态特征　落叶乔木。树皮厚，黑褐色，纵裂而又横裂成块状。叶对生、纸质、椭圆形、长圆椭圆形或阔卵形，先端渐尖，基部楔形，上面深绿色，稀被贴生短柔毛，下面淡绿色，密被灰白色贴生短柔毛；叶柄长幼时被有短柔毛，后渐无毛，上面平坦，下面圆形。伞房状聚伞花序顶生，花密，被灰白色短柔毛；花白色，有香味；花瓣4，长圆披针形，上面无毛，下面有贴生短柔毛。核果球形，成熟时黑色，近于无毛。

地理分布　辽宁、河北、山西南部以及华东、华中、华南、西南各地。巫山县五里坡自然保护区、梨子坪林场、五里坡林场、竹贤乡、骡坪镇等有分布。

主要用途　观赏。

头状四照花

Cornus capitata Wallich

形态特征 常绿乔木，稀灌木。树皮褐色或灰黑色，纵裂。叶对生，薄革质或革质，长圆椭圆形或长圆披针形，先端突尖，基部楔形或宽楔形，上面亮绿色，被白色贴生短柔毛，下面灰绿色，密被白色较粗的贴生短柔毛；叶柄圆柱形密被白色贴生短柔毛，上面有浅沟，下面圆形。头状花序球形，约为100余朵绿色花聚集而成；花瓣4，长圆形下面被有白色贴生短柔毛。果序扁球形，成熟时紫红色。

地理分布 浙江南部、湖北西部、广西、四川、贵州、云南、西藏等地。印度、尼泊尔及巴基斯坦也有分布。巫山县官阳镇、当阳镇、邓家乡、笃坪乡、大昌镇、官渡镇、红椿乡、建平乡、竹贤乡等有分布。

主要用途 观赏。

小梾木

Cornus quinquenervis Franchet

形态特征 落叶灌木。树皮灰黑色，光滑。叶对生，纸质，椭圆状披针形、披针形，先端钝尖或渐尖，基部楔形，全缘，上面深绿色，散生平贴短柔毛，下面淡绿色，被较少灰白色的平贴短柔毛或近于无毛；叶柄黄绿色，被贴生灰色短柔毛，上面有浅沟，下面圆形。伞房状聚伞花序顶生，被灰白色贴生短柔毛；花小，白色至淡黄白色；花瓣4，狭卵形至披针形，先端急尖，质地稍厚，上面无毛，下面有贴生短柔毛。核果圆球形，成熟时黑；核近于球形，骨质。

地理分布 陕西、甘肃南部、江苏、福建、湖北、湖南、广东、广西、四川、贵州、云南等地。巫山县龙溪镇有分布。

主要用途 观赏。

膀胱果

Staphylea holocarpa Hemsl.

形态特征　落叶灌木或小乔木。幼枝平滑。3 小叶，小叶近革质，无毛，长圆状披针形至狭卵形，基部钝，先端突渐尖，上面淡白色，边缘有硬细锯齿，侧脉 10，有网脉，侧生小叶近无柄，顶生小叶具长柄。广展的伞房花序，花白色或粉红色，在叶后开放。果为 3 裂、梨形膨大的蒴果，基部狭，顶平截。种子近椭圆形，灰色，有光泽。

地理分布　陕西、甘肃、湖北、湖南、广东、广西、贵州、四川、西藏东部。巫山县当阳乡有分布。

主要用途　观赏。

野鸦椿

Euscaphis japonica (Thunb.) Dippel

形态特征　小乔木或灌木。树皮灰褐色，具纵条纹。小枝及芽红紫色，枝叶揉碎后发出恶臭气味。叶对生，奇数羽状复叶，叶轴淡绿色，小叶 5~9，厚纸质，长卵形或椭圆形，先端渐尖，基部钝圆，边缘具疏短锯齿，齿尖有腺体，两面除背面沿脉有白色小柔毛外余无毛。圆锥花序顶生，花多，较密集，黄白色，萼片与花瓣均 5，椭圆形。每一花发育为 1~3 个蓇葖，果皮软革质，紫红色，有纵脉纹。种子近圆形，假种皮肉质，黑色，有光泽。

地理分布　除西北各地外，全国均产，主产江南各地，西至云南东北部。巫山县五里坡自然保护区、邓家乡、骡坪镇、平河乡等有分布。

主要用途　观赏。

柿科	Ebenaceae		柿属 *Diospyros*

君迁子

Diospyros lotus L.

形态特征　落叶乔木。树冠近球形或扁球形。树皮灰黑色或灰褐色，深裂或不规则的厚块状剥落。叶近膜质，椭圆形至长椭圆形，先端渐尖或急尖，基部钝，宽楔形以至近圆形，上面深绿色，有光泽，下面绿色或粉绿色，有柔毛，且在脉上较多。雄花1~3朵腋生，簇生，近无梗；花萼钟形，花冠壶形，带红色或淡黄色，无毛或近无毛，4裂，裂片近圆形，边缘有睫毛；雌花单生，几无梗，淡绿色或带红色；花冠壶形，4裂，裂片近圆形，反曲。果近球形或椭圆形，初熟时为淡黄色，后则变为蓝黑色，常被有白色薄蜡层。种子长圆形，褐色，侧扁，背面较厚。

地理分布　山东、辽宁、山西、甘肃、江苏等地。巫山县巫峡镇、邓家乡、建平乡、庙宇镇等有分布，并保存有古树。

主要用途　观赏；食用。

柿科	Ebenaceae		柿属 *Diospyros*

柿

Diospyros kaki Thunb.

形态特征　落叶大乔木。树皮深灰色至灰黑色，沟纹较密。枝散生纵裂的长圆形或狭长圆形皮孔。叶纸质，卵状椭圆形至倒卵形或近圆形。花雌雄异株，花序腋生，为聚伞花序；雄花序小，弯垂，有短柔毛或茸毛，花萼钟状，两面有毛，花冠钟状，黄白色，外面或两面有毛；雌花单生叶腋，花萼绿色，有光泽，花冠淡黄白色或黄白色而带紫红色，壶形或近钟形。果球形而略呈方形、卵形等，基部通常有棱，嫩时绿色，后变黄色、橙黄色，果肉较脆硬，老熟时果肉变成柔软多汁，呈橙红色或大红色等。种子褐色，椭圆状，侧扁。

地理分布　原产我国长江流域，现全国各地多有栽培。巫山县曲尺乡、大溪乡、当阳乡、铜鼓镇、平河乡等有引种栽培。

主要用途　观赏；食用。

磨盘柿

Diospyros kaki 'Mo Pan'

形态特征 落叶灌木。果扁圆，腰部具有一圈明显缢痕，将果分为上下两部分，形似磨盘，体大皮薄，无核，磨盘柿多汁，果顶平或微凸，脐部微凹，果皮橙黄色至橙红色，果肉淡黄色，适合生吃。

地理分布 河北、山东、山西、河南、陕西等。巫山县曲尺乡、大溪乡、当阳乡、铜鼓镇、平河乡等有引种栽培。

主要用途 观赏；食用。

冬青叶鼠刺

Itea ilicifolia Oliver

形态特征 常绿灌木。小枝无毛。叶厚革质，阔椭圆形至椭圆状长圆形，稀近圆形，先端锐尖或尖刺状，基部圆形或楔形，边缘具较疏而坚硬刺状锯齿。顶生总状花序，下垂；花序轴被短柔毛；花瓣黄绿色，顶端具硬小尖，花开放后，直立状。蒴果卵状披针形，下垂，无毛。

地理分布 陕西南部、湖北西部（巴东、宜昌等）、重庆（南川、奉节等）、贵州（雍安、大定等）。巫山县大昌镇、当阳乡、巫峡镇、两坪乡、平河乡等有分布。

主要用途 观赏。

黄背勾儿茶

Berchemia flavescens (Wall.) Brongn.

形态特征　藤状灌木。全株无毛。叶纸质，卵圆形、卵状椭圆形或矩圆形，顶端钝或圆形，具小突尖，基部圆形或近心形，上面绿色，无毛。花黄绿色，无毛，花瓣倒卵形，稍短于萼片。核果近圆柱形，顶端具小尖头，成熟时紫红色或紫黑色，有酸甜味；果梗无毛。

地理分布　陕西南部、甘肃东部、四川、湖北西部、云南西北部、西藏南部至东南部。巫山县五里坡自然保护区、江南保护区、邓家乡、梨子坪林场、平河乡、竹贤乡等有分布。

主要用途　观赏。

勾儿茶

Berchemia sinica Schneid.

形态特征　落叶藤状或攀缘灌木。幼枝无毛，老枝黄褐色，平滑无毛。叶纸质至厚纸质，互生或在短枝顶端簇生，卵状椭圆形或卵状矩圆形，顶端圆形或钝，常有小尖头，基部圆形或近心形，上面绿色，无毛，下面灰白色，仅脉腋被疏微毛。花黄色或淡绿色。核果圆柱形，成熟时紫红色或黑色。

地理分布　河南、山西、陕西、甘肃、四川、云南、贵州、湖北。巫山县五里坡林场、当阳乡、官阳镇、金坪乡等有分布。

主要用途　观赏。

牯岭勾儿茶

Berchemia kulingensis Schneid.

形态特征　落叶藤状或攀缘灌木。小枝平展，变黄色，无毛，后变淡褐色。叶纸质，卵状椭圆形或卵状矩圆形，顶端钝圆或锐尖，具小尖头，基部圆形或近心形，两面无毛，上面绿色，下面干时常灰绿色。花绿色，无毛，通常 2~3 个簇生排成近无梗或具短总梗的疏散聚伞总状花序，花序无毛；花芽圆球形，顶端收缩成渐尖；花瓣倒卵形，稍长。核果长圆柱形，红色，成熟时黑紫色；果梗无毛。

地理分布　安徽、江苏、浙江、江西、福建、湖南、湖北、四川、贵州、广西。巫山县大昌镇有分布。

主要用途　观赏。

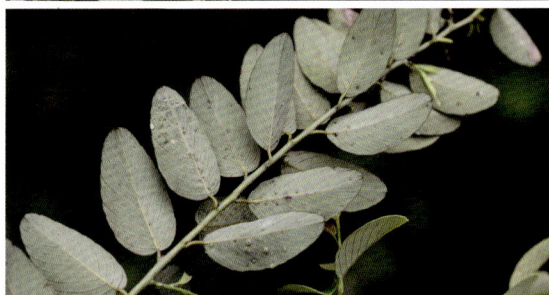

长叶冻绿

Frangula crenata (Siebold et Zucc.) Miq

形态特征　落叶灌木或小乔木。幼枝带红色，被柔毛，后脱落，小枝疏被柔毛。叶纸质，互生，通常椭圆形或倒卵形，顶端渐尖、尾状长渐尖或骤然收缩成短渐尖，基部楔形或钝，边缘具圆齿或细锯齿，腹面无毛，背面或沿脉被柔毛；叶柄密被柔毛。腋生聚伞花序，总花梗被柔毛；花浅绿色或黄绿色，数朵或十余朵密集于总梗顶端；花瓣近圆形。核果球形或倒卵状球形，幼时绿色，熟前红色，成熟后紫黑色或黑色，果梗无毛或疏被短柔毛。种子无沟。

地理分布　陕西、河南、安徽、江苏、浙江、江西、福建、台湾、广等地。朝鲜、日本、越南等也有分布。巫山县龙溪镇、当阳乡、福田镇等有分布。

主要用途　观赏。

铜钱树

Paliurus hemsleyanus Rehd.

形态特征　常绿乔木，稀灌木。小枝黑褐色或紫褐色，无毛。叶互生，纸质或厚纸质，宽椭圆形，卵状椭圆形或近圆形，顶端长渐尖或渐尖，基部偏斜，宽楔形或近圆形，边缘具圆锯齿或钝细锯齿，两面无毛，基生三出脉；叶柄近无毛或仅上面被疏短柔毛；无托叶刺。聚伞花序或聚伞圆锥花序，顶生或兼有腋生，无毛；萼片三角形或宽卵形；花瓣匙形；雄蕊长于花瓣。核果草帽状，周围具革质宽翅，红褐色或紫红色，无毛。

地理分布　甘肃、江西、湖南、湖北、四川、云南等地。巫山县五里坡自然保护区、当阳乡、平河乡等有分布。

主要用途　观赏。

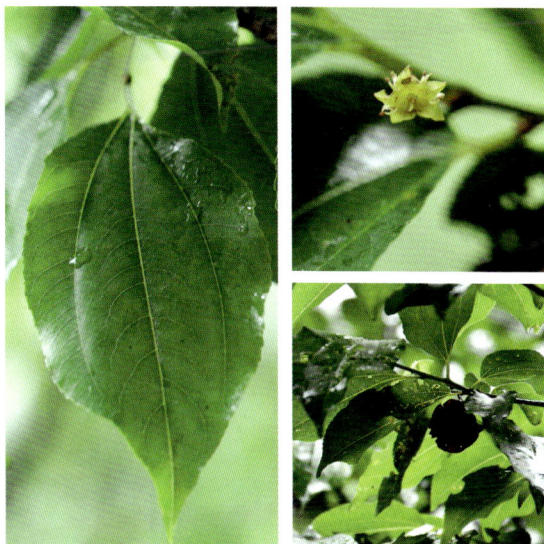

多脉猫乳

Rhamnella martini (H. Léveillé) C. K. Schneider

形态特征　落叶灌木或小乔木。幼枝纤细，黄绿色，无毛，老枝黑褐色，具黄色皮孔。叶纸质，长椭圆形，边缘具细锯齿，两面无毛或背面沿脉疏被柔毛，侧脉每边 6~8 条；叶柄无毛或疏被柔毛；托叶钻形，基部宿存。花黄绿色，排成具短总花梗的腋生聚伞花序。

地理分布　河南、安徽、江苏、浙江、江西、广东等地。巫山县五里坡自然保护区、平河乡、庙宇镇等有分布。

主要用途　观赏。

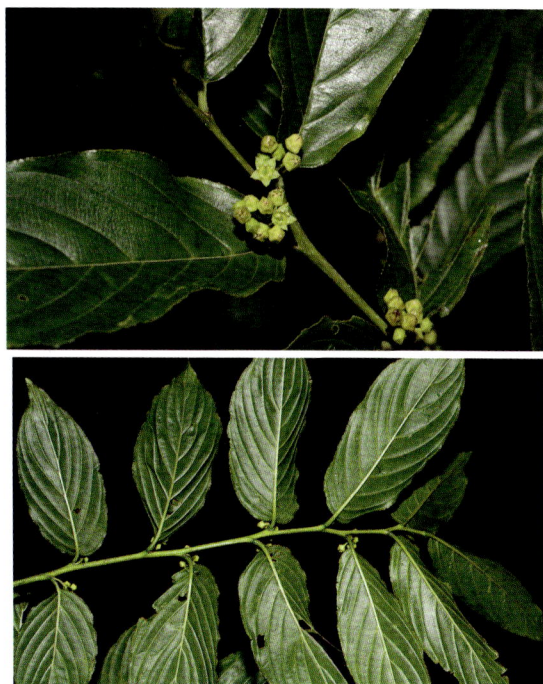

对刺雀梅藤

Sageretia pycnophylla Schneid.

形态特征 常绿直立灌木，具枝刺。叶小，革质，互生或近对生，常二列，矩圆形或卵状椭圆形，顶端圆钝，基部近圆形，边缘具细锯齿或近全缘，上面绿色，平滑，下面干时黄绿色，有不明显的网脉，两面无毛。花无梗，极小，白色，无毛，排成顶生穗状或穗状圆锥花序；花序轴被疏或密短柔毛；花瓣匙形或倒卵状披针形。核果近球形，成熟时黑紫色。种子淡黄色，顶端微凹。

地理分布 四川（康定、雅江、小金、木里、汶川、茂县）、重庆（巫山）、甘肃（文县）、陕西（略阳）。巫山县巫峡镇、大昌镇等有分布。

主要用途 观赏。

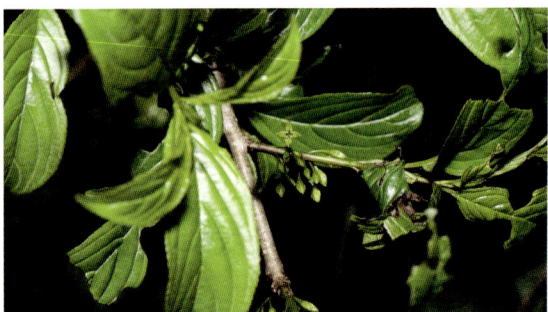

多脉鼠李

Rhamnus sargentiana Schneid.

形态特征 落叶乔木或灌木。叶纸质，椭圆形或矩圆状椭圆形，顶端渐尖至长渐尖，基部楔形或近圆形，边缘具密圆齿状齿或钝锯齿，侧脉每边 10~17 条，上面下陷，下面凸起。花通常 2~6 个簇生于叶腋，杂性，雌雄异株，无毛，4 基数，无花瓣。核果倒卵状球形，红色，成熟后变黑色。

地理分布 四川（天全、康定等）、重庆、湖北西部（巴东、兴山等）、云南西北部（鹤庆、剑川等）、甘肃（文县）、西藏东部（墨脱）。巫山县五里坡林场、官阳镇等有分布。

主要用途 观赏。

冻绿

Rhamnus utilis Decne.

形态特征 落叶灌木木或小乔木。幼枝无毛，小枝褐色或紫红色，稍平滑，对生或近对生，枝端常具针刺。叶纸质，对生或近对生，或在短枝上簇生，椭圆形、矩圆形或倒卵状椭圆形，顶端突尖或锐尖，基部楔形或稀圆形，边缘具细锯齿或圆齿状锯齿，上面无毛或仅中脉具疏柔毛，下面干后常变黄色，沿脉或脉腋有金黄色柔毛。花单性，雌雄异株，4基数，具花瓣；花梗无毛。核果圆球形或近球形，成熟时黑色。种子背侧基部有短沟。

地理分布 甘肃、陕西、河南、河北、山西、安徽、江苏、浙江等地。朝鲜、日本也有分布。巫山县龙溪镇、当阳乡、福田镇等有分布。

主要用途 观赏。

小冻绿树

Rhamnus rosthornii Pritz.

形态特征 灌木或小乔木。树皮粗糙，有纵裂纹。小枝互生和近对生，不呈帚状，顶端具钝刺，幼枝绿色，被短柔毛，老枝灰褐色或黑褐色，无毛。叶革质或薄革质，互生，匙形、菱状椭圆形或倒卵状椭圆形，基部楔形，边缘具圆齿或钝锯齿，侧脉每边2~4条，上面不明显，下面凸起。花单性，雌雄异株，4基数，有花瓣。核果球形，成熟时黑色。种子倒卵圆形，红褐色，有光泽。

地理分布 湖北、四川、贵州、云南、广西、甘肃、陕西。巫山县巫峡镇、大昌镇、铜鼓镇、平河乡、曲尺乡、竹贤乡等有分布。

主要用途 观赏。

枣

Ziziphus jujuba Mill.

形态特征　落叶小乔木。树皮褐色或灰褐色。叶纸质，卵形，卵状椭圆形，顶端钝或圆形，具小尖头，基部稍不对称，近圆形，边缘具圆齿状锯齿，上面深绿色，无毛，下面浅绿色，无毛或仅沿脉多少被疏微毛，基生三出脉；叶柄无毛或有疏微毛；托叶刺纤细，后期常脱落。花黄绿色，两性，5 基数，无毛，具短总花梗。核果矩圆形或长卵圆形成熟时红色，后变红紫色，中果皮肉质，厚，味甜。种子扁椭圆形。

地理分布　吉林、辽宁、河北、山东、山西、陕西、河南、四川、云南等地。原产我国，现亚洲、欧洲和美洲常有栽培。巫山县平河乡、曲尺乡有少量分布。

主要用途　食用。

斑叶珊瑚

Aucuba albopunctifolia F. T. Wang

形态特征　常绿灌木。幼枝绿色，老枝黑褐色。叶厚纸质或近于革质，倒卵形，稀长圆形，上面亮绿色，具白色及淡黄色斑点，下面淡绿色，具小乳突状突起，两面均无毛，叶基部楔形或近于圆形，先端锐尖，叶上面脉微下凹，下面突出；叶柄幼时散生细伏毛，后无毛。花序为顶生圆锥花序，花深紫色，较稀疏，花梗贴生短毛。果卵圆形，熟后亮红色。

地理分布　四川、湖北西部及贵州等地。巫山县五里坡自然保护区、当阳乡有少量分布。

主要用途　观赏。

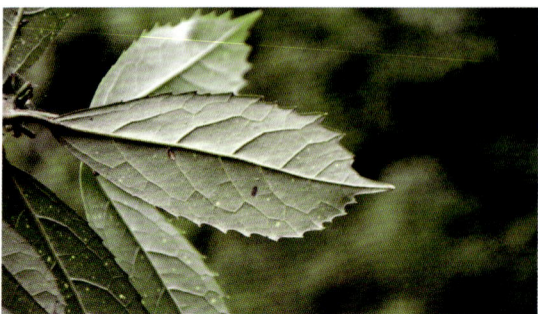

桉

Eucalyptus robusta Smith

形态特征　常绿大乔木。树皮宿存，深褐色，稍软松，有不规则斜裂沟。嫩枝有棱。幼态叶对生，叶片厚革质，卵形，有柄；成熟叶卵状披针形，厚革质，不等侧，侧脉多而明显，两面均有腺点。伞形花序粗大，有花4~8朵，总梗压扁；花梗短、粗而扁平。蒴果卵状壶形，上半部略收缩，蒴口稍扩大，果瓣3~4，深藏于萼管内。

地理分布　原产地澳大利亚，在四川、云南个别生境生长较好。巫山县大溪乡有少量引种栽培。

主要用途　材用；叶供药用，有祛风镇痛之效。

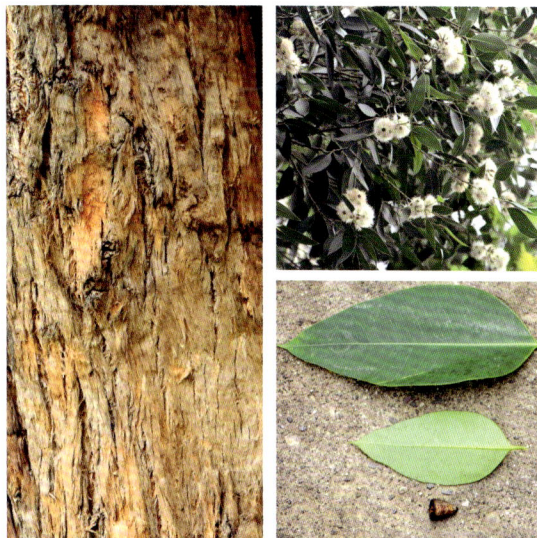

蓝桉

Eucalyptus globulus Labill.

形态特征　常绿大乔木。树皮灰蓝色，片状剥落。幼态叶对生，叶片卵形，基部心形，无柄，有白粉；成长叶片革质，披针形，镰状，两面有腺点，侧脉不很明显；叶柄稍扁平。花单生或2~3朵聚生于叶腋内；无花梗或极短；花丝纤细，花药椭圆形；花柱粗大。蒴果半球形，有4棱，果缘平而宽，果瓣不突出。

地理分布　原产澳大利亚东南角的塔斯马尼亚岛。广西、云南、四川、重庆等地有栽培。巫山县巫峡镇、大溪乡等有少量引种栽培。

主要用途　材用；蜜源植物；叶可制作白树油，供药用，有健胃、止神经痛、治风湿、扭伤等功效；作杀虫剂及消毒剂，有杀菌作用。

刺茶裸实

Gymnosporia variabilis (Hemsl.) Loes.

形态特征　常绿灌木。叶纸质，椭圆形、窄椭圆形或椭圆披针形，先端急尖或钝，基部楔形，边缘有明显的密浅锯齿，侧脉较细弱。聚伞花序，花淡黄色，萼片卵形，有细微齿缘；花瓣长圆形。蒴果三角宽倒卵状，红紫色。种子倒卵柱状，深棕色，平滑有光泽，基部具浅杯状淡黄色假种皮。

地理分布　湖北西部、四川东部、贵州及云南南部。巫山县大昌镇有分布。

主要用途　观赏。

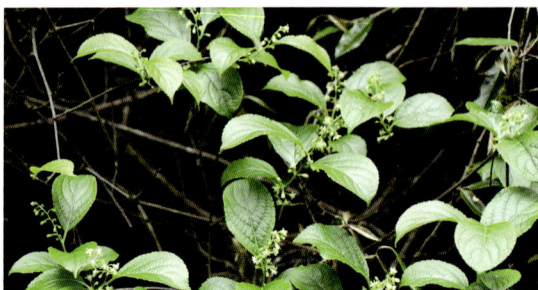

粉背南蛇藤

Celastrus hypoleucus (Oliv.) Warb. ex Loes.

形态特征　落叶攀缘灌木。小枝具稀疏阔椭圆形或近圆形皮孔。叶椭圆形或长方椭圆形，先端短渐尖，基部钝楔形，边缘具锯齿，侧脉5~7对，叶面绿色，光滑，叶背粉灰色，主脉及侧脉被短毛或光滑无毛。顶生聚伞圆锥花序，多花，花序梗较短；花萼近三角形，顶端钝；花瓣长方形或椭圆形。蒴果疏生，球状，有细长小果梗，果瓣内侧有棕红色细点。种子平凸到稍新月状，两端较尖，黑色到黑褐色。

地理分布　河南、陕西、甘肃东部、湖北、四川、贵州。巫山县五里坡林场、官阳镇有分布。

主要用途　观赏。

苦皮藤

Celastrus angulatus Maxim.

形态特征　落叶藤状灌木。小枝常具4~6纵棱，皮孔密生，圆形到椭圆形，白色。叶大，近革质，长方阔椭圆形、阔卵形、圆形，先端圆阔，中央具尖头，侧脉5~7对，在叶面明显突起，两面光滑或稀于叶背的主侧脉上具短柔毛。聚伞圆锥花序顶生，花序轴及小花轴光滑或被锈色短毛；小花梗较短，关节在顶部；花萼镊合状排列，三角形至卵形，近全缘；花瓣长方形，边缘不整齐。蒴果近球状。种子椭圆状。

地理分布　河北、山东、河南、陕西等地。巫山县笃坪乡、官渡镇、建平乡、两坪乡等有分布。

主要用途　树皮纤维可供造纸及人造棉原料；果皮及种子含油脂可供工业用；根皮及茎皮为杀虫剂和灭菌剂。

南蛇藤

Celastrus orbiculatus Thunb.

形态特征　落叶灌木。小枝光滑无毛，灰棕色或棕褐色。腋芽小，卵状至卵圆状。叶通常阔倒卵形，近圆形或长方椭圆形，先端圆阔，具有小尖头或短渐尖，基部阔楔形到近钝圆形，边缘具锯齿，两面光滑无毛或叶背脉上具稀疏短柔毛，侧脉3~5对。聚伞花序腋生，间有顶生；雄花萼片钝三角形；花瓣倒卵椭圆形或长方形；雌花花冠较雄花窄小，花盘稍深厚，肉质。蒴果近球状。种子椭圆状稍扁，赤褐色。

地理分布　东北三省及内蒙古、陕西、甘肃、浙江、江西、湖北、四川等地。巫山县大溪乡、巫峡镇有分布。

主要用途　果作中药合欢花用；树皮制优质纤维，种子含油50%。

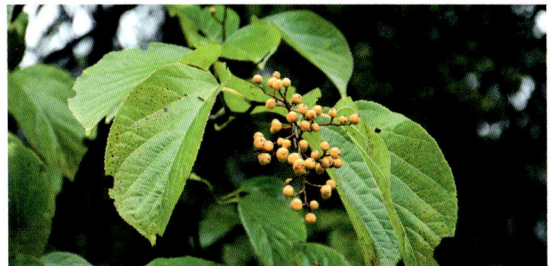

青江藤

Celastrus hindsii Benth.

形态特征 常绿藤本。小枝紫色，皮孔较稀少。叶纸质或革质，干后常灰绿色，长方窄椭圆形或卵窄椭圆形至椭圆倒披针形，先端渐尖或急尖，基部楔形或圆形，边缘具疏锯齿，侧脉 5~7 对，侧脉间小脉密而平行成横格状，两面均突起。顶生聚伞圆锥花序；花淡绿色，花萼裂片近半圆形，覆瓦状排列；花瓣长方形，边缘具细短缘毛；花盘杯状，厚膜质，浅裂，裂片三角形。果近球状或稍窄。种子 1 粒，阔椭圆状至近球状，假种皮橙红色。

地理分布 江西、湖北、湖南、贵州、四川、台湾、福建、广东、海南、广西、云南、西藏东部。越南、缅甸、印度东北部、马来西亚也有分布。巫山县当阳乡有分布。

主要用途 观赏。

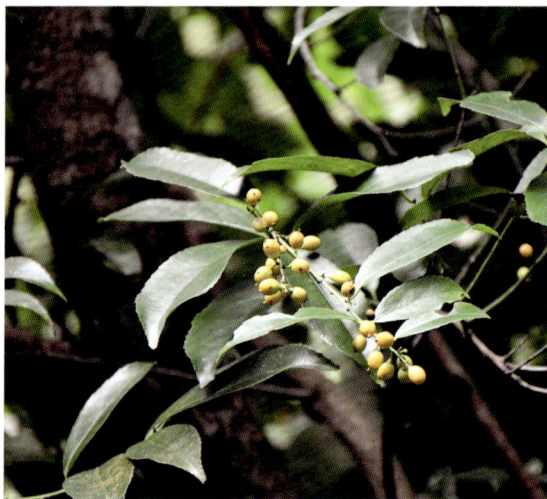

冬青卫矛

Euonymus japonicus Thunb.

形态特征 常绿灌木。小枝四棱，具细微皱突。叶革质，有光泽，倒卵形或椭圆形，先端圆阔或急尖，基部楔形，边缘具有浅细钝齿。聚伞花序 5~12 花；花白绿色；花瓣近卵圆形。蒴果近球状，淡红色。种子顶生，椭圆状，假种皮橘红色，全包种子。

地理分布 原产日本。我国南北各地区均有栽培。巫山县笃坪乡、大昌镇、培石乡、曲尺乡、三溪乡、铜鼓镇等有分布。

主要用途 观赏。

金边黄杨

Euonymus japonicus 'Aurea-marginatus' Hort.

形态特征 常绿灌木。小枝四棱，具细微皱突。叶革质，有光泽，倒卵形或椭圆形；叶片有较宽的黄色边缘。聚伞花序5~12 花；花白绿色，花瓣近卵圆形。蒴果近球状，淡红色。

地理分布 我国中部和日本有分布，尤其在我国各地园林中栽植十分普遍。巫山县渝东珍稀植物园有栽培。

主要用途 观赏。

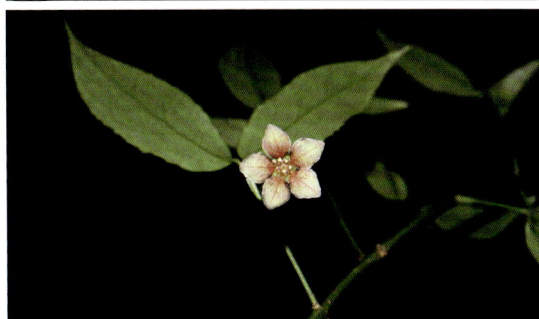

冷地卫矛

Euonymus frigidus Wall. ex Roxb.

形态特征 落叶灌木。枝疏散。叶厚纸质，椭圆形或长方窄倒卵形，先端急尖或钝，基部多为阔楔形或楔形，边缘有较硬锯齿，侧脉6~10 对，在两面均较明显。聚伞花序松散；花紫绿色；萼片近圆形；花瓣阔卵形或近圆形。蒴果具4 翅，常微下垂。种子近圆盘状，稍扁，包于橙色假种皮内。

地理分布 陕西、河南、湖北、湖南、重庆、四川、贵州、云南、西藏、陕西、甘肃。巫山县五里坡林场有分布。

主要用途 观赏。

狭叶卫矛

Euonymus tsoi Merrill

形态特征 常绿小灌木。叶近革质，有光泽，叶窄长，线状披针形或长方窄披针形，先端渐窄渐尖，边缘有极浅疏锯齿或近全缘，侧脉 5~7，细弱不显，在边缘处常结成疏网，小脉不显。聚伞花序 1~2 腋生，短小；花淡绿色；花瓣近圆形。蒴果熟时带红色，倒三角心状。

地理分布 广东。巫山县竹贤乡有分布。

主要用途 观赏。

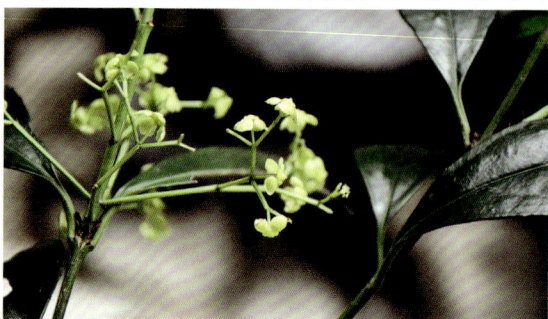

曲脉卫矛

Euonymus venosus Hemsl.

形态特征 灌木或小乔木。小枝黄绿色，被细密瘤突。叶革质，平滑光亮，椭圆披针形或窄椭圆形，先端圆钝或急尖，边缘全缘或近全缘，侧脉明显，叶背常呈灰绿色。聚伞花序多为 1~2 次分枝，小花 3~5（7），稀达 9 朵；花淡黄色，4 数。蒴果球状，果皮极平滑，黄白带粉红色。种子每室 1 粒，稍肾状，假种皮橘红色。

地理分布 陕西、湖北、四川、云南。巫山县五里坡自然保护区、当阳乡有分布。

主要用途 观赏。

栓翅卫矛

Euonymus phellomanus Loesener

形态特征　落叶灌木。枝条硬直，常具4纵列木栓厚翅。叶长椭圆形或略呈椭圆倒披针形，先端窄长渐尖，边缘具细密锯齿。聚伞花序2~3次分枝，有花7~15朵；花白绿色，4数；花柱短，柱头圆钝不膨大。蒴果4棱，倒圆心状，粉红色。种子椭圆状，种脐、种皮棕色，假种皮橘红色，包被种子全部。

地理分布　甘肃、陕西、河南及四川北部。巫山县五里坡自然保护区、笃坪乡、飞播林场、当阳乡、骡坪镇、竹贤乡等有分布。

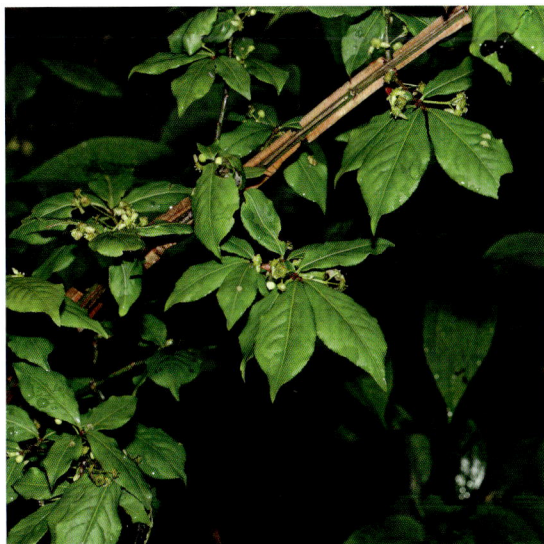

主要用途　皮具有很高的药用价值，可以用于治疗破血落胎、调经续断、治产后腹痛、崩中下血、风湿疼痛等。

西南卫矛

Euonymus hamiltonianus Wall.

形态特征　落叶小乔木。枝条无栓翅，但小枝的棱上有时有4条极窄木栓棱。叶较大，卵状椭圆形、长方椭圆形或椭圆披针形，叶柄也较粗长。蒴果较大。

地理分布　甘肃、陕西、四川、湖南、湖北、江西、安徽、浙江、福建、广东、广西。巫山县五里坡自然保护区、梨子坪林场、飞播林场、官渡镇、官阳镇、曲尺乡、竹贤乡等有分布。

主要用途　观赏。

小果卫矛

Euonymus microcarpus (Oliv.) Sprague

形态特征　常绿灌木。叶薄革质，椭圆形、阔倒卵形或卵形，先端急尖或短渐尖，基部楔形或阔楔形，边缘有微齿或近全缘。聚伞花序 1~4 次分枝；花黄绿色；萼片扁圆，常有短缘毛；花瓣近圆形；花盘方圆。蒴果近长圆状。种子棕红色，长圆状，外被橘黄色假种皮。

地理分布　湖北（宜昌、神农架、巴东、房县、均县）、陕西（秦岭南北坡）、四川、云南。巫山县巫峡镇、两坪乡有分布。

主要用途　观赏。

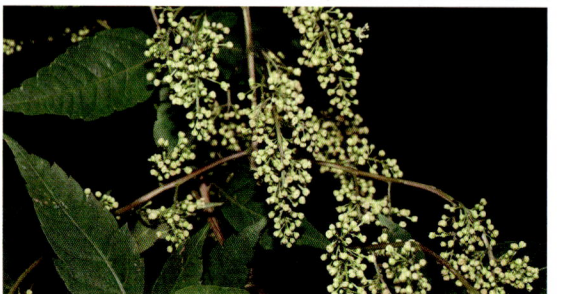

金钱槭

Dipteronia sinensis Oliv.

形态特征　落叶小乔木。叶为对生的奇数羽状复叶；小叶纸质，长圆卵形或长圆披针形，先端锐尖，基部圆形，边缘具稀疏的钝形锯齿，上面绿色，无毛，下面淡绿色，除沿叶脉及脉腋具短的白色丛毛外，其余部分无毛，中肋在上面显著。花白色，杂性，雄花与两性花同株，萼片上卵形或椭圆形，花瓣 5，阔卵形，与萼片互生。果为翅果，常有两个扁形的果生于一个果梗上，果周围围着圆形或卵形的翅，嫩时紫红色，被长硬毛，成熟时淡黄色，无毛。

地理分布　陕西、湖北、四川、云南。巫山县五里坡自然保护区、当阳乡有分布。

主要用途　观赏。

| 无患子科 | Sapindaceae | | 栾属 *Koelreuteria* |

复羽叶栾

Koelreuteria bipinnata Franch.

形态特征　落叶乔木。叶平展，二回羽状复叶；叶轴和叶柄向轴面常有一纵行皱曲的短柔毛；小叶互生纸质或近革质，斜卵形，顶端短尖至短渐尖，基部阔楔形或圆形，略偏斜，边缘有内弯的小锯齿，两面无毛或上面中脉上被微柔毛，下面密被短柔毛。圆锥花序，花瓣4，长圆状披针形，瓣片顶端钝或短尖，瓣爪被长柔毛，花丝被白色、开展的长柔毛，下半部毛较多，花药有短疏毛。蒴果椭圆形或近球形，淡紫红色，老熟时褐色，顶端钝或圆。

地理分布　云南、贵州、四川、湖北、湖南、广西、广东等地。巫山县巫峡镇、龙溪镇、两坪乡、培石乡、渝东珍稀植物园等有引种栽培。

主要用途　观赏。

| 无患子科 | Sapindaceae | | 七叶树属 *Aesculus* |

天师栗

Aesculus chinensis var. *wilsonii* (Rehder) Turland & N. H. Xia

形态特征　落叶乔木。树皮平滑，灰褐色，常成薄片脱落。掌状复叶对生；小叶5~7枚，长圆形或长圆倒披针形，先端短锐尖，基部阔楔形或近于圆形，边缘有小锯齿，上面深绿色，有光泽，下面淡绿色，有灰色茸毛或长柔毛。花序顶生，直立，圆筒形；花有香味，杂性，雄花与两性花同株，雄花多生于花序上段，两性花生于其下段；花瓣4，倒卵形，外面有茸毛，内面无毛，边缘有纤毛，白色，前面的2枚花瓣匙状长圆形，有黄色斑块，基部狭窄成爪状，旁边的2枚花瓣长圆倒卵形，基部楔形。蒴果黄褐色，卵圆形或近于梨形，顶端有短尖头，无刺，有斑点，壳薄。

地理分布　河南、江西、广东、云南等地。巫山县平河乡、竹贤乡等有分布。

主要用途　观赏。

薄叶槭

Acer tenellum Pax

形态特征　落叶乔木。树皮灰色或深灰色，平滑。叶膜质或薄纸质，叶片外貌近于卵形或圆形，上面深绿色，无毛，下面淡绿色，除脉腋被丛毛外，其余部分无毛；主脉3条在上面微显著，在下面微凸起，侧脉在上面不现，在下面微显著。伞房花序无毛，顶生于着叶的小枝上；花黄绿色，杂性，雄花与两性花同株，开花与叶的生长同时；花瓣5，长圆倒卵形，无毛。翅果无毛，嫩时紫色，成熟时黄褐色。

地理分布　重庆。巫山县邓家乡有分布。

主要用途　观赏。

飞蛾槭

Acer oblongum Wall. ex DC.

主要用途　观赏。

形态特征　常绿乔木。树皮灰色或深灰色，粗糙，裂成薄片脱落。叶革质，长圆卵形，全缘，基部钝形或近于圆形，先端渐尖或钝尖；下面有白粉。花杂性，绿色或黄绿色，雄花与两性花同株，常成被短毛的伞房花序，顶生于具叶的小枝；花瓣5，倒卵形。翅果嫩时绿色，成熟时淡黄褐色；小坚果凸起成四棱形；果梗无毛。

地理分布　陕西南部、甘肃南部、湖北西部、四川、贵州、云南、西藏南部。巫山县巫峡镇、五里坡自然保护区、当阳乡、平河乡等有分布。

房县槭

Acer sterculiaceum subsp. *franchetii* (Pax) A. E. Murray

形态特征　落叶乔木。树皮深褐色。叶纸质，基部心脏形或近于心脏形，稀圆形，边缘有很稀疏而不规则的锯齿；中裂片卵形，先端渐尖，侧生的裂片较小，先端钝尖；上面深绿色，下面淡绿色，下面的毛较多，叶脉上的短柔毛更密，渐老时毛逐渐脱落。总状花序或圆锥总状花序，常有长柔毛，先叶或与叶同时发育；花黄绿色，单性，雌雄异株；萼片 5，长圆卵形，边缘有纤毛；花瓣 5，与萼片等长。小坚果特别凸起，褐色，嫩时被淡黄色疏柔毛，旋即脱落；翅镰刀形。

地理分布　河南西南部、陕西南部、湖北、四川、云南东部等地。巫山县梨子坪林场、五里坡自然保护区、当阳乡有分布。

主要用途　观赏。

红花槭

Acer rubrum L.

形态特征　大型落叶乔木。树干光滑无毛，有皮孔。叶片手掌状，叶背面灰绿色。花簇生，红色或淡黄色，小而繁密，先叶开放。翅果红色。

地理分布　原产北美洲。我国北部有引种栽培。巫山县巫峡镇、庙宇镇、骡坪镇、三溪乡、两坪乡等有引种栽培。

主要用途　观赏。

鸡爪槭

Acer palmatum Thunb.

形态特征 落叶小乔木。树皮深灰色。叶纸质，外貌圆形，基部心脏形或近于心脏形稀截形；叶柄无毛。花紫色，杂性，雄花与两性花同株，生于无毛的伞房花序，叶发出以后才开花；萼片卵状披针形，先端锐尖；花瓣5，椭圆形或倒卵形，先端钝圆。翅果嫩时紫红色，成熟时淡棕黄色；小坚果球形，脉纹显著；翅张开成钝角。

地理分布 山东、河南南部、江苏、浙江、安徽、江西、湖北、湖南、贵州等地。朝鲜和日本也有分布。巫山县邓家乡、两坪乡、庙宇镇等大量引种栽培。

主要用途 观赏。

建始槭

Acer henryi Pax

形态特征 落叶乔木。树皮浅褐色。叶纸质，小叶椭圆形或长圆椭圆形，先端渐尖，基部楔形，阔楔形或近于圆形，全缘或近先端部分有稀疏的3~5个钝锯齿，有短柔毛；叶柄有短柔毛。穗状花序，下垂，有短柔毛，常由2~3年无叶的小枝旁边生出，稀由小枝顶端生出，近于无花梗，花序下无叶，稀有叶，花淡绿色，单性，雄花与雌花异株。翅果嫩时淡紫色，成熟后黄褐色，小坚果凸起，长圆形，脊纹显著。

地理分布 山西南部、河南、陕西、甘肃、江苏、浙江、安徽、湖北、湖南、四川、贵州。巫山县五里坡自然保护区、当阳乡、平河乡等有分布。

主要用途 观赏。

青榨槭

Acer davidii Franch.

形态特征 落叶乔木。树皮黑褐色或灰褐色，常纵裂成蛇皮状。叶纸质，先端锐尖或渐尖，常有尖尾，基部近于心脏形或圆形，边缘具不整齐的钝圆齿；上面深绿色，无毛；下面淡绿色；叶柄嫩时被红褐色短柔毛，渐老则脱落。花黄绿色，杂性，雄花与两性花同株，成下垂的总状花序，顶生于着叶的嫩枝，开花与嫩叶的生长大约同时。翅果嫩时淡绿色，成熟后黄褐色。

地理分布 华北、华东、中南、西南各地。巫山县官阳镇、五里坡自然保护区、邓家乡、笃坪乡、当阳乡、梨子坪林场、竹贤乡、平河乡等有分布。

主要用途 观赏。

三角槭

Acer buergerianum Miq.

主要用途 观赏。

形态特征 落叶乔木。树皮褐色或深褐色，粗糙。叶纸质，基部近于圆形或楔形，侧脉通常在两面都不显著；叶柄淡紫绿色，无毛。花多数常成顶生被短柔毛的伞房花序，开花在叶长大以后；萼片5，黄绿色，卵形，无毛；花瓣5，淡黄色，狭窄披针形或匙状披针形，先端钝圆。翅果黄褐色；小坚果特别凸起；翅中部最宽，基部狭窄。

地理分布 山东、河南、江苏、浙江、安徽、江西、湖北、湖南、贵州等地。巫山县巫峡镇、抱龙镇、两坪乡、平河乡、曲尺乡、渝东珍稀植物园等有引种栽培。

四蕊槭

Acer stachyophyllum subsp. *betulifolium* (Maximow-icz) P. C. de Jong

形态特征　落叶乔木。树皮平滑，灰褐色或深褐色。叶纸质，卵形或长圆卵形，基部圆形或近于截形，先端锐尖至渐尖，具尖尾，边缘有大小不等的锐尖锯齿。花黄绿色，单性，雌雄异株，成无毛而细瘦的总状花序；雄花的总状花序很短，几无总花梗，具3~5花；雌花的总状花序长4~5厘米，萼片4，长圆卵形，先端钝形；花瓣4，长圆椭圆形，花药阔椭圆形，黄色，花丝瘦弱。翅果嫩时紫色，成熟时黄褐色；小坚果长卵圆形，有显著的脉纹。

地理分布　河南西部、陕西南部、甘肃南部、湖北西部、四川、西藏南部。巫山县五里坡自然保护区、邓家乡、当阳乡、竹贤乡、梨子坪林场有分布。

主要用途　观赏。

扇叶槭

Acer flabellatum Rehd.

形态特征　落叶乔木。树皮平滑，褐色或深褐色。小叶薄纸质或膜质，基部深心脏形，外貌近于圆形；裂片卵状长圆形，先端锐尖、稀尾状锐尖，边缘具不整齐的紧贴的钝尖锯齿，裂片间的凹缺成很狭窄的锐尖，上面绿色，无毛，下面淡绿色，主脉及侧脉在两面均凸起；叶柄细瘦。花杂性，雄花与两性花同株，常生成无毛的圆锥花序，总花梗无毛；萼片5，淡绿色，边缘具纤毛，卵状披针形，先端钝尖；花瓣5，淡黄色，倒卵形。翅果淡黄褐色后黄褐色，小坚果凸起，长圆形，脊纹显著。

地理分布　湖北西部、四川、贵州、云南、广西北部、江西等地。巫山县五里坡自然保护区、梨子坪林场、当阳乡有分布。

主要用途　观赏。

五尖槭

Acer maximowiczii Pax

形态特征 落叶乔木。树皮黑褐色，平滑。叶纸质，卵形或三角卵形边缘微裂并有紧贴的双重锯齿，锯齿粗壮，齿端有小尖头，基部近于心脏形，稀截形，叶片 5 裂；中央裂片三角、卵形，先端尾状锐尖；侧裂片卵形，先端锐尖；基部两个小裂片卵形，先端钝尖，裂片之间的凹缺锐尖；上面深绿色，无毛；下面淡绿色或黄绿色。花黄绿色，单性，雌雄异株，常成无毛而下垂的总状花序，顶生于着叶的小枝，先发叶，后开花。翅果紫色，成熟后黄褐色；小坚果稍扁平；翅张开成钝角；果无毛。

地理分布 山西南部、河南西部、陕西南部、甘肃南部、青海南部、湖北西部、湖南、四川、贵州等地。巫山县五里坡林场、官阳镇、梨子坪林场等有分布。

主要用途 观赏。

五角槭

Acer pictum subsp. *mono* (Maxim.) H. Ohashi

形态特征 落叶乔木。叶较大，基部近于心脏形，3~5 浅裂，裂片三角形或三角状卵形，先端尾状锐尖，叶柄淡紫色。果序伞房状，淡紫色。翅果纤瘦，较小，小坚果压扁状，长圆卵形。

地理分布 浙江西北部。巫山县当阳乡、梨子坪林场、竹贤乡等有分布。

主要用途 观赏。

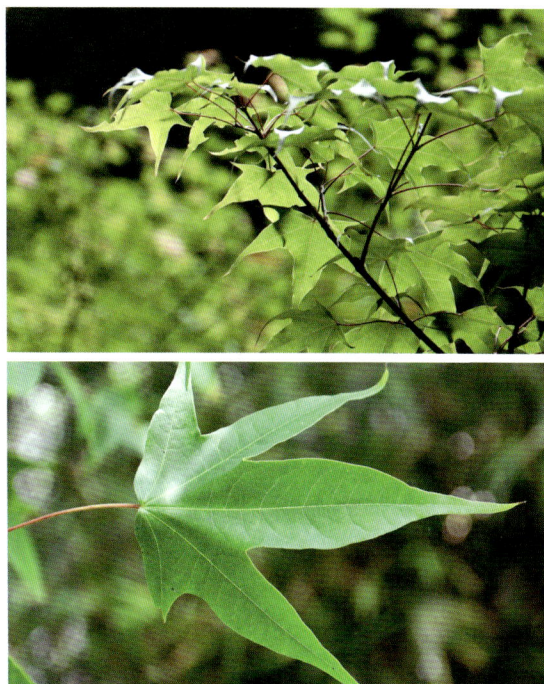

五裂槭

Acer oliverianum Pax

形态特征　落叶小乔木。树皮平滑，淡绿色或灰褐色，常被蜡粉。叶纸质，基部近于心脏形或近于截形，5裂；裂片三角状卵形或长圆卵形，先端锐尖，边缘有紧密的细锯齿；裂片间的凹缺锐尖，上面深绿色或略带黄色，无毛，下面淡绿色；主脉在上面显著，在下面凸起，侧脉在上面微显著，在下面显著。花杂性，雄花与两性花同株，常生成无毛的伞房花序，开花与叶的生长同时；萼片5，紫绿色，卵形或椭圆卵形，先端钝圆；花瓣5，淡白色，卵形，先端钝圆。小坚果凸起，脉纹显著；翅嫩时淡紫色，成熟时黄褐色，镰刀形，张开近水平。

地理分布　河南南部、陕西南部、甘肃南部、湖北西部、湖南、四川、贵州、广西、云南。巫山县梨子坪林场、当阳乡、官阳镇、平河乡等有分布。

主要用途　观赏。

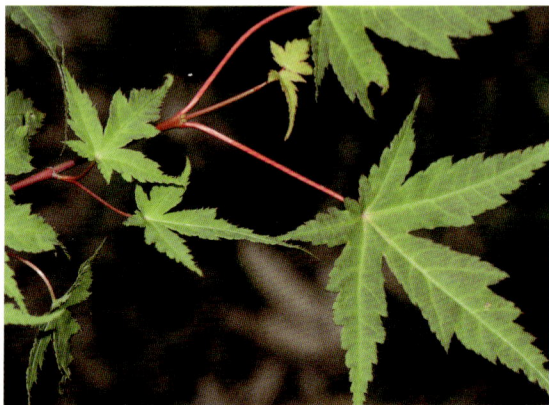

血皮槭

Acer griseum (Franch.) Pax

形态特征　落叶乔木。树皮赭褐色，常成卵形，纸状的薄片脱落。复叶有3小叶；小叶纸质，卵形，椭圆形或长圆椭圆形，先端钝尖，边缘有2~3个钝形大锯齿，顶生的小叶片基部楔形或阔楔形，侧生小叶基部斜形，上面绿色；下面淡绿色，略有白粉，有淡黄色疏柔毛，叶脉上更密；叶柄有疏柔毛，嫩时更密。聚伞花序有长柔毛，常仅有3花；花淡黄色，杂性，雄花与两性花异株；萼片5，长圆卵形；花瓣5，长圆倒卵形。小坚果黄褐色，凸起，近于卵圆形或球形，密被黄色茸毛。

地理分布　河南西南部、陕西南部、甘肃东南部、湖北西部、四川东部。巫山县当阳乡有分布。

主要用途　园林观赏；木材可制各种贵重器具；树皮可以制绳和造纸。

中华槭

Acer sinense Pax

形态特征　落叶灌木。树皮平滑，淡黄褐色或深黄褐色。叶近于革质，基部心形，常 5 深裂，裂片长圆卵形，先端尖，裂片边缘有紧贴的圆齿状细锯齿，近基部全缘，下面淡绿色，稍被白粉，脉腋具黄色簇生毛，余无毛；叶柄粗，无毛。花序圆锥状，花柱较长，花盘有长柔毛，子房有很密的白色疏柔毛。翅果张开近于锐角或钝角。

地理分布　湖北西部、四川、湖南、贵州、广东、广西。巫山县五里坡自然保护区、邓家乡、平河乡、竹贤乡等有分布。

主要用途　观赏。

巴东荚蒾

Viburnum henryi Hemsl.

镇、巫峡镇竹贤乡等有分布。

主要用途　观赏。

形态特征　常绿或半常绿灌木或小乔木。全株无毛或近无毛。叶亚革质，倒卵状矩圆形至矩圆形或狭矩圆形，顶端尖至渐尖，基部楔形至圆形。圆锥花序顶生；花芳香，生于序轴的第 2~3 级分枝上；花冠白色，辐状，裂片卵圆形。果红色，后变紫黑色，椭圆形；核稍扁，椭圆形。

地理分布　陕西南部、浙江南部、江西西部（武功山）、福建北部、湖北西部、广西东北部至西北部、四川东部和东南部至西南部、贵州东南部。巫山县五里坡自然保护区、梨子坪林场、邓家乡、当阳乡、官阳

茶荚蒾
Viburnum setigerum Hance

形态特征　落叶灌木。芽及叶干后变黑色、黑褐色或灰黑色。叶纸质，卵状矩圆形至卵状披针形，顶端渐尖，基部圆形。复伞形式聚伞花序无毛或稍被长伏毛，花生于第3级辐射枝上，有梗或无，芳香；花冠白色，干后变茶褐色或黑褐色，辐状，无毛，裂片卵形，比筒长。果序弯垂，果红色，卵圆形；核甚扁，卵圆形。

地理分布　江苏南部、安徽南部和西部、浙江、江西、福建北部、台湾、广东北部、广西东部、湖南、贵州、云南、四川东部、湖北西部、陕西南部。巫山县建平乡、笃坪乡、龙溪镇、邓家乡、福田镇、官阳镇等有分布。

主要用途　观赏。

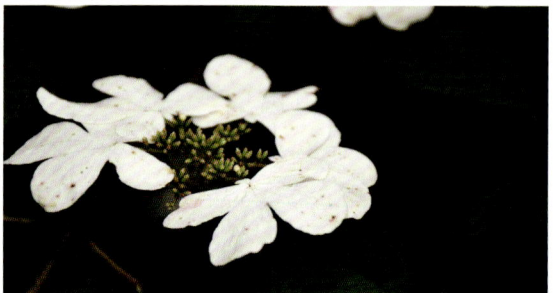

蝴蝶戏珠花
Viburnum plicatum f. *tomentosum* (Miq.) Rehder

形态特征　落叶灌木。叶较狭，宽卵形或矩圆状卵形，有时椭圆状倒卵形，两端有时渐尖，下面常带绿白色。花序外围有4~6朵白色、大型的不孕花，具长花梗；花冠辐状，黄白色，裂片宽卵形。果先红色后变黑色，宽卵圆形或倒卵圆形；核扁，两端钝形，有1条上宽下窄的腹沟，背面中下部还有1条短的隆起之脊。

地理分布　陕西南部、安徽南部和西部、浙江、江西、福建、台湾、河南、湖北、湖南、广东北部、广西东北部、四川、贵州、云南（丽江、马关）。巫山县笃坪乡有分布。

主要用途　观赏。

桦叶荚蒾

Viburnum betulifolium Batal.

形态特征　落叶灌木或小乔木。叶厚纸质或略带革质，干后变黑色，宽卵形至菱状卵形或宽倒卵形，顶端急短渐尖至渐尖，基部宽楔形至圆形，边缘离基 1/3~1/2 以上具开展的不规则浅波状牙齿，侧脉 5~7 对。复伞形式聚伞花序顶生或生于具 1 对叶的侧生短枝上，通常多少被疏或密的黄褐色簇状短毛，花生于第（3）4（5）级辐射枝上；花冠白色，辐状，无毛，裂片圆卵形。果红色，近圆形；核扁，顶尖。

地理分布　陕西南部、甘肃南部、四川（康定以东，松潘以南）、贵州西部（毕节）、云南北部、西藏东南部。巫山县五里坡自然保护区、红椿乡、骡坪镇、庙宇镇、三溪乡、竹贤乡等有分布。

主要用途　观赏。

金佛山荚蒾

Viburnum chinshanense Graebn.

形态特征　常绿灌木。叶纸质至厚纸质，披针状矩圆形或狭矩圆形，顶端稍尖或钝形，基部圆形或微心形，全缘，上面暗绿色，无毛或幼时中脉及侧脉散生短毛，老叶下面变灰褐色。聚伞花序，总花梗第 1 级辐射枝通常 5~7 条，花通常生于第 2 级辐射枝上，有短柄；花冠白色，辐状，外面疏被簇状毛；裂片圆卵形或近圆形。果先红色后变黑色，长圆状卵圆形；核甚扁，有 2 条背沟和 3 条腹沟。

地理分布　陕西、甘肃、四川、贵州、云南东部（罗平）。巫山县巫峡镇、曲尺乡、三溪乡等有分布。

主要用途　观赏。

球核荚蒾

Viburnum propinquum Hemsl.

形态特征 常绿灌木。幼叶带紫色，成长后革质，卵形至卵状披针形或椭圆形至椭圆状矩圆形，顶端渐尖，基部狭窄至近圆形，边缘通常疏生浅锯齿。聚伞花序总花梗纤细，第1级辐射枝通常7条，花生于第3级辐射枝上，有细花梗；萼齿宽三角状卵形，顶钝；花冠绿白色，辐状，内面基部被长毛，裂片宽卵形，顶端圆形。果蓝黑色，有光泽，近圆形或卵圆形。

地理分布 陕西西南部、甘肃南部、浙江南部、江西北部、福建北部、台湾、湖北西部等地。巫山县大昌镇、官阳镇、两坪乡、骡坪镇、平河乡、铜鼓镇、竹贤乡等有分布。

主要用途 观赏。

水红木

Viburnum cylindricum Buch.-Ham. ex D. Don

形态特征 常绿灌木或小乔木。叶革质，椭圆形至矩圆形或卵状矩圆形，顶端渐尖或急渐尖，基部渐狭至圆形。聚伞花序伞形式，顶圆形，无毛或散生簇状微毛，总花梗第1级辐射枝通常7条，花通常生于第3级辐射枝上；花冠白色或有红晕，钟状，裂片圆卵形，直立；花药紫色，矩圆形。果先红色后变蓝黑色，卵圆形；核卵圆形，扁，有1条浅腹沟和2条浅背沟。

地理分布 甘肃（文县），湖北西部，湖南西部，广东北部，广西西部至东部，四川西部、西南部至东北部，贵州，云南，西藏东南部。巫山县五里坡自然保护区、竹贤乡有分布。

主要用途 观赏。

显脉荚蒾

Viburnum nervosum D. Don

形态特征　落叶灌木或小乔木。幼枝、叶下面中脉和侧脉上、叶柄和花序均疏被鳞片状或糠秕状簇状毛。叶纸质，卵形至宽卵形，顶端渐尖，基部心形或圆形，边缘常有不整齐钝或圆的锯齿，上面无毛或近无毛，下面常多少被簇状毛，侧脉 8~10 对，上面凹陷，下面凸起，小脉横列；叶柄粗壮，有或无托叶。聚伞花序与叶同时开放，花生于第 2~3 级辐射枝上；花冠白色或带微红，辐状，卵状矩圆形至矩圆形。果先红色后变黑色，卵圆形；核扁，两缘内弯，有 1 条浅背沟和 1 条深腹沟。

地理分布　湖南南部（天堂山）、广西东北部（临桂）、四川西部、云南西北部（南达景东）、西藏南部。巫山县飞播林场有分布。

主要用途　观赏。

烟管荚蒾

Viburnum utile Hemsl.

形态特征　常绿灌木。叶下面、叶柄和花序均被由灰白色或黄白色簇状毛组成的细茸毛。叶革质，卵圆状矩圆形，顶端圆至稍钝，基部圆形，全缘或很少有少数不明显疏浅齿。聚伞花序总花梗粗壮，花通常生于第 2~3 级辐射枝上；花冠白色，花蕾时带淡红色，辐状，无毛，裂片圆卵形，与筒等长或略较长。果红色，后变黑色，椭圆状矩圆形至椭圆形；核稍扁，椭圆形或倒卵形，有 2 条极浅背沟和 3 条腹沟。

地理分布　陕西西南部、湖北西部、湖南西部至北部、四川、贵州东北部。巫山县大昌镇、骡坪镇、平河乡、曲尺乡、三溪乡、铜鼓镇等有分布。

主要用途　观赏。

宜昌荚蒾

Viburnum erosum Thunb.

形态特征 落叶灌木。叶纸质，卵状披针形，顶端尖、渐尖或急渐尖，侧脉 7~10（14）对，直达齿端；叶柄被粗短毛。复伞形式聚伞花序生于具 1 对叶的侧生短枝之顶，总花梗第 1 级辐射枝通常 5 条，花生于第 2~3 级辐射枝上，常有长梗；花冠白色，辐状，无毛或近无毛，裂片圆卵形。果红色，宽卵圆形；核扁，具 3 条浅腹沟和 2 条浅背沟。

地理分布 陕西南部、山东（崂山）、江苏南部、安徽南部和西部、浙江、江西、福建等地。巫山县梨子坪林场、邓家乡、当阳乡、五里坡林场、官阳镇、红椿乡、两坪乡、平河乡、竹贤乡等有分布。

主要用途 观赏。

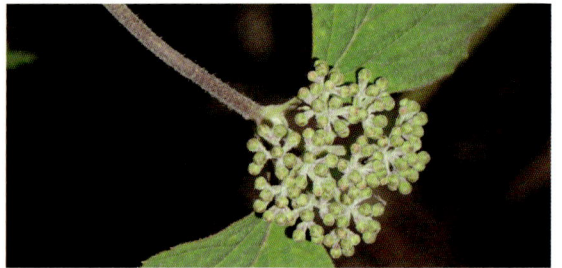

直角荚蒾

Viburnum foetidum var. *rectangulatum* (Graebn.) Rehd.

形态特征 落叶灌木。植株直立或攀缘状。枝披散，侧生小枝甚长而呈蜿蜒状。叶厚纸质至薄革质，卵形、菱状卵形，椭圆形至矩圆形或矩圆状披针形，全缘或中部以上有少数不规则浅齿，下面偶有棕色小腺点，侧脉直达齿端或近缘前互相网结，基部 1 对较长而常作离基三出脉状。总花梗通常极短或几缺；第 1 级辐射枝通常 5 条。

地理分布 陕西南部（城固）、江西、台湾、湖北西部、湖南、广东北部、广西北部、四川、贵州、云南、西藏东南部。巫山县当阳乡、官阳镇有分布。

主要用途 观赏。

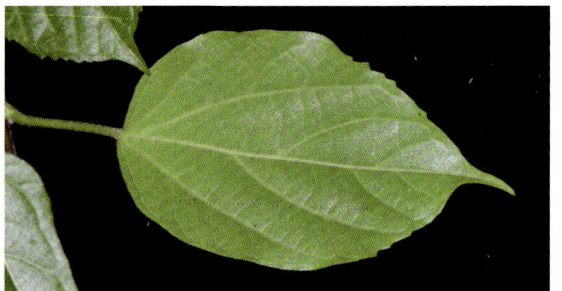

皱叶荚蒾

Viburnum rhytidophyllum Hemsl.

形态特征　常绿灌木或小乔木。幼枝、芽、叶下面、叶柄及花序均被红褐色簇状毛组成的厚茸毛。叶革质，卵状矩圆形至卵状披针形，顶端稍尖或略钝，基部圆形或微心形，全缘，上面深绿色有光泽，各脉深凹陷而呈极度皱纹状，下面有凸起网纹。聚伞花序稠密，总花梗粗壮，第1级辐射枝通常7条，四角状，粗壮，花生于第3级辐射枝上，无柄；花冠白色，辐状，几无毛，裂片圆卵形。果红色，后变黑色，宽椭圆形，无毛；核宽椭圆形，两端近截形，扁，有2条背沟和3条腹沟。

地理分布　陕西南部、湖北西部、四川东部及东南部、贵州。巫山县梨子坪林场、邓家乡、笃坪乡、大溪乡、红椿乡、两坪乡等有分布。

主要用途　观赏。

八角金盘

Fatsia japonica (Thunb.) Decne. et Planch.

形态特征　常绿灌木。幼枝、叶和花序密被的绵状茸毛，过后脱落。叶片近圆形，革质，具7~9深裂。花序聚生为伞形花序，再组成顶生圆锥花序；花萼边缘具小齿；花瓣卵形；子房具5心皮；花柱5，离生。果球状。

地理分布　安徽、福建、江苏、江西、浙江。巫山县渝东珍稀植物园有分布。

主要用途　观赏。

常春藤

Hedera nepalensis var. *sinensis* (Tobl.) Rehd.

形态特征　常绿攀缘灌木。茎灰棕色或黑棕色，有气生根。叶片革质，先端短渐尖，基部截形，边缘全缘或 3 裂，花枝上的叶片通常为椭圆状卵形至椭圆状披针形，侧脉和网脉两面均明显；叶柄细长有鳞片，无托叶。伞形花序单个顶生，或 2~7 个总状排列或伞房状排列成圆锥花序，有花 5~40 朵；花淡黄白色或淡绿白色，芳香；花瓣 5，三角状卵形，外面有鳞片。果球形，红色或黄色。

地理分布　北自甘肃东南部，南至陕西南部，西自西藏波密，东至江苏。越南也有分布。巫山县大溪乡、当阳乡、骡坪镇、平河乡、铜鼓镇、竹贤乡等有分布。

主要用途　观赏。

刺楸

Kalopanax septemlobus (Thunb.) Koidz.

形态特征　落叶乔木。树皮暗灰棕色。叶片纸质，在长枝上互生，在短枝上簇生，圆形或近圆形，掌状 5~7 浅裂，裂片阔三角状卵形至长圆状卵形；叶柄细长无毛。圆锥花序大，总花梗细长无毛；花梗细长，无关节，无毛或稍有短柔毛；花白色或淡绿黄色；花瓣 5，三角状卵形。果球形，蓝黑色。

地理分布　北自东北起，南至广东、广西、云南，西自四川西部，东至海滨。巫山县两坪乡、龙溪镇等有引种栽培。

主要用途　观赏。

黄毛楤木

Aralia chinensis L.

形态特征 灌木或乔木。树皮灰色，疏生粗壮直刺。小枝通常淡灰棕色，有黄棕色茸毛，疏生细刺。叶为二回或三回羽状复叶；叶柄粗壮，托叶与叶柄基部合生，纸质，耳廓形，叶轴无刺或有细刺。圆锥花序大，总花梗，密生短柔毛；花白色，芳香；花瓣 5，卵状三角形。果球形，黑色，有 5 棱。

地理分布 我国广泛分布。巫山县梨子坪林场、飞播林场、邓家乡、官阳镇、平河乡、竹贤乡等有分布。

主要用途 常用的中草药，有镇痛消炎、祛风行气、祛湿活血之效，根皮治胃炎、肾炎及风湿疼痛，亦可外敷刀伤。

异叶梁王茶

Metapanax davidii (Franchet) J. Wen & Frodin

形态特征 常绿灌木或乔木。叶为单叶，叶片薄革质至厚革质，长圆状卵形至长圆状披针形，先端长渐尖，基部阔楔形或圆形，有主脉 3 条，上面深绿色，有光泽，下面淡绿色，两面均无毛，边缘疏生细锯齿。圆锥花序顶生；有花十余朵；花梗有关节；花白色或淡黄色，芳香；花瓣 5，三角状卵形。果球形，侧扁，黑色。

地理分布 陕西（太白山）、湖北（兴山、巴东等）、湖南（石门）、四川（天全、宝兴等）、贵州（贵阳、梵净山）、云南（贡山、泸水等）。巫山县官阳镇、当阳乡、大昌镇、竹贤乡等有分布。

主要用途 民间草药，治跌打损伤、风湿关节痛。

蜀五加

Eleutherococcus leucorrhizus var. *setchuenensis* (Harms) C. B. Shang & J. Y. Huang

形态特征 落叶灌木。叶通常有小叶3，小叶片革质，长圆状椭圆形至长圆状卵形，先端短渐尖、渐尖至尾尖状，基部宽楔形至近圆形，上面深绿色，下面灰白色，两面均无毛，边缘全缘、疏生齿牙状锯齿或不整齐细锯齿。伞形花序单个顶生，或数个组成短圆锥状花序，有花多数；花白色；花瓣5，三角状卵形开花时反曲。果球形，有5棱，黑色。

地理分布 甘肃（天水）、陕西（太白山、宁陕、商县）、河南（卢氏）、湖北（兴山、房县）、四川、重庆和贵州（梵净山）。巫山邓家乡、当阳乡、建平乡、两坪乡等有分布。

主要用途 观赏。

细柱五加

Eleutherococcus nodiflorus (Dunn) S. Y. Hu

形态特征 落叶灌木。小枝细长下垂，节上疏被扁钩刺，灰棕色。叶柄无毛，常有细刺；小叶片膜质至纸质，倒卵形至倒披针形，先端尖至短渐尖，基部楔形，两面无毛或沿脉疏生刚毛，边缘有细钝齿，下面脉腋间有淡棕色簇毛，网脉不明显；几无小叶柄。伞形花序单个稀2个腋生，或顶生在短枝上，有花多数；总花梗无毛；花梗细长，无毛；花黄绿色；花瓣5，长圆状卵形，先端尖。果扁球形，熟时紫黑色。

地理分布 安徽（舒城）和浙江（杭州）。巫山梨子坪林场、五里坡林场、官阳镇、龙溪镇等有分布。

主要用途 可入药。

吴茱萸五加

Gamblea ciliata var. *evodiifolia* (Franchet) C. B. Shang et al.

形态特征 灌木或乔木。枝暗色，无刺。小叶纸质至革质，中央小叶椭圆形至长圆状倒披针形，先端短渐尖或长渐尖，基部楔形或狭楔形，两侧小叶基部歪斜，较小，上面无毛，下面脉腋有簇毛，边缘全缘或有锯齿；小叶无柄或有短柄。伞形花序有多数或少数花，总花梗无毛；花萼边缘全缘；花瓣5，长卵形开花时反曲。果球形或略长，黑色。

地理分布 分布广，西自四川和云南西部，东至安徽黄山、浙江天目山和天台山、江西遂川，北起陕西太白山，南至广西中部象州的广大地区。巫山县竹贤乡有分布。

主要用途 入药。

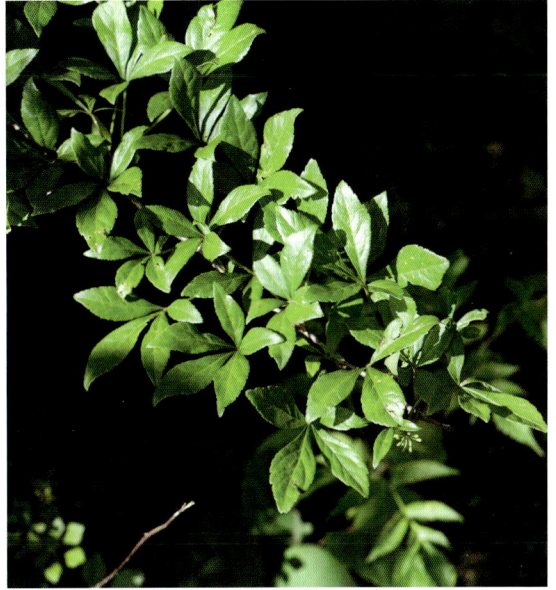

钝叶柃

Eurya obtusifolia H. T. Chang

主要用途 观赏；蜜源植物。

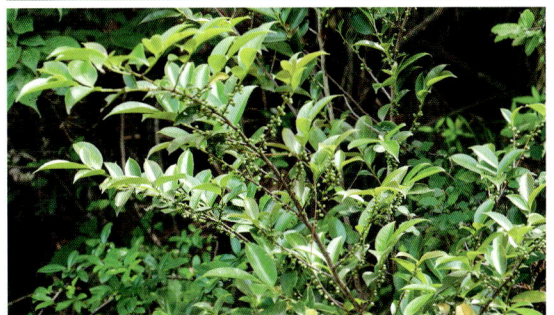

形态特征 灌木或小乔木状。叶革质，长圆形或长圆状椭圆形，顶端钝或略圆，基部楔形，边缘上半部有疏线钝齿，上面暗绿色，下面黄绿色，两面均无毛。花1~4朵腋生被微毛或疏生短柔毛；雄花花瓣5，白色，长圆形或椭圆形；雌花花瓣5，卵形或椭圆形。果圆球形，成熟时蓝黑色。

地理分布 陕西南部（镇巴）、湖北西部（利川、恩施、咸丰）、湖南西北部（永顺）、四川、贵州（习水、赤水、遵义、桐梓、贵阳、松桃、黎平）、云南（蒙自、双江）等地。巫山县龙溪镇有分布。

细齿叶柃

Eurya nitida Korthals

形态特征　常绿灌木或小乔木。全株无毛。树皮灰褐色或深褐色，平滑。叶薄革质，长圆状椭圆形或倒卵状长圆形，顶端渐尖或短渐尖，尖头钝，基部楔形，边缘密生锯齿或细钝齿，上面深绿色，有光泽，下面淡绿色，两面无毛。花 1~4 朵簇生于叶腋；雄花花瓣 5，白色，倒卵形，基部稍合生；雌花花瓣 5，长圆形，基部稍合生。果圆球形，成熟时蓝黑色。种子肾形或圆肾形，亮褐色，表面具细蜂窝状网纹。

地理分布　河南、安徽、浙江、江西、福建、湖北等地。巫山县大昌镇、邓家乡、当阳乡、福田镇、两坪乡、平河乡、竹贤乡等有分布。

主要用途　观赏；蜜源植物；枝、叶及果可作染料。

柃木

Eurya japonica Thunb.

主要用途　观赏；蜜源植物。

形态特征　常绿灌木。全株无毛。叶厚革质或革质，倒卵形、倒卵状椭圆形至长圆状椭圆形，顶端钝或近圆形，基部楔形，边缘具疏的粗钝齿，上面深绿色，有光泽，下面淡绿色，两面无毛，中脉在上面凹下，下面凸起，侧脉 5~7 对。花 1~3 朵腋生；雄花花瓣 5，白色，长圆状倒卵形；雌花花瓣 5，长圆形。果圆球形，无毛。

地理分布　浙江沿海（宁波、普陀山、镇海、鄞州区、洞头）、台湾（台北、台中、台东、屏东、嘉义、阿里山）等地。巫山县当阳乡、建平乡有分布。

红茴香
Illicium henryi Diels.

形态特征　常绿灌木或乔木。树皮灰褐色至灰白色。叶互生或 2~5 片簇生，革质，倒披针形、长披针形或倒卵状椭圆形，先端长渐尖，基部楔形；叶柄上部有不明显的狭翅。花粉红色至深红色，暗红色，腋生或近顶生，单生或 2~3 朵簇生。蓇葖 7~9，先端明显钻形，细尖。

地理分布　陕西南部、甘肃南部、安徽、江西、福建、河南、湖北、湖南、广东、广西、四川、贵州、云南等地。巫山县五里坡自然保护区、当阳乡、竹贤乡等有分布。

主要用途　观赏。

华中五味子
Schisandra sphenanthera Rehd. et Wils.

形态特征　落叶木质藤本。全株无毛。叶纸质，倒卵形、宽倒卵形，先端短急尖或渐尖，基部楔形或阔楔形，干膜质边缘至叶柄成狭翅，上面深绿色，下面淡灰绿色，有白色点。花生于近基部叶腋，花梗纤细，花被片 5~9，橙黄色，椭圆形或长圆状倒卵形，具缘毛，背面有腺点。聚合果成熟小浆果红色，具短柄。种子长圆形或肾形；种皮褐色光滑，或仅背面微皱。

地理分布　山西、陕西、甘肃、山东、江苏、安徽、浙江、江西、福建、河南、湖北、湖南、四川、贵州、云南东北部。巫山县梨子坪林场、大昌镇、官阳镇、五里坡林场等有分布。

主要用途　观赏；入药。

金山五味子

Schisandra glaucescens Diels

形态特征　落叶木质藤本。全株无毛。叶 3~7 片聚生短枝上，纸质，狭倒卵状椭圆形或倒卵形，先端渐尖或急短尖，基部楔形，上半部边缘具胼胝质齿尖的疏离浅锯齿，1/3 以下渐狭至基部下延成狭翅；下面通常明显苍白色或灰褐色。花被片 6 或 7，外轮的纸质，椭圆状长圆形，具干膜质边缘、缘毛和不明显的腺点，内轮的较小，椭圆形或倒卵形。果托干时具淡褐色凸纵纹，成熟心皮红色。种子扁椭圆体形，种脐刻入不明显；种皮光滑。

地理分布　湖北西部、四川中南部和东部。巫山县笃坪乡有分布。

主要用途　观赏；入药。

铁箍散

Schisandra propinqua subsp. *sinensis* (Oliver) R. M. K. Saunders

形态特征　落叶木质藤本。叶坚纸质，卵形、长圆状卵形或狭长圆状卵形。花被片椭圆形，雄蕊较少，6~9 枚；成熟心皮亦较小，10~30 枚。种子较小，肾形或近圆形，种皮灰白色，种脐狭"V"形。

地理分布　陕西、甘肃南部、江西、河南、湖北、湖南、四川、贵州、云南中部至南部。巫山县五里坡保护区、平河乡、铜鼓镇等有分布。

主要用途　观赏；入药。

兴山五味子

Schisandra incarnata Stapf

形态特征 落叶木质藤本。全株无毛。叶纸质，倒卵形、宽倒卵形，先端短急尖或渐尖，基部楔形或阔楔形，干膜质边缘至叶柄成狭翅，上面深绿色，下面淡灰绿色，有白色点。花生于近基部叶腋，花梗纤细，花被片 5~9，橙黄色，椭圆形或长圆状倒卵形，具缘毛，背面有腺点。聚合果成熟小浆果红色，具短柄。种子长圆体形或肾形；种皮褐色光滑，或仅背面微皱。

地理分布 山西、陕西、甘肃、山东、江苏、安徽、浙江、江西、福建、河南、湖北、湖南、四川、贵州、云南东北部。巫山县梨子坪林场、大昌镇、官阳镇、五里坡林场等有分布。

主要用途 观赏；入药。

鄂西十大功劳

Mahonia decipiens C. K. Schneid.

形态特征 常绿灌木。叶椭圆形，具 2~7 对小叶，上面暗绿色，背面淡暗绿色，两面叶脉少分枝而稍隆起；小叶有时邻接，卵形至卵状椭圆形，边缘每边具 3~6 刺锯齿，先端急尖。总状花序单 1 或 2 个簇生；花黄色；外萼片卵形，中萼片阔卵形，内萼片椭圆形；花瓣倒卵形，基部腺体显著，先端微缺裂。

地理分布 湖北。巫山县梨子坪林场、巫峡镇、竹贤乡等有分布。

主要用途 观赏；入药。

巴东小檗

Berberis veitchii Schneid.

形态特征　常绿灌木。茎圆柱形，茎刺三分叉，腹面具槽，淡黄色。叶薄革质，披针形，先端渐尖，基部楔形，上面暗绿色，中脉凹陷，侧脉微显，网脉不显，背面淡黄色，有光泽，中脉隆起，侧脉微隆起，网脉不显，不被白粉；叶缘略呈波状，微向背面反卷，每边具 10~30 刺齿；近无柄。花 2~10 朵簇生，花梗光滑无毛；花粉红色或红棕色；花瓣倒卵形，先端圆形，锐裂，基部缢缩呈爪。浆果卵形至椭圆形，顶端无宿存花柱，被蓝粉。

地理分布　四川、湖北、贵州北部。巫山县邓家乡、当阳乡、五里坡林场、平河乡等有分布。

主要用途　观赏；入药。

单花小檗

Berberis candidula Schneid.

形态特征　常绿灌木。老枝灰褐色，密生小疣点，幼枝淡绿色。茎刺三分叉，近圆柱形。叶厚革质，椭圆形至卵圆形，先端渐尖，具刺尖头，基部楔形，上面深绿色，有光泽，中脉凹陷，侧脉不显，背面灰白色，密被白粉，中脉和侧脉明显隆起，两面网脉不显，叶缘明显向背面反卷，每边具 1~4 刺齿；叶柄极短或近无柄。花单生；花梗无毛；花黄色；花瓣倒卵形，先端全缘，基部楔形。浆果椭圆形，顶端无宿存花柱，微被白粉。

地理分布　四川、湖北。巫山县五里坡林场有分布。

主要用途　观赏。

豪猪刺

Berberis julianae Schneid.

形态特征　常绿灌木。茎刺粗壮，三分叉，腹面具槽，与枝同色。叶革质，椭圆形、披针形或倒披针形，先端渐尖，基部楔形，上面深绿色，中脉凹陷，侧脉微显，背面淡绿色，中脉隆起，侧脉微隆起或不显，两面网脉不显，不被白粉，叶缘平展，每边具 10~20 刺齿。花 10~25 朵簇生；花黄色；花瓣长圆状椭圆形，先端缺裂，基部缢缩呈爪。浆果长圆形，蓝黑色，顶端具明显宿存花柱，被白粉。

地理分布　湖北、四川、贵州、湖南、广西。巫山县梨子坪林场、邓家乡、当阳乡、庙宇镇、铜鼓镇、五里坡林场等有分布。

主要用途　观赏；入药。

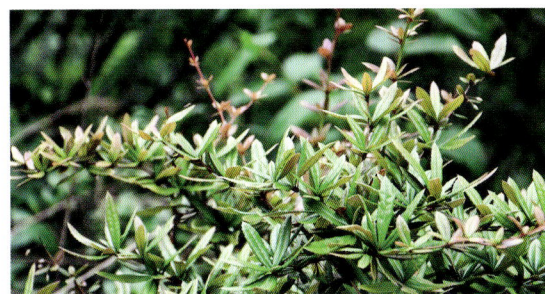

湖北小檗

Berberis gagnepainii Schneid.

形态特征　常绿灌木。茎圆柱形，老枝无刺。叶披针形，先端渐尖，基部楔形，上面暗绿色，中脉微凹陷，侧脉和网脉显著，背面黄绿色，中脉明显隆起，侧脉微隆起，网脉不显，不被白粉，叶缘有时微波状，每边具 6~20 刺齿。花 2~8 朵簇生，花梗棕褐色，无毛；花淡黄色；花瓣倒卵形，先端缺裂或微凹，裂片先端圆形，基部楔形。浆果红色，长圆状卵形，微被蓝粉。

地理分布　湖北、云南、四川、贵州。巫山县飞播林场、笃坪乡、大溪乡、两坪乡、平河乡等有分布。

主要用途　观赏；入药。

芒齿小檗

Berberis triacanthophora Fedde

形态特征　常绿灌木。茎圆柱形，茎刺三分叉，与枝同色。叶革质，线状披针形、长圆状披针形或狭椭圆形，端渐尖或急尖，常有刺尖头，基部楔形，上面深绿色，有光泽，下面灰绿色，中脉隆起，两面侧脉和网脉不显，具乳头状突起，叶缘微向背面反卷，每边具 2~8 刺齿，偶有全缘。花 2~4 朵簇生；花梗光滑无毛；花黄色；花瓣倒卵形，先端浅缺裂，基部楔形。浆果椭圆形蓝黑色，微被白粉。

地理分布　湖北、湖南、四川、贵州、陕西。巫山县竹贤乡有分布。

主要用途　观赏；入药。

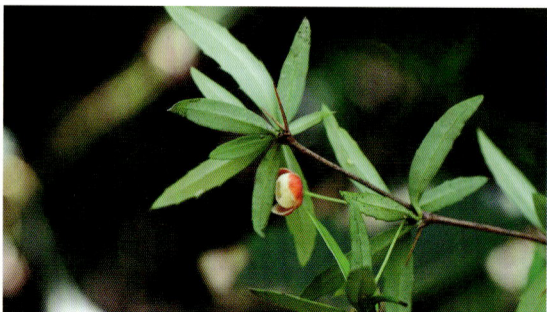

血红小檗

Berberis sanguinea Franch.

形态特征　常绿灌木。茎明显具槽，茎刺三分叉，淡黄色。叶薄革质，线状披针形，先端急尖或渐尖，具 1 刺尖头，基部楔形，上面暗绿色，中脉显著凹陷，背面亮淡黄绿色，中脉明显隆起，两面侧脉和网脉不显，不被白粉，叶缘有时略向背面反卷，每边具 7~14 刺齿。花 2~7 朵簇生；花梗长带红色；花瓣倒卵形，先端微凹。浆果椭圆形，紫红色，不被白粉。

地理分布　四川、湖北。巫山县五里坡自然保护区有分布。

主要用途　观赏。

直穗小檗

Berberis dasystachya Maxim.

形态特征　落叶灌木。叶纸质，叶片长圆状椭圆形、宽椭圆形或近圆形，先端钝圆，基部骤缩，稍下延，呈楔形、圆形或心形，上面暗黄绿色，中脉和侧脉微隆起，背面黄绿色，中脉明显隆起，不被白粉，两面网脉显著，无毛，叶缘平展，每边具 25~50 细小刺齿。总状花序直立，具 15~30 朵花，总梗长无毛；花黄色；花瓣倒卵形，先端全缘，基部缢缩呈爪。浆果椭圆形，红色，不被白粉。

地理分布　甘肃、宁夏、青海、湖北、陕西、四川、河南、河北、山西。巫山县五里坡林场、两坪乡有分布。

主要用途　观赏。

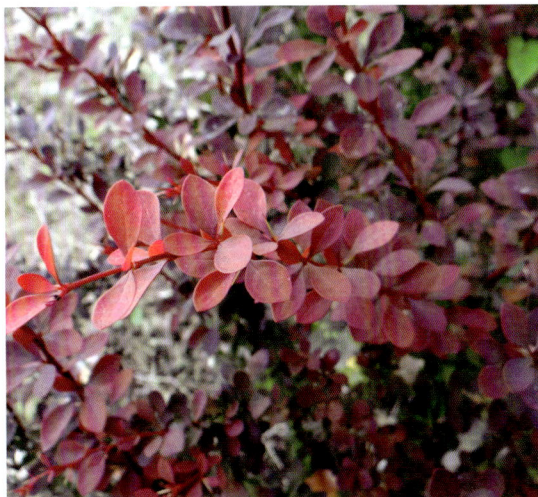

紫叶小檗

Berberis thunbergii 'Atropurpurea'

形态特征　落叶灌木。叶菱状卵形，紫红色。花 2~5 朵呈具短总梗并近簇生的伞形花序，或无总梗而呈簇生状，花被黄色；花瓣长圆状倒卵形，先端微缺，基部以上腺体靠近。浆果红色，椭圆体形，稍具光泽。

地理分布　原产日本。我国各省份广泛栽培。巫山县巫峡镇有引种栽培。

主要用途　观赏。

常山

Dichroa febrifuga Lour.

形态特征　常绿灌木。叶常椭圆形、倒卵形、椭圆状长圆形或披针形，先端渐尖，基部楔形，边缘具锯齿或粗齿，稀波状，两面绿色或一至两面紫色。伞房状圆锥花序顶生，花蓝色或白色；花蕾倒卵形；花瓣长圆状椭圆形，稍肉质，花后。浆果蓝色，干时黑色。种子具网纹。

地理分布　陕西、甘肃、江苏、安徽、浙江、江西、福建、台湾、湖北、湖南、广东、广西、四川、贵州、云南、西藏。巫山县大昌镇、五里坡自然保护区、竹贤乡有分布。

主要用途　观赏；根含有常山素，为抗疟疾用药。

绢毛山梅花

Philadelphus sericanthus Koehne

形态特征　落叶灌木。叶纸质，椭圆形或椭圆状披针形，先端渐尖，基部楔形或阔楔形，边缘具锯齿，齿端具角质小圆点，上面疏被糙伏毛，下面仅沿主脉和脉腋被长硬毛；叶脉稍离基3~5条；叶柄疏被毛。总状花序，花梗被糙伏毛；花萼褐色，外面疏被糙伏毛，裂片卵形，先端渐尖；花冠盘状；花瓣白色，倒卵形或长圆形，外面基部常疏被毛，顶端圆形。蒴果倒卵形，长。种子具短尾。

地理分布　陕西、甘肃、江苏、安徽、浙江、江西、河南、湖北、湖南、广西、四川、贵州、云南。巫山县五里坡林场有分布。

主要用途　观赏。

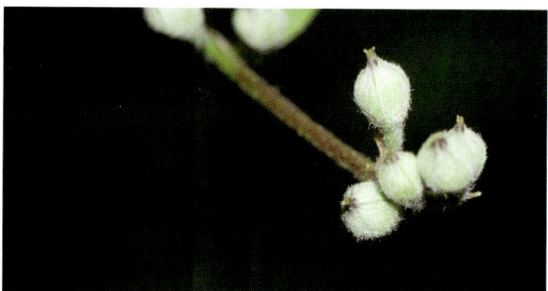

米柴山梅花

Philadelphus incanus var. *mitsai* (S. Y. Hu) S. M. Hwang

形态特征　落叶灌木。叶卵形或阔卵形，先端急尖，基部圆形，花枝上叶较小，卵形、椭圆形至卵状披针形，先端渐尖，基部阔楔形或近圆形，边缘具疏锯齿，叶下面被毛较稀疏。总状花序，花序轴疏被长柔毛或无毛；花梗上部密被白色长柔毛；花瓣白色，卵形或近圆形，基部急收狭。蒴果倒卵形。

地理分布　河南南部和湖北西部。巫山县竹贤乡有分布。

主要用途　观赏。

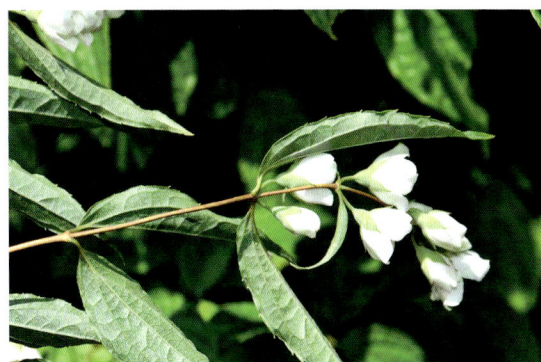

山梅花

Philadelphus incanus Koehne

形态特征　落叶灌木。叶卵形或阔卵形，先端急尖，基部圆形。总状花序有花5~7（11）朵，花序轴疏被长柔毛或无毛；花梗上部密被白色长柔毛；花瓣白色，卵形或近圆形，基部急收狭。蒴果倒卵形。种子具短尾。

地理分布　山西、陕西、甘肃、河南、湖北、安徽、四川。巫山县当阳乡、五里坡林场、梨子坪林场、骡坪镇、竹贤乡等有分布。

主要用途　观赏。

太平花

Philadelphus pekinensis Rupr.

形态特征　落叶灌木。叶卵形或阔椭圆形，先端长渐尖，基部阔楔形或楔形，边缘具锯齿，稀近全缘，两面无毛，稀仅下面脉腋被白色长柔毛。总状花序，花序轴黄绿色，无毛；花梗无毛；花萼黄绿色，外面无毛，花瓣白色，倒卵形。蒴果近球形或倒圆锥形。种子具短尾。

地理分布　内蒙古、辽宁、河北、河南、山西、陕西、湖北。巫山县骡坪镇、平河乡、飞播林场等有分布。

主要用途　观赏。

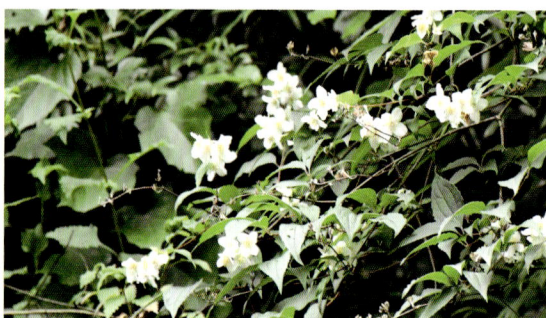

四川溲疏

Deutzia setchuenensis Franch

主要用途　观赏。

形态特征　落叶灌木。叶纸质或膜质，卵形、卵状长圆形或卵状披针形，基部圆形或阔楔形，边缘具细锯齿，上面深绿色，侧脉每边 3~4 条，下面明显隆起，网脉不明显隆起；叶柄被星状毛。伞房状聚伞花序有花 6~20 朵；花序梗柔弱，被星状毛；花蕾长圆形或卵状长圆形；花瓣白色，卵状长圆形。蒴果球形。

地理分布　江西、福建西部、湖北、湖南、广东北部、广西北部、贵州、四川、云南西北部。巫山县当阳乡、五里坡林场、官阳镇、竹贤乡等有分布。

莼兰绣球

Hydrangea longipes Franch.

形态特征　落叶灌木。叶膜质或薄纸质，阔卵形、阔倒卵形、长卵形或长倒卵形，先端急尖或渐尖，具阔短尖头，基部截平、微心形或阔楔形，边缘具不整齐的粗锯齿，上面疏被糙伏毛，下面被稀疏、短而近贴伏的细柔毛，脉上的毛较密。伞房状聚伞花序顶生，不育花白色，萼片4，倒卵形、阔倒卵形或近圆形；孕性花白色，萼筒杯状，萼齿三角形；花瓣长卵形，先端急尖，早落。蒴果杯状，顶端截平。种子淡棕色，倒长卵形或狭椭圆形。

地理分布　河北、陕西、甘肃、河南、湖北、湖南、四川、贵州、云南等地。巫山县五里坡自然保护区、梨子坪林场、平河乡、竹贤乡等有分布。

主要用途　观赏。

东陵绣球

Hydrangea bretschneideri Dippel

形态特征　落叶灌木。叶薄纸质或纸质，卵形至长卵形、倒长卵形或长椭圆形，先端渐尖，具短尖头，基部阔楔形或近圆形，边缘有具硬尖头的锯形小齿或粗齿，干后上面常呈暗褐色，脉上常被疏短柔毛，下面灰褐色。伞房状聚伞花序较短小，顶端截平或微拱；不育花萼片4，广椭圆形、卵形、倒卵形或近圆形，近等大，钝头，全缘；孕性花萼筒杯状，萼齿三角形；花瓣白色，卵状披针形或长圆形。蒴果卵球形。种子淡褐色，狭椭圆形或长圆形，略扁，具纵脉纹，两端各具狭翅。

地理分布　河北、山西、陕西、宁夏、甘肃、青海、河南等地。巫山县龙溪镇、三溪乡、竹贤乡等有分布。

主要用途　观赏。

挂苦绣球

Hydrangea xanthoneura Die

形态特征　落叶灌木至小乔木。叶纸质至厚纸质，椭圆形、长椭圆形、长卵形或倒长卵形，先端短渐尖或急尖，基部阔楔形或近圆形，边缘有密而锐尖的锯齿，上面绿色，叶脉淡黄色，无毛。伞房状聚伞花序顶生，顶端常弯拱；不育花萼片4，淡黄绿色，广椭圆形至近圆形；孕性花萼筒浅杯状，萼齿三角形，与萼筒近等长；花瓣白色或淡绿色，长卵形，先端风帽状。蒴果卵球形。种子褐色或淡褐色，椭圆形或纺锤形，扁平，具纵脉纹，两端各具狭翅。

地理分布　四川、重庆、贵州（雷山、水城）、云南（绿春、丽江、永善）。巫山县五里坡林场、巫峡镇等有分布。

主要用途　观赏。

蜡莲绣球

Hydrangea strigosa Rehd.

形态特征　落叶灌木。叶纸质，长圆形、卵状披针形或倒卵状倒披针形，先端渐尖，基部楔形、钝或圆形，边缘有具硬尖头的小齿或小锯齿，干后上面黑褐色；叶柄被糙伏毛。伞房状聚伞花序大，不育花萼片4~5，阔卵形、阔椭圆形或近圆形，先端钝头渐尖或近截平，基部具爪，边全缘或具数齿，白色或淡紫红色；孕性花淡紫红色，萼筒钟状，萼齿三角形；花瓣长卵形，初时顶端稍连合，后分离，早落。蒴果坛状，顶端截平，基部圆。种子褐色，阔椭圆形，先端的翅宽而扁平，基部的收狭呈短柄状。

地理分布　陕西（洋县）、四川、重庆、云南、贵州、湖北、湖南。巫山县红椿乡、建平乡、两坪乡、骡坪镇等有分布。

主要用途　观赏。

马桑绣球

Hydrangea aspera D. Don

形态特征　落叶灌木或小乔木。叶纸质，长卵形、卵状披针形或长椭圆形，先端长渐尖，基部阔楔形或圆形，边缘有具短尖头的不规则锯形小齿；叶柄密被糙伏毛。伞房状聚伞花序顶端弯拱，分枝疏散，粗长，密被褐黄灰色短粗毛；不育花萼片4，阔卵形、圆形或倒卵圆形，边缘具锐尖粗齿，极少全缘，绿白色；孕性花萼筒钟状萼齿阔三角形，先端尖；花瓣长卵形先端急尖，基部截平。蒴果坛状，顶端截平，基部略尖，具棱。种子褐色，阔椭圆形或近圆形，稍扁尾。

地理分布　云南、四川、贵州、广西隆林。巫山县笃坪乡、大溪乡、福田镇、骡坪镇等有分布。

主要用途　观赏。

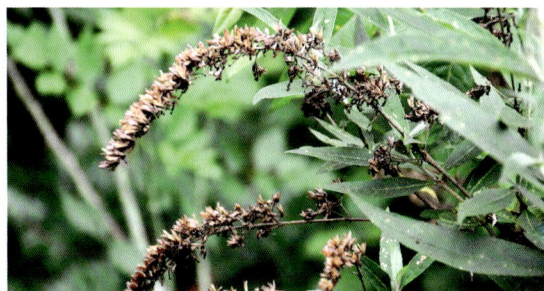

白背枫

Buddleja asiatica Lour.

形态特征　落叶灌木或小乔木。叶对生，叶片膜质至纸质，狭椭圆形、披针形或长披针形，顶端渐尖或长渐尖，基部渐狭而成楔形。总状花序窄而长，花冠芳香，白色，有时淡绿色，花冠管圆筒状，直立，外面近无毛或被稀疏星状毛，内面仅中部以上被短柔毛或绵毛。蒴果椭圆状。种子灰褐色，椭圆形，两端具短翅。

地理分布　陕西、江西、福建、台湾、湖北、湖南、广东海南、广西、四川、贵州、云南、西藏等地。巫山县笃坪乡、官渡镇、官阳镇、建平乡、两坪乡、龙溪镇等有分布。

主要用途　观赏。

滇川醉鱼草
Buddleja forrestii Diels

形态特征　落叶灌木。枝条四棱形，棱上有翅。幼枝、叶片上面、叶柄和花序均被星状短茸毛，后变无毛或几无毛。叶对生，叶片薄纸质，披针形或长圆状披针形，顶端渐尖，基部楔形，叶下面被星状短茸毛。总状聚伞花序顶生兼腋生；花萼和花冠的外面均疏被星状毛和腺毛；花萼钟状，花冠紫红色，花冠管内面除基部无毛外均被星状柔毛，喉部毛被较密，花冠裂片近圆形，内面无毛。蒴果卵形或长卵形，无毛，基部有宿存花萼。种子长卵形，细，周围有翅。

地理分布　四川、云南。巫山县梨子坪林场、邓家乡、五里坡林场、当阳乡、建平乡等有分布。

主要用途　观赏。

密蒙花
Buddleja officinalis Maxim.

形态特征　落叶灌木。小枝略呈四棱形，灰褐色。小枝、叶下面、叶柄和花序均密被灰白色星状短茸毛。叶对生，叶片纸质，狭椭圆形、长卵形，顶端渐尖、急尖或钝，基部楔形或宽楔形，叶上面深绿色，被星状毛，下面浅绿色。花多而密集，组成顶生聚伞圆锥花序，花梗极短；花萼钟状外面与花冠外面均密被星状短茸毛和一些腺毛，花冠紫堇色，后变白色或淡黄白色，喉部橘黄色，花冠管圆筒形，内面黄色，被疏柔毛，花冠裂片卵形，内面无毛。蒴果椭圆状，外果皮被星状毛。种子多颗，狭椭圆形，两端具翅。

地理分布　山西、陕西、甘肃、四川等地。巫山县大昌镇、平河乡等有分布。

主要用途　观赏；全株供药用，花有清热利湿之功效；根可清热解毒；枝叶治牛和马的红白痢；茎皮纤维可作造纸原料。

水麻

Debregeasia orientalis C. J. Chen

形态特征　落叶灌木。小枝纤细，暗红色。叶纸质或薄纸质，长圆状狭披针形或条状披针形，先端渐尖或短渐尖，基部圆形或宽楔形，边缘有不等的细锯齿或细牙齿，上面暗绿色，背面被白色或灰绿色毡毛，在脉上疏生短柔毛，基出脉 3 条。花序雌雄异株，生去年生枝和老枝的叶腋；雄花在芽时扁球形，花被片 4；雌花几无梗，倒卵形；花被薄膜质紧贴于子房，倒卵形。瘦果小浆果状，倒卵形，鲜时橙黄色，宿存花被肉质紧贴生于果。

地理分布　西藏东南部、云南、广西、贵州、四川、甘肃、陕西南部、湖北、湖南、台湾。巫山县大昌镇、平河乡有分布。

主要用途　果可食；叶可作饲料。

长叶水麻

Debregeasia longifolia (Burm. F.) Wedd.

形态特征　落叶小乔木或灌木。叶纸质或薄纸质，长圆状或倒卵状披针形，先端渐尖，基部圆形或微缺，边缘具细牙齿或细锯齿，上面深绿色，疏生细糙毛，下面灰绿色，在脉网内被一层灰白色的短毡毛，在脉上密生灰色或褐色粗毛。花序雌雄异株，花序梗序轴上密被伸展的短柔毛；雄花在芽时微扁球形，具短梗；花被片 4；雌花几无梗，倒卵珠形，压扁，下部紧缩成柄；花被薄膜质，倒卵珠形。瘦果带红色或金黄色，干时变铁锈色，葫芦状，下半部紧缩成柄，宿存花被与果贴生。

地理分布　西藏南部、云南、四川、陕西南部、甘肃东南部、湖北西部等地。巫山县平河乡、曲尺乡、巫峡镇等有分布。

主要用途　入药，具有祛风止咳、清热利湿之效。

枫香树

Liquidambar formosana Hance

形态特征 落叶乔木。树皮灰褐色，方块状剥落。叶薄革质，阔卵形，掌状 3 裂，中央裂片较长，先端尾状渐尖；掌状脉 3~5 条，在上下两面均显著，网脉明显可见；边缘有锯齿，齿尖有腺状突。雄性短穗状花序常多个排成总状，雌性头状花序有花 24~43 朵。头状果序圆球形，木质。种子多数，褐色，多角形或有窄翅。

地理分布 我国秦岭及淮河以南各地，北起河南、山东，南至广东，东至台湾，西至四川、云南及西藏。越南北部、老挝及朝鲜南部也有分布。巫山县铜鼓镇、笃坪乡、龙溪镇、笃坪乡等有分布。

主要用途 观赏；树脂供药用，能解毒止痛、止血生肌；根、叶及果亦入药，有祛风除湿、通络活血之功效；木材稍坚硬，可制家具及装贵重商品的木箱。

山桐子

Idesia polycarpa Maxim.

形态特征 落叶乔木。树皮淡灰色，不裂。树冠长圆形。叶薄革质或厚纸质，卵形或心状卵形，先端渐尖或尾状，基部通常心形，边缘有粗的齿。花单性，雌雄异株或杂性，黄绿色，有芳香，花瓣缺，排列成顶生下垂的圆锥花序，花序梗有疏柔毛。浆果成熟期紫红色，扁圆形，果梗细小。种子红棕色，圆形。

地理分布 甘肃南部、陕西南部、山西南部、河南南部、台湾等地。巫山县五里坡自然保护区、骡坪镇、福田镇等有分布。

主要用途 观赏；木材松软，可作建筑、家具、器具等用材；为山地营造速生混交林和经济林的优良树种；花多芳香，有蜜腺，为养蜂业的蜜源资源植物。

垂柳

Salix babylonica L.

形态特征 落叶乔木。树皮灰黑色，不规则开裂。枝细，下垂，淡褐黄色、淡褐色或带紫色，无毛。叶狭披针形或线状披针形，先端长渐尖，基部楔形两面无毛或微有毛，上面绿色，下面色较淡，锯齿缘；叶柄有短柔毛。花序先叶开放，或与叶同时开放；雄花序有短梗，轴有毛；花药红黄色；雌花序有梗。蒴果，带绿黄褐色。

地理分布 长江流域与黄河流域，其他各地均为栽培。巫山有引种栽培。

主要用途 观赏。

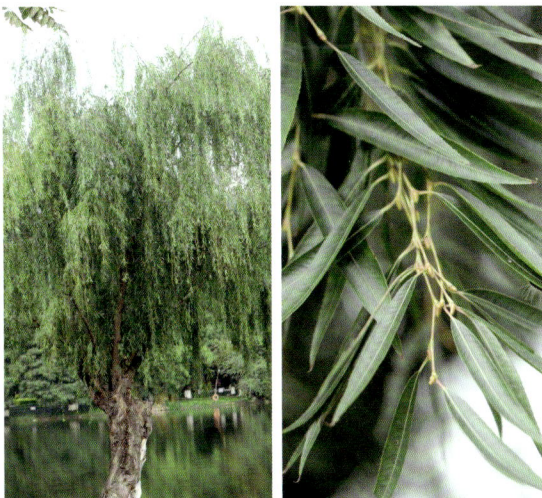

南川柳

Salix rosthornii Seemen

形态特征 落叶乔木或灌木。叶披针形，椭圆状披针形或长圆形，先端渐尖，基部楔形，上面亮绿色，下面浅绿色，两面无毛。花与叶同时开放；花序疏花。蒴果卵形。

地理分布 陕西南部、四川东南部、贵州、湖北、湖南、江西、安徽南部、浙江等地。巫山县官阳镇有分布。

主要用途 生态保护。

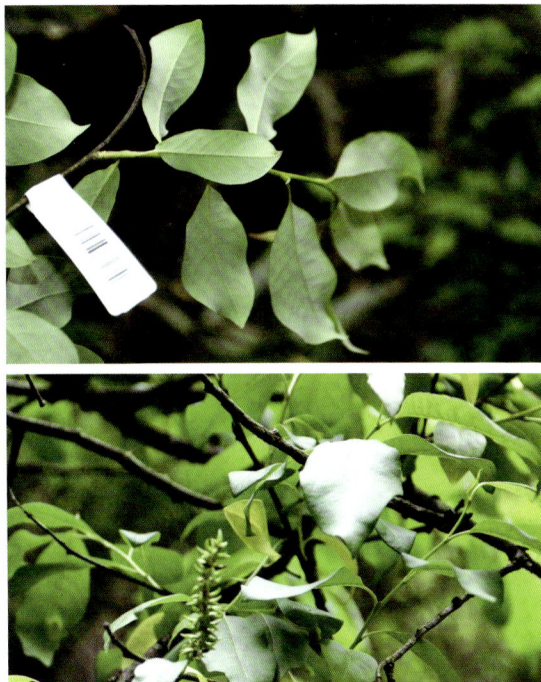

皂柳

Salix wallichiana Anderss.

形态特征 落叶灌木或乔木。叶披针形、长圆状披针形、卵状长圆形，先端急尖至渐尖，基部楔形至圆形。花序先叶开放或近同时开放，无花序梗，雄蕊 2，花药大，椭圆形，黄色，花丝纤细，离生，无毛或基部有疏柔毛；雌花序圆柱形，或向上部渐狭。蒴果有毛或近无毛，开裂后，果瓣向外反卷。

地理分布 西藏、云南、四川、重庆、青海南部、甘肃东南部、内蒙古、浙江（天目山）等地。巫山县邓家乡、骡坪镇、平河乡、曲尺乡等有分布。

主要用途 枝条可编筐篓；板材可制木箱（湖北西部）；根入药，治风湿性关节炎。

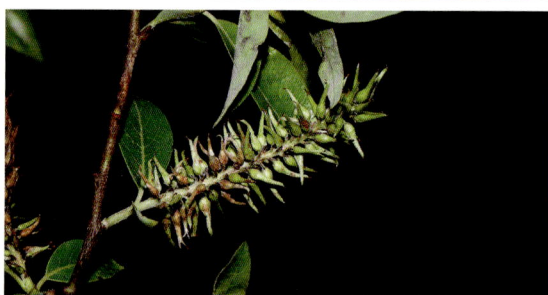

大叶杨

Populus lasiocarpa Oliv.

形态特征 落叶乔木。树皮暗灰色，纵裂。叶卵形，先端渐尖，稀短渐尖，基部深心形，上面光滑亮绿色，近基部密被柔毛，下面淡绿色，具柔毛；叶柄圆，有毛，通常与中脉同为红色。花轴具柔毛。蒴果卵形，密被茸毛。种子棒状，暗褐色。

地理分布 湖北、四川、陕西、贵州、云南等地，以鄂西和川东林区为多。巫山县五里坡自然保护区、邓家乡、笃坪乡、梨子坪林场、飞播林场、当阳乡、官阳镇、红椿乡、竹贤乡等有分布。

主要用途 木材供家具、板料等用材。

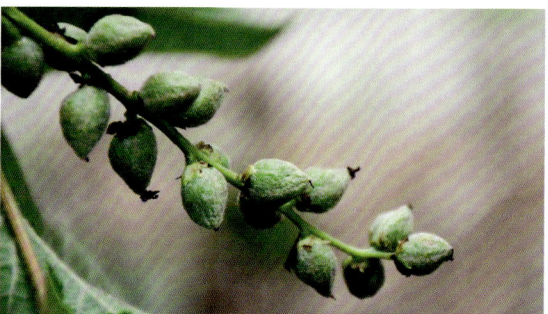

青杨

Populus cathayana Rehd.

形态特征 落叶乔木。树皮初光滑，灰绿色，老时暗灰色，沟裂。短枝叶卵形、椭圆状卵形、椭圆形或狭卵形，最宽处在中部以下，先端渐尖或突渐尖，基部圆形，稀近心形或阔楔形，边缘具腺圆锯齿，上面亮绿色，下面绿白色，脉两面隆起，尤以下面为明显，具侧脉 5~7 条，无毛，叶柄圆柱形，无毛；长枝或萌枝叶较大，卵状长圆形，基部常微心形。雄蕊 30~35，苞片条裂；柱头 2~4 裂。蒴果卵圆形。

地理分布 辽宁、华北、西北、四川等地。巫山县梨子坪林场、当阳乡、骡坪镇、曲尺乡有引种栽培。

主要用途 观赏；材用。

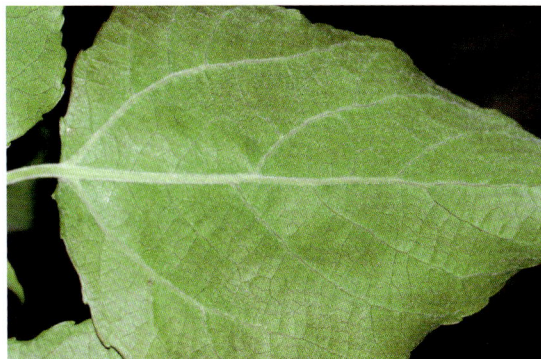

清溪杨

Populus rotundifolia var. *duclouxiana* (Dode) Gomb.

形态特征 落叶乔木。干皮灰白色，光滑。幼枝暗褐色，初时有毛，后光滑，老枝灰色。短枝叶卵状圆形或三角状圆形，先端渐尖，基部微心形或截形，边缘波状钝锯齿，上面绿色，下面灰绿色，幼时两面均有白柔毛；叶柄侧扁；萌枝叶大，宽卵状圆形，基部楔形或近心形。果序轴有毛；蒴果长卵形，先端尖，2 瓣裂。

地理分布 陕西、甘肃、四川、云南、贵州、西藏等地。巫山县福田镇、五里坡林场有分布。

主要用途 观赏。

杨柳科	Salicaceae		杨属 *Populus*

山杨

Populus davidiana Dode

形态特征　落叶乔木。树皮光滑灰绿色或灰白色，老树基部黑色粗糙。叶三角状卵圆形或近圆形，长宽近等，先端钝尖、急尖或短渐尖，基部圆形、截形或浅心形，边缘有密波状浅齿；叶柄侧扁。花序轴有疏毛或密毛；苞片棕褐色，掌状条裂，边缘有密长毛；花药紫红色；子房圆锥形，柱头2深裂，带红色。蒴果卵状圆锥形，有短柄，2瓣裂。

地理分布　黑龙江、内蒙古、吉林及华北、西北、华中等地。巫山县抱龙镇、飞播林场、邓家乡、笃坪乡、当阳乡、巫峡镇等有分布。

主要用途　观赏；材用。

杨柳科	Salicaceae		柞木属 *Xylosma*

柞木

Xylosma congesta (Lour.) Merr.

形态特征　常绿大灌木或小乔木。树皮棕灰色，不规则从下面向上反卷呈小片，裂片向上反卷。叶薄革质，雌雄株稍有区别，通常雌株的叶有变化，菱状椭圆形至卵状椭圆形，先端渐尖，基部楔形或圆形，边缘有锯齿，两面无毛或在近基部中脉有污毛。花小，总状花序腋生，花梗极短；花瓣缺。浆果黑色，球形，顶端有宿存花柱。种子卵形，鲜时绿色，干后褐色，有黑色条纹。

地理分布　秦岭以南和长江以南各地。巫山县巫峡镇、两坪乡、大昌镇、龙溪镇等有分布，并保存有较多古树。

主要用途　材质坚实，纹理细密，材色棕红，供家具农具等用；叶、刺供药用；种子含油；树形优美，供庭院美化和观赏等用；蜜源植物。

杨梅

Myrica rubra Lour.

形态特征　常绿乔木。树皮灰色，老时纵向浅裂。树冠圆球形。叶革质，无毛。花雌雄异株；雄花序单独或数条丛生于叶腋，圆柱状；花药椭圆形，暗红色，无毛；雌花序常单生于叶腋，较雄花序短而细瘦。核果球状，外表面具乳头状凸起，外果皮肉质，多汁液及树脂，味酸甜，成熟时深红色或紫红色；核常为阔椭圆形或圆卵形，略成压扁状，内果皮极硬，木质。

地理分布　江苏、浙江、台湾、福建、江西、湖南、贵州、四川、云南、广西、广东。日本、朝鲜和菲律宾也有分布。巫山县培石乡有分布。

主要用途　果可食用。

重阳木

Bischofia polycarpa (Levl.) Airy Shaw

形态特征　落叶乔木。树皮褐色，纵裂。树冠伞形状，大枝斜展。小枝无毛。三出复叶，小叶片纸质，卵形或椭圆状卵形，顶端突尖或短渐尖，基部圆或浅心形，边缘具钝细锯齿。花雌雄异株，春季与叶同时开放，组成总状花序；花序通常着生于新枝的下部，花序轴纤细而下垂；雄花萼片半圆形，膜质，向外张开，花丝短，有明显的退化雌蕊；雌花萼片与雄花的相同，有白色膜质的边缘。果浆果状，圆球形，成熟时褐红色。

地理分布　秦岭、淮河流域以南至福建、广东的北部。巫山县大昌镇、渝东珍稀植物园有分布。

主要用途　观赏；木材适于建筑、家具等用材；果肉可酿酒；种子含油量30%，可供食用，也可作润滑油和肥皂油。

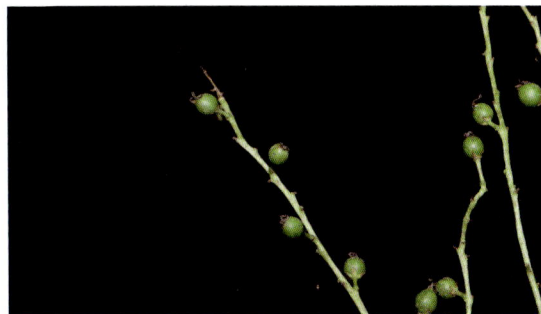

雀儿舌头

Leptopus chinensis (Bunge) Pojark.

形态特征　直立灌木。叶片膜质至薄纸质，卵形、椭圆形或披针形，顶端钝或急尖，基部圆或宽楔形，叶面深绿色，叶背浅绿色。花小，雌雄同株；萼片、花瓣和雄蕊均为 5；雄花花梗丝状；萼片卵形或宽卵形，浅绿色，膜质，具有脉纹；花瓣白色，匙形，膜质；花丝丝状，花药卵圆形；雌花花瓣倒卵形，萼片与雄花的相同；花盘环状。蒴果圆球形或扁球形基部有宿存的萼片。

地理分布　除黑龙江、新疆、福建、海南和广东外，全国各地均有分布。巫山县大昌镇、竹贤乡有分布。

主要用途　观赏；叶可制杀虫农药。

算盘子

Glochidion puberum (L.) Hutch.

形态特征　落叶灌木。小枝、叶片下面、萼片外面、子房和果均密被短柔毛。叶片纸质或近革质，长圆形、长卵形或倒卵状长圆形，顶端钝、急尖、短渐尖或圆，基部楔形至钝，上面灰绿色，下面粉绿色。花小，雌雄同株或异株，雄花萼片 6，狭长圆形或长圆状倒卵形；雄蕊 3，合生呈圆柱状；雌花萼片 6，与雄花的相似，但较短而厚；花柱合生呈环状，与子房接连处缢缩。蒴果扁球状，边缘有 8~10 条纵沟，成熟时带红色。种子近肾形，具三棱，朱红色。

地理分布　陕西、安徽、福建、台湾、云南、西藏等地。巫山县大昌镇、大溪乡、铜鼓镇、三溪乡、巫峡镇等有分布。

主要用途　种子可供制肥皂或作润滑油；根、茎、叶和果均可药用，有活血散瘀、消肿解毒之效，治痢疾、腹泻、感冒发热等；可提制栲胶；叶可作绿肥，置于粪池可杀蛆。

瘿椒树

Tapiscia sinensis Oliv.

形态特征　落叶乔木。树皮灰黑色或灰白色。小枝无毛。芽卵形。奇数羽状复叶；小叶 5~9，狭卵形或卵形，基部心形或近心形，边缘具锯齿，两面无毛或仅背面脉腋被毛，上面绿色，背面带灰白色，密被近乳头状白粉点。圆锥花序腋生，雄花与两性花异株，雄花小，黄色，有香气；两性花花萼钟状，5 浅裂；花瓣 5，狭倒卵形，比萼稍长。核果近球形或椭圆形。

地理分布　浙江、安徽、湖北、湖南、广东、广西、四川、云南、贵州。巫山县当阳乡、竹贤乡有分布。

主要用途　科研。

大果榆

Ulmus macrocarpa Hance

形态特征　落叶乔木或灌木。树皮暗灰色或灰黑色，粗糙。叶宽倒卵形、倒卵状圆形，厚革质，先端短尾状，基部渐窄至圆，两面粗糙，叶面密生硬毛或有凸起的毛迹，叶背常有疏毛，脉上较密，边缘具大而浅钝的重锯齿。翅果宽倒卵状圆形、近圆形或宽椭圆形，基部多少偏斜或近对称，微狭或圆，果核部分位于翅果中部，果梗被短毛。

地理分布　黑龙江、吉林、辽宁、内蒙古、河北、山东、江苏北部、安徽北部、河南、山西、陕西、甘肃、青海东部。巫山县当阳乡有分布。

主要用途　可作车辆、器具等用材；翅果是医药和轻、化工业的重要原料；种子发酵后与榆树皮、红土、菊花末等加工成芜糊，药用杀虫、消积。

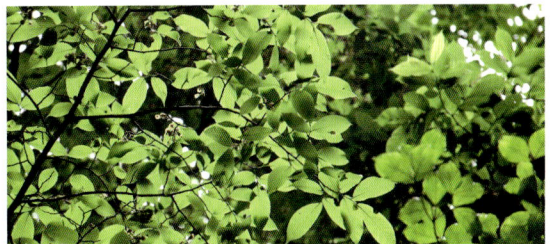

黄花倒水莲

Polygala fallax Hemsl.

形态特征　落叶灌木或小乔木。根粗壮，多分枝，表皮淡黄色。枝灰绿色，密被长而平展的短柔毛。单叶互生，叶片膜质，披针形至椭圆状披针形，先端渐尖，基部楔形至钝圆，全缘，叶面深绿色，背面淡绿色，两面均被短柔毛，主脉上面凹陷，背面隆起，侧脉8~9对，背面突起，于边缘网结，细脉网状，明显；叶柄上面具槽，被短柔毛。总状花序顶生或腋生，直立，花后下垂，被短柔毛；花瓣正黄色，3枚。蒴果阔倒心形至圆形，绿黄色。种子圆形，棕黑色至黑色，密被白色短柔毛。

地理分布　江西、福建、湖南、广东、广西、云南。巫山县五里坡林场有分布。

主要用途　根入药，有补气血、健脾利湿、活血调经之效。

尾叶远志

Polygala caudata Rehd. et Wils.

形态特征　落叶灌木。单叶，叶片近革质，长圆形或倒披针形，先端具尾状渐尖或细尖，基部渐狭至楔形，全缘，叶面深绿色，背面淡绿色，两面无毛，主脉上面凹陷，背面隆起。总状花序顶生或生于顶部数个叶腋内，花梗无毛，花瓣3，白色、黄色或紫色，侧生花瓣与龙骨瓣于3/4以下合生。蒴果长圆状倒卵形，先端微凹，基部渐狭，具杯状环，边缘具狭翅。种子广椭圆形，棕黑色，密被红褐色长毛，近种脐端具一棕黑色的突起。

地理分布　湖北、广东、广西、四川、贵州、云南。巫山县当阳乡有分布。

主要用途　观赏；根入药、有止咳、平喘、清热利湿、通淋之效。

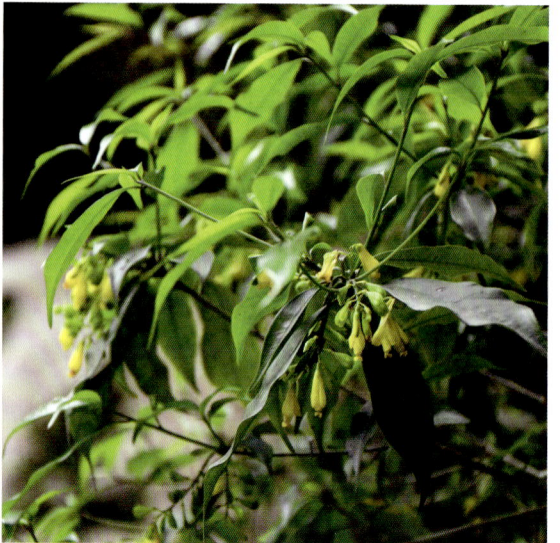

长毛籽远志

Polygala wattersii Hance

形态特征　落叶灌木或小乔木。叶密集地排于小枝顶部，叶片近革质、椭圆形、椭圆状披针形或倒披针形，先端渐尖至尾状渐尖，基部渐狭至楔形，全缘，波状，叶面绿色，背面淡绿色，两面无毛。总状花序 2~5 个成簇生于小枝近顶端的数个叶腋内，被白色腺毛状短细毛；花瓣 3，黄色，稀白色或紫红色，侧生花瓣略短于龙骨瓣。蒴果倒卵形或楔形，先端微缺，具短尖头，基部渐狭，边缘具由下而上逐渐加宽的狭翅，翅具横脉。种子卵形，棕黑色，被棕色或白色长毛，无种阜。

地理分布　江西、湖北、湖南、广西、广东、四川、云南、西藏等地。巫山县巫峡镇、竹贤乡有分布。

主要用途　根入药，有补气血、健脾利湿、活血调经之效。

飞龙掌血

Toddalia asiatica (L.) Lam.

形态特征　常绿攀缘灌木。老茎干有较厚的木栓层及黄灰色、纵向细裂且凸起的皮孔。小叶无柄，揉之有类似柑橘叶的香气，卵形、倒卵形、椭圆形或倒卵状椭圆形，顶部尾状长尖或急尖而钝头，有时微凹缺，叶缘有细裂齿，侧脉甚多而纤细。花梗甚短，花淡黄白色；萼片边缘被短毛；雄花序为伞房状圆锥花序；雌花序呈聚伞圆锥花序。果橙红色或朱红色，有 4~8 条纵向浅沟纹，干后甚明显。种子种皮褐黑色，有极细小的窝点。

地理分布　秦岭南坡以南各地，最北限见于陕西西乡县，南至海南，东南至台湾，西南至西藏东南部。巫山县当阳乡、竹贤乡有分布。

主要用途　观赏。

柑橘

Citrus reticulata Blanco

形态特征 常绿小乔木。分枝多，枝扩展或略下垂，刺较少。单身复叶，翼叶通常狭窄，叶片披针形，椭圆形或阔卵形，顶端常有凹口。花单生或 2~3 朵簇生；花萼不规则 5~3 浅裂；雄蕊 20~25 枚，花柱细长，柱头头状。果形通常扁圆形至近圆球形，果皮甚薄而光滑，或厚而粗糙，淡黄色，朱红色或深红色，甚易或稍易剥离，橘络甚多或较少，呈网状，易分离，通常柔嫩，中心柱大而常空，稀充实，瓤囊 7~14 瓣，果肉酸或甜，或有苦味，或另有特异气味。种子或多或少数，稀无籽。

地理分布 全国广泛栽培。巫山县大溪乡、建平乡、培石乡、曲尺乡等有分布。

主要用途 观赏；食用。

柳橙

Citrus sinensis 'Liu Cheng'

形态特征 常绿乔木。枝少刺或近于无刺。叶通常比柚叶略小，翼叶狭长，明显或仅具痕迹，叶片卵形或卵状椭圆形。花白色，很少背面带淡紫红色，总状花序有花少数，或兼有腋生单花；花萼 5~3 浅裂；花柱粗壮，柱头增大。果椭圆形或近圆形，橙黄色至橙红色，果皮比'新会橙'的稍粗糙，有隐约可见的条纹，果顶有较小的环圈，瓤囊 9~12 瓣，果心实，果肉爽脆，化渣，味洁甜，果肉淡黄色、橙红色或紫红色。种子少种皮略有肋纹，子叶乳白色，多胚。

地理分布 广东中部及东部各地。巫山县大溪乡、官渡镇有分布。

主要用途 食用。

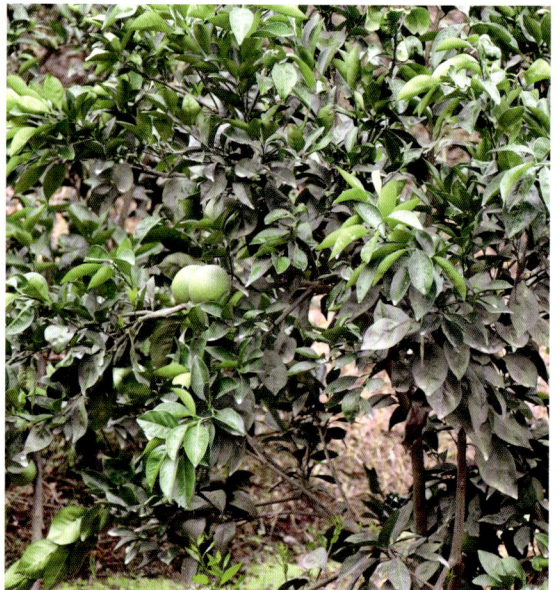

椪柑

Citrus reticulata 'Ponkan'

形态特征 常绿小乔木。分枝多，枝扩展或略下垂，刺较少。单身复叶，翼叶通常狭窄，或仅有痕迹，叶片披针形、椭圆形或阔卵形，大小变异较大，顶端常有凹口，中脉由基部至凹口附近成叉状分枝，叶缘至少上半段通常有钝或圆裂齿，很少全缘。花单生或 2~3 朵簇生。果扁圆形，或蒂部隆起呈短颈状的阔圆锥形，顶部平而宽，中央凹，有浅放射沟，橙黄色至橙红色，油胞大，油量多，皮粗糙，松脆，甚易剥离，瓢囊 10~12 瓣，果肉嫩，汁多，爽脆，化渣，味甜。种子少或无，子叶淡绿色，多胚。

地理分布 主产台湾、福建南部、广东东部。巫山县培石乡有分布。

主要用途 食用。

甜橙

Citrus reticulata Blanco

形态特征 常绿乔木。枝少刺或近于无刺。叶通常比柚叶略小，翼叶狭长，明显或仅具痕迹，叶片卵形或卵状椭圆形，很少披针形，或有较大的。花白色，很少背面带淡紫红色，总状花序有花少数，或兼有腋生单花；花萼 5~3 浅裂，花柱粗壮，柱头增大。果圆球形、扁圆形或椭圆形，橙黄色至橙红色，果皮难或稍易剥离，瓢囊 9~12 瓣，果心实或半充实，果肉淡黄色、橙红色或紫红色，味甜或稍偏酸。种子少或无，种皮略有肋纹，子叶乳白色，多胚。

地理分布 秦岭南坡以南各地广泛栽种。巫山县大昌镇、大溪乡、两坪乡、龙溪镇、平河乡、培石乡、曲尺乡等有分布。

主要用途 食用。

宜昌橙

Citrus cavaleriei H. Lév. ex Cavalier

形态特征 常绿灌木或乔木。嫩枝被疏毛，徒长枝和隐芽枝有刺。叶身卵状披针形，顶部短狭尖，叶缘有细浅钝裂齿。总状花序有花 5~9 朵，花蕾阔椭圆形，淡紫红色；花白色；花瓣 5 或 4 片；花丝分离，被细毛。果椭圆形、圆球形或扁圆形，两端圆，顶部微凹，有浅放射沟，淡黄色或黄绿色，果皮油胞大，凸起，果心实，瓤囊 10~13 瓣，果肉淡黄白色，味甚酸，微带苦。种子种皮平滑，单胚。

地理分布 云南南部（红河县）。巫山县大昌镇、当阳乡、平河乡、竹贤乡等有分布。

主要用途 食用。

柚

Citrus maxima (Burm.) Merr.

形态特征 常绿乔木。嫩枝、叶背、花梗、花萼及子房均被柔毛。嫩枝扁且有棱。嫩叶通常暗紫红色；叶质颇厚，色浓绿，阔卵形或椭圆形，顶端钝或圆，基部圆。总状花序，花蕾淡紫红色。果圆球形、扁圆形、梨形或阔圆锥状，淡黄色或黄绿色，杂交种有朱红色的，果皮甚厚或薄，海绵质，油胞大，凸起，果心实但松软，瓤囊 10~15 或多至 19 瓣，汁胞白色、粉红色或鲜红色，少有带乳黄色。种子多达 200 余粒，亦有无子的。

地理分布 长江以南各地均有栽培。东南亚各国有栽种。巫山县抱龙镇、平河乡、大昌镇、两坪乡、龙溪镇、培石乡、巫峡镇等有分布。

主要用途 食用。

刺壳花椒

Zanthoxylum echinocarpum Hemsl.

形态特征　落叶攀缘藤本。嫩枝的髓部大。枝、叶有刺。叶轴上的刺较多，花序轴上的刺长短不均但劲直。嫩枝、叶轴、小叶柄及小叶叶面中脉均密被短柔毛。叶有小叶5~11片，小叶厚纸质，互生，卵形、卵状椭圆形或长椭圆形，基部圆，全缘或近全缘，在叶缘附近有干后变褐黑色细油点。花序腋生，萼片及花瓣均4片，萼片淡紫绿色。分果瓣密生长短不等且有分枝的刺。

地理分布　湖北、湖南、广东、广西、贵州、四川、云南。巫山县大昌镇有分布。

主要用途　根作草药，治风湿关节痛。

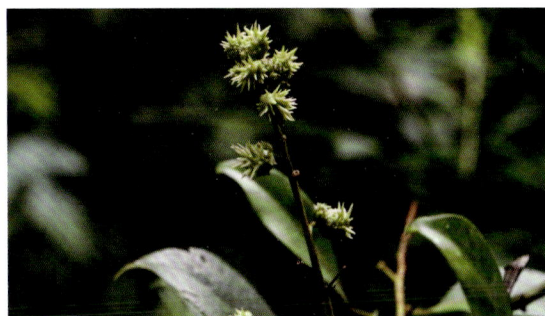

花椒

Zanthoxylum bungeanum Maxim.

形态特征　落叶小乔木。茎干上的刺常早落，枝有短刺。小叶对生，无柄，卵形、椭圆形，叶缘有细裂齿，齿缝有油点。花序顶生或生于侧枝之顶，花序轴及花梗密被短柔毛或无毛；花被片6~8片，黄绿色。果紫红色。

地理分布　北起东北南部，南至五岭北坡，东南至江苏，西南至西藏东南部，台湾、海南及广东不产。巫山县平河乡、红椿乡、庙宇镇、平河乡、培石乡、曲尺乡、巫峡镇、竹贤乡等有分布。

主要用途　食用。

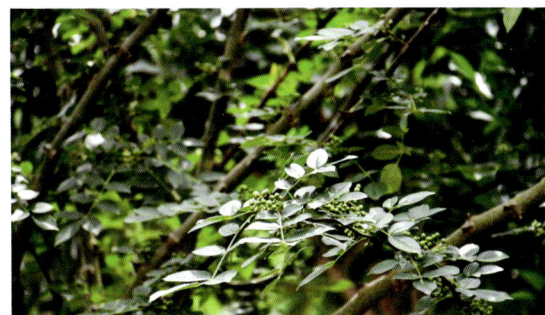

浪叶花椒

Zanthoxylum undulatifolium Hemsl.

形态特征　落叶小乔木。小叶卵形或卵状披针形，顶部短或渐尖，基部宽楔形或近于圆，叶缘波浪状，有钝或圆裂齿，齿缝处有一油点，中脉在叶面平坦，叶背无毛，叶面有松散的微柔毛。顶生的伞房状聚伞花序；花被片 5~8 片。果梗及分果瓣红褐色，单个分果瓣顶端几无芒尖，油点大，凹陷。

地理分布　湖北西部、重庆、陕西南部太白山至长江三峡一带。巫山县当阳乡、五里坡林场有分布。

主要用途　嫩叶可作蔬菜食用。

狭叶花椒

Zanthoxylum stenophyllum Hemsl.

形态特征　落叶小乔木或灌木。茎枝灰白色。小叶互生，披针形或狭长披针形，顶部长渐尖或短尖，基部楔尖至近于圆，油点不显，叶缘有锯齿状裂齿，齿缝处有油点，中脉在叶面微凸起或平坦；小叶柄腹面被挺直的短柔毛。伞房状聚伞花序顶生。果梗较短的较粗壮，长的则纤细，紫红色，无毛；果梗与分果瓣同色；分果瓣淡紫红色或鲜红色，稀较大。

地理分布　陕西（南郑、佛坪、洋县）、甘肃（徽县、成县）、重庆（巫山、奉节、开县）、湖北西部。巫山县梨子坪林场、官阳镇、曲尺乡有分布。

主要用途　观赏；根皮作跌打损伤药。

蚬壳花椒

Zanthoxylum dissitum Hemsl.

形态特征　常绿攀缘藤本。老茎的皮灰白色。枝干上的刺多劲直，叶轴及小叶中脉上的刺向下弯钩，刺褐红色。小叶互生或近对生，全缘或叶边缘有裂齿，两侧对称，顶部渐尖至长尾状，厚纸质或近革质，无毛，中脉在叶面凹陷。花序腋生，花序轴有短细毛；萼片及花瓣均4片，油点不显；萼片紫绿色，宽卵形；花瓣淡黄绿色，宽卵形。果密集于果序上，果梗短；果棕色，外果皮比内果皮宽大，外果皮平滑，边缘较薄。

地理分布　湖北、湖南、广东、广西、海南、重庆、四川、贵州、云南、陕西、甘肃。巫山县当阳乡、平河乡有分布。

主要用途　根、茎用作草药，具有祛风止痛、理气化痰、活血散瘀之效，治多类痛症及跌打扭伤等。

异叶花椒

Zanthoxylum dimorphophyllum Hemsl.

形态特征　落叶乔木。枝灰黑色，嫩枝及芽常有红锈色短柔毛，枝很少有刺。小叶卵形、椭圆形，顶部钝、圆或短尖至渐尖，两侧对称，叶缘有明显的钝裂齿，或有针状小刺。花序顶生；花被片6~8，上宽下窄，顶端圆。分果瓣紫红色，幼嫩时常被疏短毛。

地理分布　秦岭南坡以南，南至海南西南部，东南至台湾广大地区。尼泊尔、印度及缅甸东北部也有分布。巫山县巫峡镇有分布。

主要用途　观赏；根皮用作草药，具有舒筋活血、消肿、镇痛等功效；果作健胃及驱虫剂。

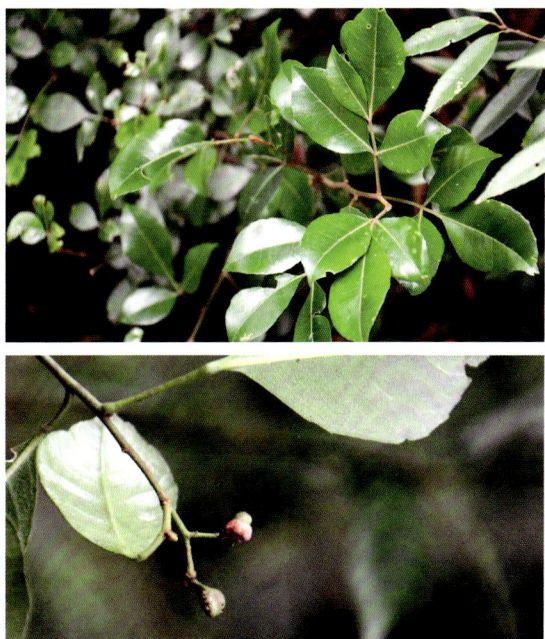

竹叶花椒

Zanthoxylum armatum DC

形态特征 落叶小乔木。茎枝多锐刺，刺基部宽而扁，红褐色，小枝上的刺劲直。小叶背面中脉上常有小刺，仅叶背基部中脉两侧有丛状柔毛，或嫩枝梢及花序轴均被褐锈色短柔毛；小叶对生，通常披针形，两端尖，小叶柄甚短或无柄。花序近腋生或同时生于侧枝之顶，有花30朵以内；花被片6~8片。果紫红色，有微凸起少数油点。种子褐黑色。

地理分布 北自山东以南，南至海南，东南至台湾，西南至西藏东南部。日本、朝鲜等也有分布。巫山县大昌镇、当阳乡、两坪乡、龙溪镇等有分布。

主要用途 用作食物的调味料及防腐剂；根、茎、叶、果及种子均用作草药，具有祛风散寒、行气止痛之效，治风湿性关节炎、牙痛等；用作驱虫及醉鱼剂。

黄檗

Phellodendron amurense Rupr.

形态特征 落叶乔木。叶轴及叶柄均纤细，小叶薄纸质或纸质，卵状披针形或卵形，顶部长渐尖，基部阔楔形，叶缘有细钝齿和缘毛，叶面无毛或中脉有疏短毛，叶背仅基部中脉两侧密被长柔毛，秋季落叶前叶色由绿转黄而明亮，毛被大多脱落。花序顶生；萼片细小，阔卵形；花瓣紫绿色。果圆球形，蓝黑色。

地理分布 东北和华北及河南、安徽北部、宁夏、内蒙古。朝鲜、日本等也有分布。巫山县竹贤乡有分布。

主要用途 木栓层是制造软木塞的材料；木材是家具、装饰的优良用材；果可作驱虫剂及染料；种子可制肥皂和润滑油；树皮内层经炮制后入药，主治急性细菌性痢疾、急性肠炎等炎症，外用治火烫伤、中耳炎等。

吴茱萸

Tetradium ruticarpum (A. Jussieu) T. G. Hartley

形态特征 落叶小乔木或灌木。小叶薄至厚纸质、卵形、椭圆形或披针形，叶轴下部的较小，小叶两面及叶轴被长柔毛，毛密如毡状，或仅中脉两侧被短毛，油点大且多。花序顶生；雄花序的花彼此疏离，雌花序的花密集或疏离；雄花花瓣腹面被疏长毛，下部及花丝均被白色长柔毛，雄蕊伸出花瓣之上；雌花花瓣腹面被毛。果密集或疏离，暗紫红色，有大油点，每分果瓣有1粒种子。种子近圆球形，一端钝尖，腹面略平坦，黑褐色，有光泽。

地理分布 秦岭以南各地。巫山县巫峡镇、建平乡等有栽培。

主要用途 果可作苦味健胃剂和镇痛剂等，又作驱蛔虫药，中医用于治头风作痛、偏头痛及呕吐、泻痢。

檫木

Sassafras tzumu (Hemsl.) Hemsl.

形态特征 落叶乔木。树皮幼时黄绿色，平滑，老时变灰褐色，呈不规则纵裂。叶互生，聚集于枝顶，卵形或倒卵形，先端渐尖，基部楔形，羽状脉或离基三出脉，中脉、侧脉及支脉两面稍明显，最下方一对侧脉对生，十分发达，向叶缘一方生出多数支脉，支脉向叶缘弧状网结；叶柄纤细，鲜时常带红色，腹平背凸，无毛或略被短硬毛。花序顶生，先叶开放，多花，具梗；花黄色，雌雄异株；花梗纤细，密被棕褐色柔毛。果近球形，成熟时蓝黑色而带有白蜡粉，着生于浅杯状的果托上，果梗上端渐增粗，无毛，与果托呈红色。

地理分布 浙江、广西、湖南、四川等地。巫山县邓家乡、竹贤乡有分布。

主要用途 作家具、造船等用材；根和树皮入药，活血散瘀，祛风去湿；果、叶和根含芳香油，根含油1%以上，油主要成分为黄樟油素。

隐脉黄肉楠

Actinodaphne obscurinervia Yang et P. H. Huang

形态特征　常绿小乔木。叶 3~5 片轮生，狭披针形，先端渐尖，基部近圆形，厚革质，上面绿色，有光泽，无毛，下面粉绿苍白，有贴伏灰色茸毛，羽状脉，中脉在叶上面下陷，下面隆起，侧脉多，每边 18~26 条，纤细；叶柄有贴伏褐色短柔毛。雌雄花未见。果序伞形，无总梗；果近球形，无毛，着生于杯状果托上；果梗稍增粗，有长柔毛。

地理分布　重庆（巫溪、巫山）。巫山县平河乡、骡坪镇有分布。

主要用途　被世界自然保护联盟（IUCN）评为濒危（EN）物种，具有重要的保护价值和科研价值。

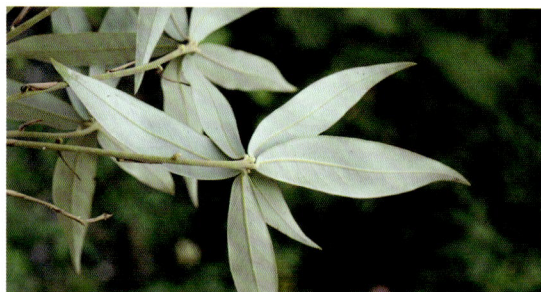

高山木姜子

Litsea chunii Cheng

形态特征　落叶灌木。树皮黑褐色。叶互生，椭圆形、椭圆状披针形或椭圆状倒卵形，先端急尖或钝圆，基部楔形或略圆，膜质，上面深绿色，羽状脉，侧脉通常每边 5~8 条，纤细，中脉、侧脉在叶上面突起，在下面侧脉平滑。伞形花序单生；总梗无毛；每一花序有花 8~12 朵；花梗纤细，有淡黄色柔毛。果卵圆形，果梗顶端增粗，被柔毛。

地理分布　四川西部、云南西北部。巫山县五里坡林场、梨子坪林场有分布。

主要用途　叶、果均可提取芳香油。

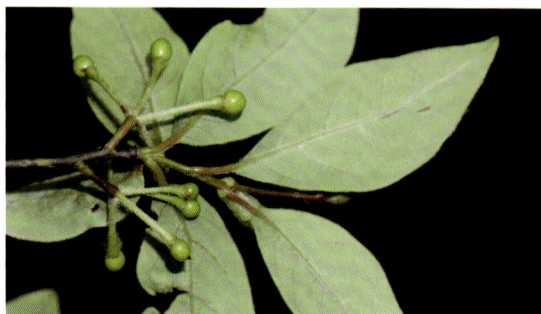

红叶木姜子

Litsea rubescens Lec.

形态特征　落叶灌木或小乔木。树皮绿色。叶互生，椭圆形或披针状椭圆形，膜质，上面绿色，下面淡绿色，两面均无毛，羽状脉，侧脉每边 5~7 条，直展，在近叶缘处弧曲，中脉、侧脉于叶两面突起；叶柄无毛。伞形花序腋生；总梗无毛；每一花序有雄花 10~12 朵，先叶开放或与叶同时开放，花梗密被灰黄色柔毛；花被裂片 6，黄色，宽椭圆形，先端钝圆，外面中肋有微毛或近于无毛，内面无毛。果球形，果梗先端稍增粗，有稀疏柔毛。

地理分布　湖北、湖南、四川、贵州、云南等地。巫山县飞播林场、大溪乡、平河乡等有分布。

主要用途　可入药，治胃部疾病、胸腹痛、中暑等症；果可榨油，可作香料。

毛豹皮樟

Litsea coreana var. *lanuginosa* (Migo) Yang et P.H. Huang

形态特征　常绿乔木。树皮灰色。嫩枝密被灰黄色长柔毛。嫩叶两面均有灰黄色长柔毛，下面尤密，老叶下面仍有稀疏毛，叶柄全面有灰黄色长柔毛。伞形花序腋生，花被裂片 6，卵形或椭圆形，外面被柔毛。果近球形。

地理分布　浙江、安徽、河南、江苏、福建、江西、湖南、湖北、四川、广东北部、广西、贵州、云南（嵩明、富民）。巫山县龙溪镇有分布。

主要用途　嫩叶可作茶饮。

毛叶木姜子

Litsea mollis Hemsl.

形态特征　落叶灌木或小乔木。树皮绿色，光滑，有黑斑，撕破有松节油气味。叶互生或聚生枝顶，长圆形或椭圆形，先端突尖，基部楔形，纸质，上面暗绿色，无毛，下面带绿苍白色，密被白色柔毛，羽状脉，叶柄被白色柔毛。伞形花序腋生，常 2~3 个簇生于短枝上，花序梗有白色短柔毛，每一花序有花 4~6 朵，先叶开放或与叶同时开放；花被裂片 6，黄色，宽倒卵形，花丝有柔毛，黄色。果球形，成熟时蓝黑色；果梗有稀疏短柔毛。

地理分布　广东、广西、湖南、湖北、四川、贵州等地。巫山县梨子坪林场、当阳乡、官阳镇、竹贤乡等有分布。

主要用途　果可提芳香油；种子含油，为制皂的上等原料；根和果入药。

木姜子

Litsea pungens Hemsl.

形态特征　落叶小乔木。树皮灰白色。叶互生，常聚生于枝顶，披针形或倒卵状披针形，先端短尖，基部楔形，膜质，羽状脉。伞形花序腋生；总花梗无毛；每一花序有雄花 8~12 朵，先叶开放；花梗被丝状柔毛；花被裂片 6，黄色，倒卵形，外面有稀疏柔毛。果球形，成熟时蓝黑色；果梗，先端略增粗。

地理分布　广东北部、西藏、甘肃、陕西、河南、山西南部、浙江南部等地。巫山县红椿乡、平河乡、巫峡镇、当阳乡、官阳镇、竹贤乡等有分布。

主要用途　果含芳香油，可作食用香精和化妆香精；种子含脂肪油，可供制皂和工业用。

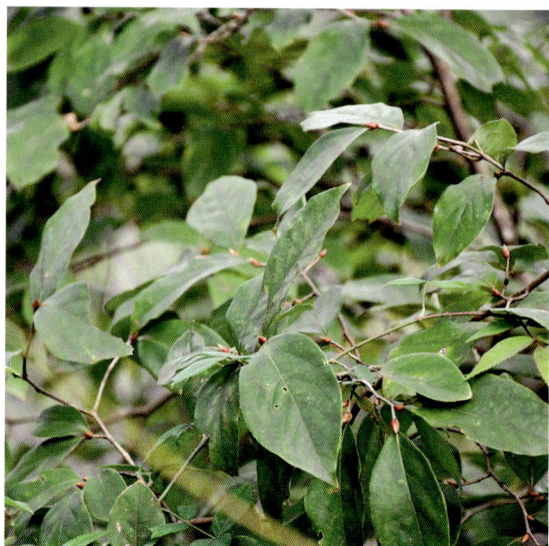

四川木姜子

Litsea moupinensis var. *szechuanica* (Allen) Yang et P.H. Huang

　　形态特征　落叶乔木。树皮褐色。叶片为椭圆形或倒卵形，间或有近圆形的小叶，通常较大，先端短渐尖或圆钝或突尖，基部楔形。伞形花序单生去年枝顶，先叶开放；花序总梗被茸毛；每一花序有花8~10朵，花梗密被黄色茸毛；花被裂片6，黄色，近圆形，外面中肋有柔毛。果球形，成熟时黑色。

　　地理分布　四川、重庆。巫山县平河乡有分布。

　　主要用途　果代替"毕澄茄"入药。

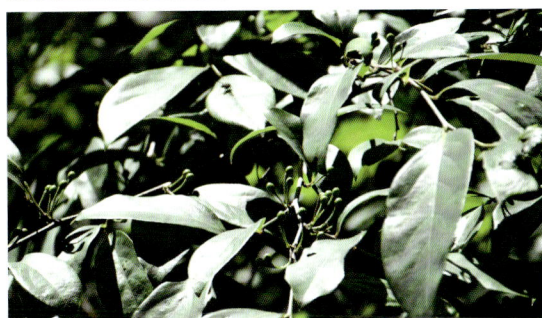

白楠

Phoebe neurantha (Hemsl.) Gamble

　　形态特征　常绿大灌木至乔木。树皮灰黑色。叶革质，狭披针形、披针形或倒披针形，先端尾状渐尖或渐尖，上面无毛或嫩时有毛，下面绿色或有时苍白色，中脉上面下陷；叶柄被柔毛或近于无毛。圆锥花序在近顶部分枝，被柔毛，花梗被毛，花被片卵状长圆形。果卵形，果梗不增粗或略增粗。

　　地理分布　江西、湖北、湖南、广西、贵州、陕西、甘肃、四川、云南。巫山县五里坡自然保护区、当阳乡、龙溪镇、竹贤乡等有分布。

　　主要用途　木材供建筑、家具等用。

楠木

Phoebe zhennan S. Lee et F. N. Wei

形态特征 常绿大乔木。树干通直。叶革质，椭圆形，先端渐尖，尖头直或呈镰状，基部楔形，脉上被长柔毛，中脉在上面下陷成沟，下面明显突起；叶柄细，被毛。聚伞状圆锥花序十分开展，被毛，每伞形花序有花 3~6 朵；花中等大，花梗与花等长；花丝均被毛。果椭圆形，果梗微增粗；宿存花被片卵形，革质、紧贴，两面被短柔毛或外面被微柔毛。

地理分布 湖北西部、贵州西北部及四川。巫山县庙宇镇、巫峡镇等有引种栽培。

主要用途 可作建筑、高级家具等优良木材。

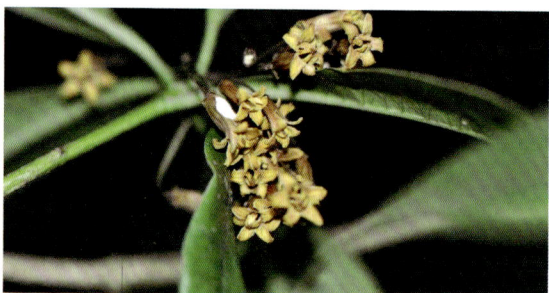

巫山新木姜子

Neolitsea wushanica (Chun) Merr.

形态特征 常绿小乔木。树皮黄绿色，平滑。叶互生或聚生于枝顶，椭圆形或长圆状披针形，先端急尖或近于渐尖，上面深苍绿色，下面粉绿色，具白粉，两面均无毛，羽状脉；叶柄细长，无毛。伞形花序腋生或侧生，无总梗；花梗有黄褐色丝状柔毛。果球形，成熟时紫黑色；果托浅盘状。

地理分布 湖北、四川、贵州、陕西（岚皋）、广东（阳山）、福建（连城、永安）。巫山县当阳乡有分布。

主要用途 可作中药，具有杀菌消炎、行气止痛、祛风散寒等功效与辅助作用。

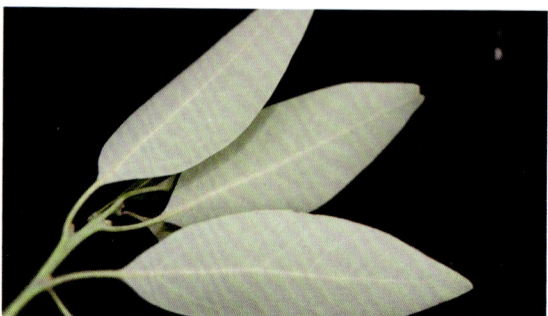

川桂

Cinnamomum wilsonii Gamble

形态特征　常绿乔木。叶互生或近对生，卵圆形或卵圆状长圆形，先端渐尖，尖头钝，上面绿色，光亮，无毛，下面灰绿色，晦暗；叶柄无毛。圆锥花序腋生，少花，花白色，花梗丝状，被细微柔毛。成熟果未见；果托顶端截平，边缘具极短裂片。

地理分布　陕西、四川、湖北、湖南、广西、广东、江西。巫山县大昌镇有分布。

主要用途　枝叶和果均含芳香油，油作食品或皂用香精的调和原料；川桂树皮入药，具补肾和散寒祛风之效，治风湿筋骨痛、跌打及腹痛吐泻等症。

银木

Cinnamomum septentrionalis Hand.-Mazz.

形态特征　中至大乔木。树皮灰色，光滑。枝条稍粗壮，具棱，被白色绢毛。叶互生，椭圆形或椭圆状倒披针形，先端短渐尖，基部楔形，近革质，上面被短柔毛，下面尤其是在脉上明显被白色绢毛，羽状脉。圆锥花序腋生，多花密集，具分枝，花梗被绢毛。果球形，无毛，果托先端增大成盘状。

地理分布　四川西部、陕西南部、甘肃南部。巫山县渝东珍稀植物园有引种。

主要用途　根含樟脑量较高可蒸馏樟脑；根材可用作美术品；木材可制樟木箱及作建筑用材；叶可作纸浆黏合剂。

阴香

Cinnamomum burmanni (C. G. & Th. Nees) Bl.

形态特征　常绿乔木。树皮光滑，灰褐色至黑褐色，内皮红色，味似肉桂。叶互生或近对生，卵圆形、长圆形至披针形，先端短渐尖，基部宽楔形，革质，上面绿色，光亮，下面粉绿色，晦暗，两面无毛，叶柄近无毛。圆锥花序腋生或近顶生，少花，疏散，密被灰白微柔毛；花绿白色，花梗纤细，被灰白微柔毛。果卵球形；果托具齿裂，齿顶端截平。

地理分布　广东、广西、云南、福建。巫山县笃坪乡有分布。

主要用途　树皮作肉桂皮代用品；皮、叶、根均可提制芳香油；叶可作为腌菜及肉类罐头的香料；果核可榨油供工业用；木材适作建筑、枕木等用材。

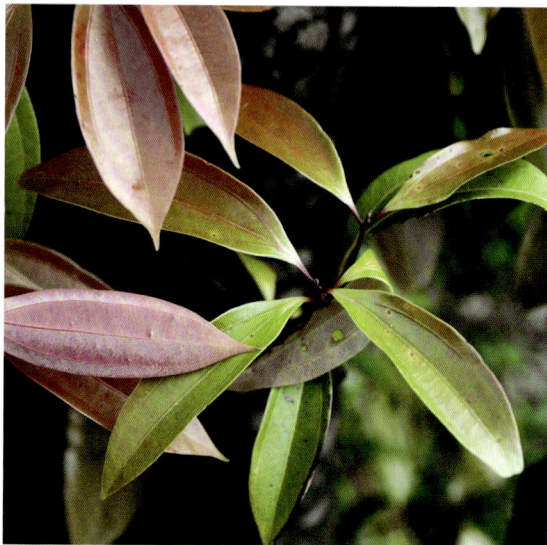

樟

Cinnamomum camphora (L.) Presl

形态特征　常绿大乔木。树冠广卵形。枝、叶及木材均有樟脑气味。树皮黄褐色，有不规则的纵裂。叶互生，卵状椭圆形，先端急尖，基部宽楔形至近圆形，边缘全缘，软骨质，上面绿色或黄绿色，有光泽，下面黄绿色或灰绿色，晦暗。圆锥花序腋生，具梗，总梗与各级序轴均无毛或被灰白色至黄褐色微柔毛；花绿白色或带黄色；花梗无毛。果卵球形或近球形，紫黑色；果托杯状，顶端截平，具纵向沟纹。

地理分布　南方及西南各地。越南、朝鲜、日本也有分布，其他各国常有引种栽培。巫山县大昌镇、当阳乡、培石乡、官阳镇等有引种栽培。

主要用途　木材及根、枝、叶可提取樟脑和樟油，樟脑和樟油供医药及香料工业用；果核含脂肪，油供工业用；根、果、枝和叶入药，有祛风散寒、强心镇痉和杀虫等功效；木材可作造船、橱柜和建筑等用材。

川钓樟

Lindera pulcherrima var. *hemsleyana* (Diels) H. P. Tsui

形态特征 常绿乔木。枝条绿色，平滑。芽小，卵状长圆形。叶互生，通常椭圆形、倒卵形、狭椭圆形、长圆形，少有椭圆状披针形，不为卵形或披针形，偶具长尾尖；三出脉，中、侧脉黄色，在叶上面略凸出，下面明显凸出。伞形花序无总梗或具极短总梗，雄花不育子房无毛。

地理分布 陕西、四川、湖北、湖南、广西、贵州、云南等地。巫山县当阳乡、竹贤乡有分布。

主要用途 可入药，具有止血、生肌、消食止痛等功效。

菱叶钓樟

Lindera supracostata Lec.

之效。

形态特征 常绿灌木或乔木。树皮褐色。叶互生，椭圆形、卵形至披针形；先端尾状渐尖或尾尖，叶缘多少呈波状；上面绿色，有光泽；下面苍白色，两面无毛，三出脉或近离基三出脉，脉在叶上面比下面更为突出。伞形花序几无梗，雄花黄绿色，每伞花序约5朵；花被片6，长圆形，外被柔毛；雌花黄绿色，每伞形花序具花3~8朵；花被片6，长圆形。果卵形，成熟时黑紫色。

地理分布 云南中部至西北部、四川西部、贵州西部。巫山县大昌镇有分布。

主要用途 枝叶有祛风杀虫、敛疮止血

三股筋香
Lindera thomsonii Allen

形态特征 常绿乔木。树皮褐色。叶互生，卵形或长卵形，先端具长尾尖，基部急尖或近圆形，坚纸质，上面绿色，下面苍白色。雄花黄色，花梗被灰色微柔毛；花被片6，卵状披针形；雌伞形花序腋生，有4~12朵花；雌花白色、黄色或黄绿色，被灰色微柔毛。果椭圆形，成熟时由红色变黑色；果梗被微柔毛。

地理分布 云南西部至东南部、广西、贵州西部。巫山县当阳乡、平河乡有分布。

主要用途 种子油供制皂；枝、叶、果皮可提取芳香油。

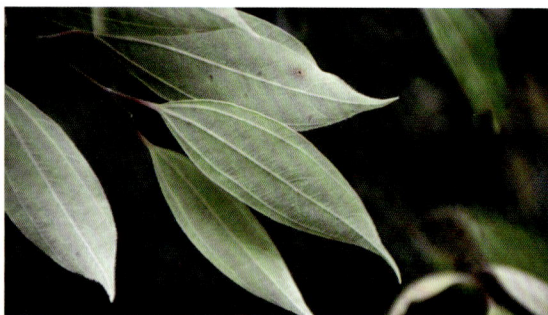

三桠乌药
Lindera obtusiloba Bl.

形态特征 落叶乔木或灌木。树皮黑棕色。叶互生，近圆形至扁圆形，先端急尖，全缘或3裂，三出脉，叶柄被黄白色柔毛。花序在腋生混合芽，混合芽椭圆形，先端亦急尖。果广椭圆形，成熟时红色，后变紫黑色，干时黑褐色。

地理分布 辽宁千山以南、山东昆箭山以南、安徽、江苏、河南、陕西渭南和宝鸡以南、甘肃南部、福建、湖南、湖北、四川、西藏等地。巫山县官阳镇、邓家乡、五里坡林场、当阳乡、梨子坪林场、竹贤乡等有分布。

主要用途 种子可用作医药及轻工业原料；木材致密，可作细木工用材。

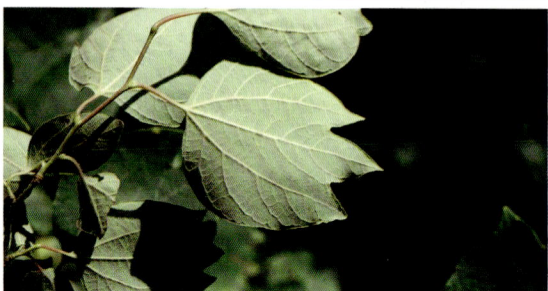

山胡椒

Lindera glauca (Sieb. et Zucc.) Bl.

形态特征 落叶灌木或小乔木。树皮平滑，灰色或灰白色。叶互生，宽椭圆形、椭圆形、倒卵形到狭倒卵形，上面深绿色，下面淡绿色，被白色柔毛，纸质，羽状脉。伞形花序腋生；雄花花被片黄色，椭圆形，花梗密被白色柔毛；雌花花被片黄色，椭圆形或倒卵形，花梗熟时黑褐色。

地理分布 山东昆嵛山以南、河南嵩县以南、陕西郧阳区以南、甘肃、山西、江苏、福建、台湾、广东、广西、湖北、湖南、四川等地。巫山县笃坪乡、骡坪镇、平河乡、铜鼓镇、竹贤乡等有分布。

主要用途 木材可作家具用材；叶、果皮可提芳香油；种仁油可作肥皂和润滑油；根、枝、叶、果药用，叶可温中散寒、祛风消肿，根治劳伤脱力、跌打损伤等，果治胃痛。

山橿

Lindera reflexa Hemsl.

形态特征 落叶灌木或小乔木。树皮棕褐色，有纵裂及斑点。叶互生，通常卵形或倒卵状椭圆形，先端渐尖，基部圆形或宽楔形，羽状脉。伞形花序；雄花花梗密被白色柔毛；花被片6，黄色，椭圆形，花丝无毛；雌花花梗密被白柔毛，花被片黄色，宽矩圆形。果球形，熟时红色；果梗无皮孔，被疏柔毛。

地理分布 河南、江苏、安徽、浙江、江西、湖南、湖北、贵州、云南、广西、广东、福建等地。巫山县骡坪镇有分布。

主要用途 根药用，性温，味辛，可止血、消肿、止痛，治胃气痛、疥癣、风疹、刀伤出血。

乌药

Lindera aggregata (Sims) Kosterm.

形态特征　常绿灌木或小乔木。树皮灰褐色。根有纺锤状或结节状膨胀，棕黄色至棕黑色，表面有细皱纹，有香味，微苦，有刺激性清凉感。叶互生，卵形、椭圆形至近圆形，先端长渐尖或尾尖，基部圆形，上面绿色，有光泽，下面苍白色。伞形花序腋生，无总梗，花被片6，外面被白色柔毛，内面无毛，黄色或黄绿色，花梗被柔毛；雄花花丝被疏柔毛，雌花退化雄蕊长条片状，被疏柔毛。果卵形或有时近圆形。

地理分布　浙江、江西、福建、安徽、湖南、广东、广西、台湾等地。越南、菲律宾也有分布。巫山县邓家乡有分布。

主要用途　根药用，为散寒理气健胃药；果、根、叶均可提芳香油制香皂；根、种子磨粉可杀虫。

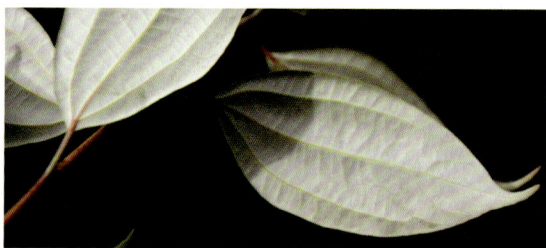

香叶树

Lindera communis Hemsl.

形态特征　常绿灌木或小乔木。树皮淡褐色。叶互生，通常披针形、卵形或椭圆形，薄革质至厚革质；上面绿色，无毛，下面灰绿色或浅黄色，被黄褐色柔毛，羽状脉。伞形花序具5~8朵花；雄花黄色，花梗略被金黄色微柔毛，花被片6，卵形，先端圆形；雌花黄色或黄白色，花被片6，卵形，外面被微柔毛。果卵形，无毛，成熟时红色；果梗被黄褐色微柔毛。

地理分布　陕西、湖南、广西、云南、贵州、四川等地。巫山县大昌镇有分布。

主要用途　种仁含油，作制皂、润滑油、油墨及医用栓剂原料；种仁也可供食用，作可可豆脂代用品；油粕可作肥料；果皮可提芳香油供香料；枝叶入药，用于治疗跌打损伤及牛马癣疥等。

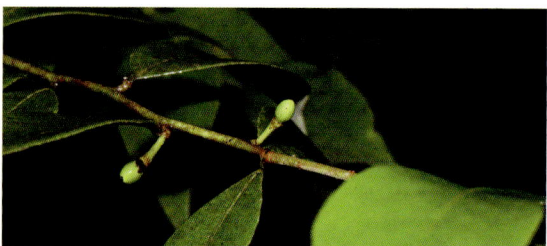

香叶子
Lindera fragrans Oliv.

形态特征　常绿小乔木。树皮黄褐色，有纵裂及皮孔。叶互生，披针形至长狭卵形，先端渐尖，基部楔形或宽楔形；上面绿色，无毛；下面绿带苍白色，无毛或被白色微柔毛；三出脉。伞形花序腋生；雄花黄色，有香味；花被片6，外面密被黄褐色短柔毛；雌花未见。果长卵形，幼时青绿色，成熟时紫黑色，果梗有疏柔毛，果托膨大。

地理分布　陕西、湖北、四川、贵州、广西等地。巫山县大昌镇、两坪乡有分布。

主要用途　可入药，具祛风散寒、行气温中之功效。

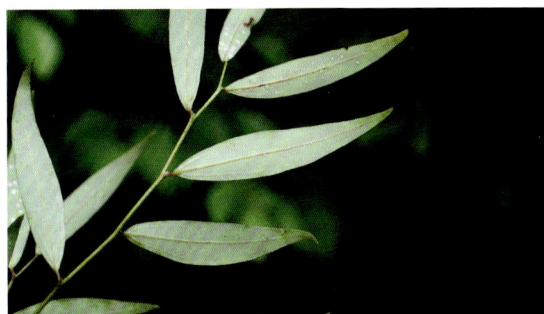

粗糠树
Ehretia dicksonii Hance

形态特征　落叶乔木。树皮灰褐色，纵裂。枝条褐色，小枝淡褐色，均被柔。叶宽椭圆形、椭圆形、卵形或倒卵形，先端尖，基部宽楔形或近圆形；叶柄被柔毛。聚伞花序顶生，花冠筒状钟形，白色至淡黄色，芳香，裂片长圆形，筒部短。核果黄色，近球形，内果皮成熟时分裂为2个具2粒种子的分核。

地理分布　西南、华南、华东地区及台湾、河南、陕西、甘肃南部、青海南部。巫山县曲尺乡有分布。

主要用途　园林观赏。

光叶粗糠树

Ehretia macrophylla var. *glabrescens* (Nakai) Y. L. Liu

形态特征 落叶乔木。树皮灰褐色，纵裂。枝条褐色，小枝淡褐色，均被柔毛。叶宽椭圆形、椭圆形、卵形或倒卵形，叶下面无毛，具光泽（稀无光泽）。聚伞花序顶生，呈伞房状或圆锥状。核果黄色，近球形。

地理分布 西藏、四川、贵州、广西、湖北。巫山县巫峡镇有分布。

主要用途 园林观赏。

光叶子花

Bougainvillea glabra Choisy

形态特征 落叶藤状灌木。茎粗壮，枝下垂，无毛或疏生柔毛。刺腋生。叶片纸质，卵形或卵状披针形，顶端急尖或渐尖，基部圆形或宽楔形，上面无毛，下面被微柔毛。花顶生枝端的3个苞片内，苞片叶状，紫色或洋红色，长圆形或椭圆形，纸质；花被管淡绿色，疏生柔毛，有棱；花柱侧生，线形，边缘扩展成薄片状。

地理分布 原产巴西。我国南方广泛引种。巫山县培石乡、曲尺乡有分布。

主要用途 庭院观赏。

灰楸

Catalpa fargesii Bur.

形态特征　落叶乔木。幼枝、花序、叶柄均有分枝毛。叶厚纸质，卵形或三角状心形，顶端渐尖，基部截形或微心形，侧脉4~5对，基部有三出脉。顶生伞房状总状花序，花冠淡红色至淡紫色，内面具紫色斑点，钟状。蒴果细圆柱形，下垂，果爿革质。种子椭圆状线形，薄膜质，两端具丝状种毛。

地理分布　陕西、甘肃、河北、山东、河南、湖北、湖南、广东、广西、四川、贵州、云南。巫山县邓家乡有分布。

主要用途　常栽培作庭园观赏树、行道树；木材为优良的建筑、家具用材；嫩叶、花供蔬食，叶可喂猪；果入药，利尿；根皮治皮肤病；皮、叶浸液作农药，可治稻螟、飞虱。

参考文献

傅立国，1991.中国植物红皮书·第1册稀有濒危植物 [M].北京：科学
　　出版社.

李文彬，董智，孟祥江，等，2023.重庆巫溪县木本植物物种多样性及
　　空间分布特征 [J].广西林业科学，52(2):221–226.

吴征镒，1991.中国种子植物属的分布区类型 [J].植物资源与环境学报
　　(S4)：1–3.

吴征镒，周浙昆，李德铢，等，2003.世界种子植物科的分布区类型系
　　统 [J].植物分类与资源学报，25(3)，245–257.

曾进，刘玉成，1995.四川木本植物区系成分分析 [J].西南师范大学学
　　报：自然科学版，20(6)，7：686–691.

中国植物志编委会，1978—2001.中国植物志·第 7–79 卷 [M].北京：
　　科学出版社.

朱万泽，1992.大巴山木本植物区系的研究 [J].西南林学院院报，
　　12(10)：1–9.

中文名索引

A

矮探春·······135

桉·······227

桉叶悬钩子·······176

鞍叶羊蹄甲·······69

B

八角枫·······213

八角金盘·······249

八月瓜·······129

巴东胡颓子·······86

巴东荚蒾·······243

巴东栎·······106

巴东小檗·······258

巴山榧·······31

巴山冷杉·······34

巴山松·······37

白背枫·······267

白背叶·······53

白刺花·······66

白栎·······107

白马骨·······149

白木通·······130

白楠·······291

白皮松·······37

白辛树·······42

柏木·······27

斑叶珊瑚·······226

板凳果·······93

半边月·······193

薄叶械·······236

宝兴茶藨子·······48

宝兴枸子·······184

篦子三尖杉·······32

扁担杆·······100

扁枝越橘·······78

冰川茶藨子·······47

波叶海桐·······81

波叶红果树·······152

C

藏刺榛·······92

糙皮桦·······90

侧柏·······28

插田藨·······176

茶·······210

茶荚蒾·······244

檫木·······287

长尖叶蔷薇·······170

长毛籽远志·······279

长蕊杜鹃·······77

长叶冻绿·······222

长叶水麻·······269

常春藤·······250

常山·······262

城口猕猴桃·······121

城口桤叶树·······144

臭牡丹·······49

臭樱·······156

重阳木·······275

楮构·······203

川钓樟·······295

川桂·······293

川梨·······155

川莓·······177

川桑寄生·······202

川榛·······92

垂柳·······271

垂丝紫荆·······70

莼兰绣球·······265

刺柏·······30

刺茶裸实·······228

刺壳花椒·····283
刺葡萄·····141
刺楸·····250
刺叶冬青·····57
刺叶高山栎·····112
粗齿铁线莲·····120
粗糠树·····299

D

大果榆·····277
大花忍冬·····196
大金刚藤·····62
大叶杨·····272
单瓣木香花·····164
单瓣月季花·····165
单花小檗·····258
淡红忍冬·····196
灯笼树·····72
灯台树·····215
地果·····206
棣棠·····151
滇川醉鱼草·····268
丁香杜鹃·····72
东京樱花·····157
东陵绣球·····265
冬青·····57
冬青卫矛·····230
冬青叶鼠刺·····220
冻绿·····225
豆腐柴·····48
杜鹃·····73
杜仲·····80
短梗稠李·····157
短尖忍冬·····197
椴树·····100
对刺雀梅藤·····224
钝叶柃·····253
多花木蓝·····67
多花清风藤·····192
多脉鹅耳枥·····89

多脉猫乳·····223
多脉青冈·····108
多脉鼠李·····224

E

峨眉蔷薇·····164
峨眉蔷薇·····165
鹅耳枥·····90
鹅掌楸·····126
饿蚂蟥·····60
鄂西十大功劳·····257
耳叶杜鹃·····73
二翅糯米条·····194

F

防己叶菝葜·····43
房县槭·····237
飞蛾槭·····236
飞龙掌血·····279
粉白杜鹃·····74
粉背南蛇藤·····228
粉花安息香·····41
粉团蔷薇·····166
粉叶首冠藤·····68
枫香树·····270
枫杨·····83
炮栎·····107
复羽叶栾·····235

G

柑橘·····280
高丛珍珠梅·····189
高山木姜子·····288
高山栒子·····185
革叶猕猴桃·····122
葛藟葡萄·····142
葛枣猕猴桃·····122
珙桐·····115
勾儿茶·····221
狗枣猕猴桃·····123

构·······················204

牯岭勾儿茶···············222

瓜木·····················215

挂苦绣球·················266

光滑高粱藨···············177

光蜡树···················131

光叶粗糠树···············300

光叶珙桐·················116

光叶海桐··················82

光叶山矾·················212

光叶子花·················300

H

海南黄檀··················63

海桐······················82

海州常山··················49

含笑花···················127

笑子梢····················60

豪猪刺···················259

河北木蓝··················67

荷花木兰·················126

黑弹树····················55

黑果菝葜··················43

红柄木樨·················133

红豆杉····················32

红麸杨···················147

红花檵木··················97

红花槭···················237

红花悬钩子···············178

红桦······················91

红茴香···················255

红叶木姜子···············289

红叶石楠·················171

厚斗柯···················105

厚朴·····················127

胡桃······················84

胡桃楸····················85

胡颓子····················86

湖北杜茎山················46

湖北枫杨··················84

湖北海棠·················163

湖北花楸·················152

湖北小檗·················259

湖北紫荆··················71

槲栎·····················108

蝴蝶戏珠花···············244

花椒·····················283

华椴·····················101

华山松····················38

华榛······················93

华中枸骨··················58

华中山楂·················170

华中五味子···············255

化香树····················85

桦叶荚蒾·················245

桦叶葡萄·················142

槐························62

黄背勾儿茶···············221

黄檗·····················286

黄葛树···················207

黄花倒水莲···············278

黄槐决明··················64

黄荆······················50

黄连木···················144

黄栌·····················145

黄毛榹木·················251

黄杨······················94

灰毛鸡血藤················65

灰楸·····················301

火棘·····················154

J

鸡桑·····················205

鸡屎藤···················149

鸡仔木···················150

鸡爪茶···················178

鸡爪槭···················238

夹竹桃····················95

尖瓣瑞香·················202

尖连蕊茶·················210

建始槭 ···························· 238

渐尖叶粉花绣线菊 ·················· 173

江南越橘 ·························· 78

橿子栎 ···························· 109

金边黄杨 ·························· 231

金佛山荚蒾 ························ 245

金桂 ······························ 134

金花忍冬 ·························· 197

金钱槭 ···························· 234

金山五味子 ························ 256

金丝桃 ···························· 99

金叶女贞 ·························· 138

金银忍冬 ·························· 198

金樱子 ···························· 166

锦鸡儿 ···························· 65

京梨猕猴桃 ························ 123

荆条 ······························ 50

绢毛山梅花 ························ 262

君迁子 ···························· 219

K

苦枥木 ···························· 132

苦木 ······························ 114

苦皮藤 ···························· 229

苦绳 ······························ 96

阔柄杜鹃 ·························· 74

阔叶清风藤 ························ 192

L

喇叭杜鹃 ·························· 75

蜡瓣花 ···························· 97

蜡莲绣球 ·························· 266

蜡子树 ···························· 136

来江藤 ···························· 118

椋木 ······························ 216

蓝桉 ······························ 227

浪叶花椒 ·························· 284

老鸹铃 ···························· 41

冷地卫矛 ·························· 231

李 ······························· 158

丽叶女贞 ·························· 137

栗 ······························· 105

连翘 ······························ 132

连香树 ···························· 117

楝 ······························· 117

亮叶桦 ···························· 91

柃木 ······························ 254

菱叶钓樟 ·························· 295

领春木 ···························· 119

流苏树 ···························· 133

柳橙 ······························ 280

龙牙花 ···························· 59

陇东海棠 ·························· 163

轮环藤 ···························· 80

罗汉松 ···························· 34

M

麻核枸子 ·························· 185

麻花杜鹃 ·························· 75

麻栎 ······························ 109

马比木 ···························· 51

马桑 ······························ 119

马桑绣球 ·························· 267

马尾松 ···························· 38

曼青冈 ···························· 110

蔓胡颓子 ·························· 87

芒齿小檗 ·························· 260

猫儿刺 ···························· 58

猫儿屎 ···························· 130

毛豹皮樟 ·························· 289

毛丹麻秆 ·························· 52

毛萼莓 ···························· 179

毛梾 ······························ 216

毛脉南酸枣 ························ 146

毛泡桐 ···························· 140

毛葡萄 ···························· 143

毛蕊猕猴桃 ························ 124

毛山楂 ···························· 171

毛叶插田藨 ························ 179

毛叶木姜子 ························ 290

毛樱桃 ·· 158
美丽马醉木 ···································· 77
美味猕猴桃 ···································· 124
蒙桑 ·· 205
猕猴桃藤山柳 ······························ 125
米柴山梅花 ···································· 263
米心水青冈 ···································· 114
密蒙花 ·· 268
磨盘柿 ·· 220
木防己 ··· 81
木芙蓉 ·· 102
木姜子 ·· 290
木槿 ·· 102
木莓 ·· 180
木樨 ·· 134
木帚枸子 ·· 186

N
南川柳 ·· 271
南川绣线菊 ···································· 173
南方六道木 ···································· 194
南蛇藤 ·· 229
楠木 ·· 292
糯米条 ·· 195
女贞 ·· 137

P
爬藤榕 ·· 207
攀枝莓 ·· 180
盘叶忍冬 ·· 198
膀胱果 ·· 218
泡花树 ·· 191
椪柑 ·· 281
披针叶胡颓子 ································ 87
枇杷 ·· 162
平枝枸子 ·· 187
苹果 ·· 164
葡匐枸子 ·· 186
葡萄 ·· 143

Q
漆 ·· 146
鞘柄菝葜 ··· 44
琴叶榕 ·· 208
青海云杉 ··· 36
青荚叶 ·· 190
青江藤 ·· 230
青龙藤 ··· 96
青皮木 ·· 191
青杨 ·· 273
青榨槭 ·· 239
清溪杨 ·· 273
清香藤 ·· 135
球核荚蒾 ·· 246
曲脉卫矛 ·· 232
全缘火棘 ·· 154
雀儿舌头 ·· 276
雀舌黄杨 ··· 94

R
忍冬 ·· 199
日本白檀 ·· 212
日本花柏 ··· 27
日本柳杉 ··· 28
日本落叶松 ····································· 35
软条七蔷薇 ···································· 167
蕊被忍冬 ·· 199
锐齿槲栎 ·· 113

S
三股筋香 ·· 296
三尖杉 ··· 33
三角槭 ·· 239
三桠乌药 ·· 296
三叶木通 ·· 131
伞房蔷薇 ·· 167
桑 ·· 206
沙梨 ·· 156
山白树 ··· 98
山茶 ·· 211

山矾 …………………………………… 213

山胡椒 ………………………………… 297

山槐 …………………………………… 61

山橿 …………………………………… 297

山麻秆 ………………………………… 52

山莓 …………………………………… 181

山梅花 ………………………………… 263

山桐子 ………………………………… 270

山杨 …………………………………… 274

杉木 …………………………………… 29

珊瑚樱 ………………………………… 189

扇叶槭 ………………………………… 240

石灰花楸 ……………………………… 153

石榴 …………………………………… 148

石楠 …………………………………… 172

柿 ……………………………………… 219

匙叶栎 ………………………………… 113

蜀五加 ………………………………… 252

栓翅卫矛 ……………………………… 233

栓皮栎 ………………………………… 110

水红木 ………………………………… 246

水晶棵子 ……………………………… 150

水蜡树 ………………………………… 138

水麻 …………………………………… 269

水青树 ………………………………… 115

水杉 …………………………………… 29

水榆花楸 ……………………………… 153

四川杜鹃 ……………………………… 76

四川黄栌 ……………………………… 145

四川木姜子 …………………………… 291

四川清风藤 …………………………… 193

四川溲疏 ……………………………… 264

四川樱桃 ……………………………… 159

四蕊朴 ………………………………… 55

四蕊槭 ………………………………… 240

苏铁 …………………………………… 40

算盘子 ………………………………… 276

穗花杉 ………………………………… 33

T

台湾杉 ………………………………… 30

太平花 ………………………………… 264

唐棣 …………………………………… 172

唐古特忍冬 …………………………… 200

桃 ……………………………………… 159

藤构 …………………………………… 204

藤黄檀 ………………………………… 63

天师栗 ………………………………… 235

甜橙 …………………………………… 281

铁杆蔷薇 ……………………………… 168

铁箍散 ………………………………… 256

铁坚油杉 ……………………………… 36

铁仔 …………………………………… 46

蒴梗花 ………………………………… 195

铜钱树 ………………………………… 223

头序荛花 ……………………………… 201

头状四照花 …………………………… 217

秃华椴 ………………………………… 101

土茯苓 ………………………………… 45

土庄绣线菊 …………………………… 174

托柄菝葜 ……………………………… 44

托叶樱桃 ……………………………… 160

尾叶樱桃 ……………………………… 160

W

尾叶远志 ……………………………… 278

乌蔹子 ………………………………… 181

乌桕 …………………………………… 53

乌药 …………………………………… 298

巫山杜鹃 ……………………………… 76

巫山牛奶子 …………………………… 88

巫山新木姜子 ………………………… 292

巫山悬钩子 …………………………… 182

巫山帚菊 ……………………………… 104

无梗越橘 ……………………………… 79

无花果 ………………………………… 208

无毛粉花绣线菊 ……………………… 174

吴茱萸 ………………………………… 287

吴茱萸五加 …………………………… 253
五尖槭 ………………………………… 241
五角槭 ………………………………… 241
五裂槭 ………………………………… 242
五叶地锦 ……………………………… 141
武当菝葜 ……………………………… 45
武当玉兰 ……………………………… 128

X

西川朴 ………………………………… 56
西南卫矛 ……………………………… 233
稀花八角枫 …………………………… 214
喜树 …………………………………… 116
喜阴悬钩子 …………………………… 183
细齿叶柃 ……………………………… 254
细尖栒子 ……………………………… 187
细叶青冈 ……………………………… 111
细圆齿火棘 …………………………… 155
细毡毛忍冬 …………………………… 200
细柱五加 ……………………………… 252
狭叶虎皮楠 …………………………… 89
狭叶花椒 ……………………………… 284
狭叶卫矛 ……………………………… 232
显脉荚蒾 ……………………………… 247
蚬壳花椒 ……………………………… 285
香椿 …………………………………… 118
香莓 …………………………………… 183
香叶树 ………………………………… 298
香叶子 ………………………………… 299
象鼻藤 ………………………………… 64
小冻绿树 ……………………………… 225
小果蔷薇 ……………………………… 168
小果卫矛 ……………………………… 234
小花八角枫 …………………………… 214
小花香槐 ……………………………… 68
小黄构 ………………………………… 201
小蜡 …………………………………… 139
小楝木 ………………………………… 217
小木通 ………………………………… 120
小舌紫菀 ……………………………… 104

小叶女贞 ……………………………… 139
小叶青冈 ……………………………… 111
兴山五味子 …………………………… 257
杏 ……………………………………… 161
绣球藤 ………………………………… 121
悬钩子蔷薇 …………………………… 169
雪松 …………………………………… 35
血红小檗 ……………………………… 260
血皮槭 ………………………………… 242

Y

崖花子 ………………………………… 83
雅榕 …………………………………… 209
烟管荚蒾 ……………………………… 247
岩栎 …………………………………… 112
盐麸木 ………………………………… 147
杨梅 …………………………………… 275
杨梅叶蚊母树 ………………………… 98
野茉莉 ………………………………… 42
野扇花 ………………………………… 95
野桐 …………………………………… 54
野鸦椿 ………………………………… 218
宜昌橙 ………………………………… 282
宜昌胡颓子 …………………………… 88
宜昌荚蒾 ……………………………… 248
宜昌女贞 ……………………………… 140
宜昌悬钩子 …………………………… 182
异叶花椒 ……………………………… 285
异叶梁王茶 …………………………… 251
异叶榕 ………………………………… 209
阴香 …………………………………… 294
银合欢 ………………………………… 61
银木 …………………………………… 293
银杏 …………………………………… 40
隐脉黄肉楠 …………………………… 288
樱桃 …………………………………… 161
迎春花 ………………………………… 136
瘿椒树 ………………………………… 277
油茶 …………………………………… 211
油麻藤 ………………………………… 66

油松·············· 39

油桐·············· 54

柚·············· 282

羽脉山黄麻·············· 56

玉兰·············· 128

圆柏·············· 31

圆叶枸子·············· 188

月季花·············· 169

云南冬青·············· 59

云南旌节花·············· 103

云南松·············· 39

云实·············· 69

Z

枣·············· 226

皂荚·············· 70

皂柳·············· 272

柞木·············· 274

樟·············· 294

柘·············· 203

珍珠花·············· 79

栀子·············· 151

直角荚蒾·············· 248

直穗小檗·············· 261

中国旌节花·············· 103

中华猕猴桃·············· 125

中华槭·············· 243

中华青荚叶·············· 190

中华蚊母树·············· 99

中华绣线菊·············· 175

中华绣线梅·············· 175

皱叶荚蒾·············· 249

皱叶柳叶枸子·············· 188

竹叶花椒·············· 286

竹叶鸡爪茶·············· 184

锥栗·············· 106

紫金牛·············· 47

紫藤·············· 71

紫薇·············· 148

紫叶李·············· 162

紫叶小檗·············· 261

紫玉兰·············· 129

紫珠·············· 51

学名索引

A

Abelia chinensis ················· 195

Abelia macrotera ················· 194

Abelia uniflora ················· 195

Abies fargesii ················· 34

Acer buergerianum ················· 239

Acer davidii ················· 239

Acer flabellatum ················· 240

Acer griseum ················· 242

Acer henryi ················· 238

Acer maximowiczii ················· 241

Acer oblongum ················· 236

Acer oliverianum ················· 242

Acer palmatum ················· 238

Acer pictum subsp. mono ················· 241

Acer rubrum ················· 237

Acer sinense ················· 243

Acer stachyophyllum subsp. betulifolium ········ 240

Acer sterculiaceum subsp. franchetii ········· 237

Acer tenellum ················· 236

Actinidia callosa var. henryi ········· 123

Actinidia chengkouensi ················· 121

Actinidia chinensis ················· 125

Actinidia chinensis var. deliciosa ········· 124

Actinidia kolomikta ················· 123

Actinidia polygama ················· 122

Actinidia rubricaulis var. coriacea ········· 122

Actinidia trichogyna ················· 124

Actinodaphne obscurinervia ········· 288

Aesculus chinensis var. wilsonii ········· 235

Akebia trifoliata ················· 131

Akebia trifoliate subsp. australis ········· 130

Alangium chinense ················· 213

Alangium chinense subsp. pauciflorum ········· 214

Alangium faberi ················· 214

Alangium platanifolium ················· 215

Albizia kalkora ················· 61

Alchornea davidii ················· 52

Amelanchier sinica ················· 172

Ametotaxus argotaenia ················· 33

Aralia chinensis ················· 251

Ardisia japonica ················· 47

Aster albescens ················· 104

Aucuba albopunctifolia ················· 226

B

Bauhinia brachycarpa ················· 69

Berberis candidula ················· 258

Berberis dasystachya ················· 261

Berberis gagnepainii ················· 259

Berberis julianae ················· 259

Berberis sanguinea ················· 260

Berberis thunbergii ················· 261

Berberis triacanthophora ················· 260

Berberis veitchii ················· 258

Berchemia flavescens ················· 221

Berchemia kulingensis ················· 222

Berchemia sinica ················· 221

Betula albosinensis ················· 91

Betula luminifera ················· 91

Betula utilis ················· 90

Biancaea decapetala ················· 69

Biondia henryi ················· 96

Bischofia polycarpa ················· 275

Bougainvillea glabra ················· 300

Brandisia hancei ················· 118

Broussonetia × kazinoki ················· 203

Broussonetia kaempferi var. australis ········· 204

Broussonetia papyrifera ················· 204

Buddleja asiatica ················· 267

Buddleja forrestii ················· 268

Buddleja officinalis ················· 268

Buxus bodinieri ·······························94

Buxus sinica ·································94

C

Callerya speciosa ······························65

Callicarpa bodinieri ·························51

Camellia cuspidata ·························210

Camellia japonica ···························211

Camellia oleifera ···························211

Camellia sinensis ···························210

Camptotheca acuminata ·················116

Campylotropis macrocarpa···············60

Caragana sinica ···························65

Carpinus polyneura ······················89

Carpinus turczaninowii ··················90

Castanea henryi ···························106

Castanea mollissima ·····················105

Catalpa fargesii ··························301

Cedrus deodara ···························35

Celastrus angulatus ·····················229

Celastrus hindsii ·························230

Celastrus hypoleucus ····················228

Celastrus orbiculatus ···················229

Celtis bungeana ·························55

Celtis tetrandra ·························55

Celtis vandervoetiana ·················56

Cephalotaxus fortunei ·················33

Cephalotaxus oliveri ··················32

Cerasus tomentosa ·····················158

Cercidiphyllum japonicum ············117

Cercis glabra ···························71

Cercis racemosa ························70

Chamaecyparis pisifera ················27

Cheniella glauca ·······················68

Chionanthus retusu ····················133

Choerospondias axillaris var. *pubinervis* ········146

Cinnamomum burmanni ···············294

Cinnamomum camphora···············294

Cinnamomum septentrionalis ··········293

Cinnamomum wilsonii ················293

Citrus cavaleriei ·······················282

Citrus maxima·····························282

Citrus reticulata ·························280

Citrus reticulata ·························281

Citrus reticulata ·························281

Citrus sinensis ···························280

Cladrastis delavayi ·······················68

Clematis armandii ·······················120

Clematis grandidentat····················120

Clematis montana ························121

Clematoclethra scandens subsp. *actinidioides* ··· 125

Clerodendrum bungei ·····················49

Clerodendrum trichotomum ················49

Clethra fargesii ···························144

Cocculus orbiculatus ·······················81

Coriaria nepalensi ························119

Cornus capitata ···························217

Cornus controversa·······················215

Cornus macrophylla ······················216

Cornus quinquenervis ·····················217

Cornus walteri ···························216

Corylopsis sinensis ·······················97

Corylus chinensis ·······················93

Corylus ferox var. *thibetica*··············92

Corylus heterophylla var. *sutchuanensis* ········92

Cotinus coggygria var. *cinerea* ··········145

Cotinus szechuanensis ···················145

Cotoneaster adpressus ···················186

Cotoneaster apiculatus ··················187

Cotoneaster dielsianus ··················186

Cotoneaster foveolatus ··················185

Cotoneaster horizontalis ·················187

Cotoneaster moupinensis ················184

Cotoneaster rotundifolius ················188

Cotoneaster salicifolius var. *rugosus* ··········188

Cotoneaster subadpressus ···············185

Crataegus maximowiczii··················171

Crataegus wilsonii ·······················170

Cryptomeria japonica·····················28

Cunninghamia lanceolata ················29

Cupressus funebris ·······················27

Cycas revoluta····························40

Cyclea racemosa ································ 80

D

Dalbergia dyeriana ······························ 62
Dalbergia hainanensis ························· 63
Dalbergia hancei ······························· 63
Dalbergia mimosoides ························· 64
Daphne acutiloba ···························· 202
Daphniphyllum angustifolium ··············· 89
Davidia involucrata ························· 115
Davidia involucrata var. *vilmoriniana* ········ 116
Debregeasia longifolia ····················· 269
Debregeasia orientalis ····················· 269
Decaisnea insignis ························· 130
Deutzia setchuenensis ······················ 264
Dichroa febrifuga ·························· 262
Diospyros kaki ····························· 220
Diospyros kaki ····························· 219
Diospyros lotus ···························· 219
Dipteronia sinensis ························· 234
Discocleidion rufescens ······················ 52
Distylium chinense ·························· 99
Distylium myricoides ························· 98
Dregea sinensis ···························· 96

E

Ehretia dicksonii ··························· 299
Ehretia macrophylla var. *glabrescens* ········· 300
Elaeagnus difficilis ························· 86
Elaeagnus glabra ·························· 87
Elaeagnus henryi ·························· 88
Elaeagnus lanceolata ······················· 87
Elaeagnus magna var. *wushanensis* ········· 88
Elaeagnus pungens ·························· 86
Eleutherococcus leucorrhizus var. *setchuenensis* ··· 252
Eleutherococcus nodiflorus ·················· 252
Enkianthus chinensis ························ 72
Eriobotrya japonica ························ 162
Erythrina corallodendron ···················· 59
Eucalyptus globulus ························ 227
Eucalyptus robusta ························· 227

Eucommia ulmoides ························· 80
Euonymus frigidus ························· 231
Euonymus hamiltonianus ·················· 233
Euonymus japonicus ······················· 231
Euonymus japonicus ······················· 230
Euonymus microcarpus ···················· 234
Euonymus phellomanus ···················· 233
Euonymus tsoi ····························· 232
Euonymus venosus ························· 232
Euptelea pleiosperma ······················ 119
Eurya japonica ···························· 254
Eurya nitida ······························ 254
Eurya obtusifolia ·························· 253
Euscaphis japonica ························· 218

F

Fagus engleriana ·························· 114
Fatsia japonica ···························· 249
Ficus carica ······························· 208
Ficus concinna ···························· 209
Ficus heteromorpha ························ 209
Ficus pandurata ··························· 208
Ficus sarmentosa var. *impressa* ············· 206
Ficus virens ······························· 207
Forsythia suspensa ························· 132
Frangula crenata ·························· 222
Fraxinus griffithii ························· 131
Fraxinus insularis ························· 132

G

Gamblea ciliata var. *evodiifolia* ············· 253
Gardenia jasminoides ······················ 151
Ginkgo biloba ······························ 40
Gleditsia sinensis ··························· 70
Glochidion puberum ························ 276
Grewia biloba ····························· 100
Gymnosporia variabilis ····················· 228

H

Hedera nepalensis var. *sinensis* ············· 250
Helwingia chinensis ························ 190
Helwingia japonica ························· 190

Hibiscus mutabilis ·········· 102

Hibiscus syriacus ·········· 102

Holboellia latifolia ·········· 129

Houpoea officinalis ········· 127

Hydrangea aspera ·········· 267

Hydrangea bretschneideri ·········· 265

Hydrangea longipes ·········· 265

Hydrangea strigosa ·········· 266

Hydrangea xanthoneura ·········· 266

Hypericum monogynum ··········· 99

I

Idesia polycarpa ·········· 270

Ilex bioritsensis ·········· 57

Ilex centrochinensis ········· 58

Ilex chinensis ·········· 57

Ilex pernyi ·········· 58

Ilex yunnanensis ·········· 59

Illicium henryi ········· 255

Indigofera amblyantha ·········· 67

Indigofera bungeana ·········· 67

Itea ilicifolia ·········· 220

J

Jasminum humile ·········· 135

Jasminum lanceolaria ········· 135

Jasminum nudiflorum ·········· 136

Juglans mandshurica ·········· 85

Juglans regia ·········· 84

Juniperus chinensis ········· 31

Juniperus formosana ·········· 30

K

Kalopanax septemlobus ·········· 250

Kerria japonica ·········· 151

Keteleeria davidiana ········· 36

Koelreuteria bipinnata ·········· 235

L

Lagerstroemia indica ·········· 148

Larix kaempferi ·········· 35

Leptopus chinensis ·········· 276

Leucaena leucocephala ··········· 61

Ligustrum × *vicaryi* ·········· 138

Ligustrum henryi ·········· 137

Ligustrum leucanthum ·········· 136

Ligustrum lucidum ·········· 137

Ligustrum obtusifolium ·········· 138

Ligustrum quihoui ·········· 139

Ligustrum sinense ·········· 139

Ligustrum strongylophyllum ·········· 140

Lindera aggregata ·········· 298

Lindera communis ·········· 298

Lindera fragrans ·········· 299

Lindera glauca ·········· 297

Lindera obtusiloba ·········· 296

Lindera pulcherrima var. *hemsleyana* ·········· 295

Lindera reflexa ·········· 297

Lindera supracostata ·········· 295

Lindera thomsonii ·········· 296

Liquidambar formosana ·········· 270

Liriodendron chinense ·········· 126

Lithocarpus elizabethiae ·········· 105

Litsea chunii ·········· 288

Litsea coreana var. *lanuginosa* ·········· 289

Litsea mollis ·········· 290

Litsea moupinensis var. *szechuanica* ·········· 291

Litsea pungens ·········· 290

Litsea rubescens ·········· 289

Lonicera acuminata ·········· 196

Lonicera chrysantha ·········· 197

Lonicera gynochlamydea ·········· 199

Lonicera japonica ·········· 199

Lonicera maackii ·········· 198

Lonicera macrantha ·········· 196

Lonicera mucronata ·········· 197

Lonicera similis ·········· 200

Lonicera tangutica ·········· 200

Lonicera tragophylla ·········· 198

Loropetalum chinense var. *rubrum* ··········· 97

Lyonia ovalifolia ··········· 79

M

Maclura tricuspidata ·························· 203

Maesa hupehensi ·························· 46

Magnolia grandiflora ·························· 126

Mahonia decipiens ·························· 257

Mallotus apelta ·························· 53

Mallotus tenuifolius ·························· 54

Malus hupehensis ·························· 163

Malus kansuensis ·························· 163

Malus pumila ·························· 164

Melia azedarach ·························· 117

Meliosma cuneifolia ·························· 191

Metapanax davidii ·························· 251

Metasequoia glyptostroboides ·········· 29

Michelia figo ·························· 127

Morus alba ·························· 206

Morus australis ·························· 205

Morus mongolica ·························· 205

Mucuna sempervirens ·························· 66

Myrica rubra ·························· 275

Myrsine africana ·························· 46

N

Neillia sinensis ·························· 175

Neolitsea wushanica ·························· 292

Nerium oleander ·························· 95

Nothapodytes pittosporoides ·········· 51

O

Osmanthus armatus ·························· 133

Osmanthus fragrans ·························· 134

Osmanthus fragrans var. *thunbergii* ·········· 134

Ototropis multiflora ·························· 60

P

Pachysandra axillaris ·························· 93

Padus brachypoda ·························· 157

Paederia foetida ·························· 149

Paliurus hemsleyanus ·························· 223

Parthenocissus quinquefolia ·········· 141

Paulownia tomentosa ·························· 140

Pertya tsoongiana ·························· 104

Phellodendron amurense ·························· 286

Philadelphus incanus ·························· 263

Philadelphus incanus var. *mitsai* ·········· 263

Philadelphus pekinensis ·························· 264

Philadelphus sericanthus ·········· 262

Phoebe neurantha ·························· 291

Phoebe zhennan ·························· 292

Photinia × fraseri ·························· 171

Photinia serratifolia ·························· 172

Picea crassifolia ·························· 36

Picrasma quassioides ·························· 114

Pieris formosa ·························· 77

Pinus armandii ·························· 38

Pinus bungeana ·························· 37

Pinus henryi ·························· 37

Pinus massoniana ·························· 38

Pinus tabuliformis ·························· 39

Pinus yunnanensis ·························· 39

Pistacia chinensis ·························· 144

Pittosporum glabratum ·························· 82

Pittosporum tobira ·························· 82

Pittosporum truncatum ·························· 83

Pittosporum undulatifolium ·········· 81

Platycarya strobilacea ·························· 85

Platycladus orientalis ·························· 28

Podocarpus macrophyllus ·········· 34

Polygala caudata ·························· 278

Polygala fallax ·························· 278

Polygala wattersii ·························· 279

Populus cathayana ·························· 273

Populus davidiana ·························· 274

Populus lasiocarpa ·························· 272

Populus rotundifolia var. *duclouxiana* ·········· 273

Premna microphylla ·························· 48

Prunus armeniaca ·························· 161

Prunus cerasifera ·························· 162

Prunus dielsiana ·························· 160

Prunus hypoleuca ·························· 156

Prunus persica ·························· 159

Prunus pseudocerasus ·························· 161

Prunus salicina ·················· 158

Prunus stipulacea ·················· 160

Prunus szechuanica ·················· 159

Prunus yedoensis ·················· 157

Pterocarya hupehens ·················· 84

Pterocarya stenoptera. ·················· 83

Pterostyrax psilophyllu ·················· 42

Punica granatum ·················· 148

Pyracantha crenulata ·················· 155

Pyracantha fortuneana ·················· 154

Pyracantha loureiroi ·················· 154

Pyrus pashia ·················· 155

Pyrus pyrifolia ·················· 156

Q

Quercus acrodonta Seemen ·················· 112

Quercus acutissima Carruth. ·················· 109

Quercus aliena Blume ·················· 108

Quercus aliena var. acutiserrata ·················· 113

Quercus baronii ·················· 109

Quercus dolicholepis ·················· 113

Quercus engleriana ·················· 106

Quercus fabri ·················· 107

Quercus multinervi ·················· 108

Quercus myrsinifolia ·················· 111

Quercus oxyodon ·················· 110

Quercus serrata ·················· 107

Quercus shennongii ·················· 111

Quercus spinosa ·················· 112

Quercus variabilis ·················· 110

R

Rhamnella martini ·················· 223

Rhamnus rosthornii ·················· 225

Rhamnus sargentiana ·················· 224

Rhamnus utilis ·················· 225

Rhododendronsimsii ·················· 73

Rhododendron auriculatum ·················· 73

Rhododendron discolor ·················· 75

Rhododendron hypoglaucum ·················· 74

Rhododendron maculiferum ·················· 75

Rhododendron mariesii ·················· 72

Rhododendron platypodum ·················· 74

Rhododendron roxieoides ·················· 76

Rhododendron stamineum ·················· 77

Rhododendron sutchuenense ·················· 76

Rhus chinensis ·················· 147

Rhus punjabensis var. s*inica* ·················· 147

Ribes glaciale ·················· 47

Ribes moupinense ·················· 48

Rosa banksiae var. *normalis* ·················· 164

Rosa chinensis ·················· 169

Rosa chinensis var. s*pontanea* ·················· 165

Rosa corymbulosa ·················· 167

Rosa cymosa ·················· 168

Rosa henryi ·················· 167

Rosa laevigata ·················· 166

Rosa longicuspis ·················· 170

Rosa multiflora var. c*athayensis* ·················· 166

Rosa omeiensis ·················· 165

Rosa prattii ·················· 168

Rosa rubus ·················· 169

Rubus bambusarum ·················· 184

Rubus chroosepalu ·················· 179

Rubus corchorifolius ·················· 181

Rubus coreanus ·················· 176

Rubus coreanus var. *tomentosus* ·················· 179

Rubus eucalyptus ·················· 176

Rubus flagelliflorus ·················· 180

Rubus henryi ·················· 178

Rubus ichangensis ·················· 182

Rubus inopertus ·················· 178

Rubus lambertianus var. *glaber* ·················· 177

Rubus mesogaeus ·················· 183

Rubus parkeri ·················· 181

Rubus pungens var. *oldhamii* ·················· 183

Rubus setchuenensis ·················· 177

Rubus swinhoei ·················· 180

Rubus wushanensis ·················· 182

S

Sabia schumanniana ·················· 193

Sabia schumanniana subsp. *pluriflora* ·········· 192

Sabia yunnanensis subsp. *latifolia* ············· 192

Sageretia pycnophylla ·············· 224

Salix babylonica ················· 271

Salix rosthornii ················· 271

Salix wallichiana················· 272

Sarcococca ruscifolia ··············95

Sassafras tzumu ················· 287

Schisandra glaucescens ············· 256

Schisandra incarnata ············· 257

Schisandra propinqua subsp. *sinensis* ·········· 256

Schisandra sphenanthera ············· 255

Schoepfia jasminodora ·············· 191

Senna surattensis ···············64

Serissa serissoides ··············· 149

Sinoadina racemosa ··············· 150

Sinowilsonia henryi················98

Smilax discotis ················44

Smilax glabra ·················45

Smilax glaucochina···············43

Smilax menispermoidea ·············43

Smilax outanscianensis ·············45

Smilax stans ·················44

Solanum pseudocapsicum ············· 189

Sophora davidii ················66

Sophora japonica ················62

Sorbaria arborea················ 189

Sorbus alnifolia ················ 153

Sorbus folgneri ················ 153

Sorbus hupehensis ··············· 152

Spiraea chinensis ··············· 175

Spiraea japonica var. *acuminata* ·········· 173

Spiraea japonica var. *glabra* ·········· 174

Spiraea pubescens ··············· 174

Spiraea rosthornii ··············· 173

Stachyurus chinensis ············· 103

Stachyurus yunnanensis ············· 103

Staphylea holocarpa ··············· 218

Stranvaesia davidiana var. *undulata* ·········· 152

Styrax hemsleyanus···············41

Styrax japonicus ················42

Styrax roseus ·················41

Symplocos lancifolia ············· 212

Symplocos paniculata ············· 212

Symplocos sumuntia ··············· 213

T

Taiwania cryptomerioides ··············30

Tapiscia sinensis ··············· 277

Taxillus sutchuenensis ············· 202

Taxus wallichiana var. *chinensis*··············32

Tetracentron sinense ············· 115

Tetradium ruticarpum·············· 287

Tilia chinensis ················ 101

Tilia chinensis var. *investita* ·········· 101

Tilia tuan ················· 100

Toddalia asiatica················ 279

Toona sinensis················· 118

Torreya fargesii ················31

Toxicodendron vernicifluum ············· 146

Trema levigata·················56

Triadica sebifera ················53

U

Ulmus macrocarpa ··············· 277

V

Vaccinium henryi················79

Vaccinium japonicum var. *sinicum* ·············78

Vaccinium mandarinorum ·············78

Vernicia fordii ·················54

Viburnum betulifolium·············· 245

Viburnum chinshanense ············· 245

Viburnum cylindricum·············· 246

Viburnum erosum ··············· 248

Viburnum foetidum var. *rectangulatum* ·········· 248

Viburnum henryi ··············· 243

Viburnum nervosum ··············· 247

Viburnum plicatum f. *tomentosum* ············· 244

Viburnum propinquum ············· 246

Viburnum rhytidophyllum ···················· 249

Viburnum setigerum ···················· 244

Viburnum utile ···················· 247

Vitex negundo ···················· 50

Vitex negundo var. *heterophylla* ···················· 50

Vitis betulifolia ···················· 142

Vitis davidii ···················· 141

Vitis flexuosa ···················· 142

Vitis heyneana ···················· 143

Vitis vinifera ···················· 143

W

Weigela japonica var. *sinica* ···················· 193

Wendlandia longidens ···················· 150

Wikstroemia capitata ···················· 201

Wikstroemia micrantha ···················· 201

Wisteria sinensis ···················· 71

X

Xylosma congesta ···················· 274

Y

Yulania denudata ···················· 128

Yulania liliiflora ···················· 129

Yulania sprengeri ···················· 128

Z

Zabelia dielsii ···················· 194

Zanthoxylum armatum ···················· 286

Zanthoxylum bungeanum ···················· 283

Zanthoxylum dimorphophyllum ···················· 285

Zanthoxylum dissitum ···················· 285

Zanthoxylum echinocarpum ···················· 283

Zanthoxylum stenophyllum ···················· 284

Zanthoxylum undulatifolium ···················· 284

Ziziphus jujuba ···················· 226